新基建·数据中心系列丛书

数据中心
低压供配电系统运维

叶社文　　汪俊宇　　兰凡璧◎主编

U0252759

清华大学出版社
北　京

内 容 简 介

本书以培养实践能力和职业能力为目标，围绕数据中心低压供配电设备的正确维护与保养方法、用电负荷与配电系统的可靠性、各种低压配电系统的方案以及数据中心分级对电源的要求进行了系统论述。

全书共分16章，主要内容包括概述、电工基础知识、电击及现场救护、低压配电系统接地形式、防电击技术、电气防火与防爆、防雷和防静电、常用电气仪表及测量、电工安全用具与安全标志、电工常用工具、低压电器及其成套开关设备、异步电动机、电力电容器、照明装置、电气线路和临时用电等专业知识，并配有常见安全隐患排查和典型事故案例分析。

本书注重安全操作技能的培养，严格执行数据中心的用电规范，具有较强的针对性和实用性，是数据中心低压供配电系统从业人员培训考试的必备教材。

本书可作为高职高专院校电气自动化技术、供配电技术、建筑电气工程技术和农村电气化技术等相关专业的教学用书，也可供从事供配电运行、管理工作的工程技术人员参考使用。

图书在版编目（CIP）数据

数据中心低压供配电系统运维 / 叶社文，汪俊宇，兰凡璧主编 . —北京：清华大学出版社，2022.9

（新基建·数据中心系列丛书）

ISBN 978-7-302-61906-2

Ⅰ.①数… Ⅱ.①叶… ②汪… ③兰… Ⅲ.①数据处理中心—低压电器—供电系统—电力系统运行②数据处理中心—低压电器—配电系统—电力系统运行③数据处理中心—低压电器—供电系统—维修④数据处理中心—低压电器—配电系统—维修 Ⅳ.① TP308

中国版本图书馆 CIP 数据核字 (2022) 第 178333 号

责任编辑：杨如林
封面设计：杨玉兰
版式设计：方加青
责任校对：胡伟民
责任印制：宋 林

出版发行：清华大学出版社
    网 址：http://www.tup.com.cn，http://www.wqbook.com
    地 址：北京清华大学学研大厦 A 座   邮 编：100084
    社 总 机：010-83470000   邮 购：010-62786544
    投稿与读者服务：010-62776969，c-service@tup.tsinghua.edu.cn
    质 量 反 馈：010-62772015，zhiliang@tup.tsinghua.edu.cn
印 装 者：小森印刷霸州有限公司
经 销：全国新华书店
开 本：185mm×260mm   印 张：18.5   字 数：392 千字
版 次：2022 年 11 月第 1 版   印 次：2022 年 11 月第 1 次印刷
定 价：69.00 元

产品编号：096117-01

编委会名单

主　任

刘永生　汪金涛　叶　夏

专　家

朱　平　齐振强　李玉荣

编　委

张嘉伟　吴　卫　田小华　叶　鸣　欧阳嘉述
贾　涛　杨晓平　雷卫清　邵正忠　沈庆飞
陈晓耕　代曙光　王金香　林　浩　宋文胜

前　言

　　2019年1月24日国务院正式印发的《国家职业教育改革实施方案》中明确提出，在职业院校、应用型本科高校启动"学历证书＋职业技能等级证书"（即1＋X证书）制度试点，鼓励学生在获得学历证书的同时，积极取得多类职业技能等级证书。为提升数据中心低压供配电运维从业人员的整体技能水平，指导有关企业、教育机构培训的有效实施，由中国智慧工程研究会大数据教育专业委员会牵头，北京慧芃科技有限公司组织编写了"新基建·数据中心系列丛书"。

　　本书以满足我国高等职业教育和高等专科教育需要为原则，以原国家安全生产监督管理局（现国家安全生产监督管理总局）颁发的《低压电工作业人员安全技术培训大纲和考核标准》为依据，以突出实践能力和职业能力为培养目标，围绕数据中心供配电系统的基础知识、基本理论、电击现场救护、运行维护等进行了系统的论述，结合近年来我国数据中心对特种运维人员安全操作资格培训以及考试的实际情况编写而成。

　　本书内容的安排以"实用、够用"为原则，教学内容的编排以职业岗位需求和生产实际为主线，按职业能力的形成过程整合相关的基础知识和技能训练，突出教学的实用性；按理论与实践相结合的教学模式，突出反映了供配电领域中数据中心的新设备和新技术。为遵循认知过程的规律，本书的讲解深入浅出、循序渐进，充分利用有代表性的图片，创设学习情境，增加教学的直观性，使学生把握实践操作要领，帮助学生理解并记忆所学的专业知识，突出教学的科学性。落实"做中教，做中学"的教学理念，技能训练内容的设计贴近生产实际需求，力求在有限的课时内最大限度地提升学生的专业技能，为学生终身职业生涯的发展搭建平台，突出教学的创新性。

　　本书内容丰富，具有如下特点：强调基础知识，理论以够用为度，尽量降低专业理论的比重，注重学生能力的培养；突出重点、分散难点，力求使读者一看就懂、一学就会；突出反映供配电领域的新设备和新技术。同时，为了便于阅读，本书在编写过程中注意图、表、文并茂，力求做到文字简洁明快、结构直观清晰，为学生学习专业知识、全面提高职业技能和素质、增强适应岗位变化的能力和继续学习的能力打下一定的基础。

　　在本书的编写过程中，参考了许多相关文献资料，在此向所有文献的原作者致以诚挚的谢意！由于时间仓促，编者水平有限，加之数据中心供配电技术涉及面广，实用性强，智能化电气设备和供配电系统综合自动化技术发展迅速，书中难免有错漏与不足之处，恳请使用本书的广大师生和工程技术人员批评指正。

编者

教 学 建 议

章序	学习要点	教学重点	参考课时（不包括实训和机动学时）
1	● 数据中心的构成、定义和分级标准； ● 数据机房供配电系统的组成	● 数据中心供配电系统的组成	1
2	● 直流电路基础知识、欧姆定律； ● 交流电路基础知识（正弦交流电、单相交流电和三相交流电）； ● 电磁感应和磁路基本理论； ● 电子技术常识	● 电压、电流的矢量； ● 视在功率、有功功率和无功功率的概念及计算； ● 纯电容电路和纯电感电路的特点；电与磁的关系	10
3	● 对意外触电者在事发现场实施及时、有效的初级救护的方式和方法	● 电流对人体的伤害；常见触电现象；触电原因分析；触电急救方法及注意事项	2
4	● 低压配电系统的 IT 系统、TT 系统、TN 系统	● IT 系统、TT 系统、TN 系统的基本原理；工作接地、保护接地、保护接零、重复接地及等电位接地的区分；各种保护接地与剩余电流动作保护器（漏电保护器）的联合使用的问题	5
5	● 直接接触电击、兼直接接触电击和间接接触电击的防护措施；绝缘、双重绝缘、加强绝缘、绝缘电阻的测量；漏电保护器的工作原理、结构、特点、参数、使用等级和使用注意事项	● 直接接触电击、兼直接接触电击和间接接触电击的防护措施；双重绝缘、加强绝缘、特低电压的概念及应用；绝缘电阻的测量；剩余电流动作保护装置的原理、主要技术参数及使用	3
6	● 造成火灾和爆炸事故的主要原因；电气使用的规范意识、管理意识和防范知识；火灾和爆炸的防范及处置措施	● 电气火灾、爆炸的防范措施；电气火灾的扑救	1
7	● 雷电的形成，静电的产生过程；雷电的危害及防护措施；静电的危害及防护措施	● 雷电的危害、静电的危害	1
8	● 常用电气仪表外形、结构、符号、工作原理、性质、使用要求及相关精度等级；电压、电流的测量；电能表、功率因数表的接线及读表	● 便携式电气仪表（万用表、钳形电流表、兆欧表、接地电阻测试仪等）的正确使用；电能表、功率因数表的接线及读表	4

续表

章序	学习要点	教学重点	参考课时（不包括实训和机动学时）
9	• 电工安全用具的分类、作用；电工安全用具的重要性；电工安全用具、安全标志的正确使用	• 绝缘安全用具的种类、用途和使用方法	1
10	• 常用电工工具的种类及使用；手持式电动工具的种类及安全使用；移动式电气设备的种类及安全使用	• 手持式电动工具的安全要求及其合理选用	2
11	• 低压电器； • 低压控制电器的结构、工作原理及使用； • 低压保护电器的结构、工作原理及使用； • ATSE 的选择和机柜配电 PDU 的特性； • 低压配电箱的种类、结构特点、安装与维护； • 低压配电分配方式； • 低压配电系统运行方案及倒闸操作； • 低压配电装置的巡视检查和运行维护	• 常用低压控制电器的结构、工作原理及使用； • 常用低压保护电器的结构、工作原理及使用； • 低压配电系统运行方案及倒闸操作	6
12	• 异步电动机的种类、结构、工作原理； • 三相异步电动机的结构、工作原理及主要参数； • 三相异步电动机的起动、正反转和调速方法； • 三相异步电动机的控制及保护电路图和相应电气元件的选用； • 三相异步电动机的运行维护； • 三相异步电动机常见故障及处理； • 单相异步电动机的结构、起动元件	• 三相异步电动机的起动、正反转和调速方法； • 三相异步电动机的控制及保护电路图和相应电气元件的选用； • 单相异步电动机的结构、起动元件	7
13	• 电力电容器的结构、主要参数； • 电力电容器在电力系统中的作用； • 电力电容器及电力电容柜的安全运行标准	• 电力系统中无功功率补偿； • 功率补偿的种类； • 电容器的投入或退出； • 电容器的操作	1
14	• 电气照明的方式、种类及使用电压的要求； • 照明装置、插头、插座的安装规定及电线截面积的选择	• 照明配电系统图、平面图； • 照明灯具和电气照明装置的安装要求； • 插座的安装与接线要求	1
15	• 电气线路的种类（电缆线路、室内配线）、使用场所及特点； • 电缆的分类、安装与敷设；电力电缆运行与维护； • 室内配线的一般要求、常用配线方式及导线截面积的选择； • 电气线路常见故障及处理	• 电缆的分类、安装与敷设； • 电力电缆运行与维护； • 室内配线的一般要求、常用配线方式及导线截面积的选择	2
16	• 临时用电的安全要求； • 临时用电的变配电设施安装和使用规定； • 暂设电气线路的安装和安全规定	• 临时用电的变配电设施安装和使用规定； • 暂设电气线路的安装和安全规定	1
总学时			48

目　录

第 1 章 概 述

随着云计算、大数据技术的大量应用以及政策层面的大力支持，数据中心由传统的业务支撑部门逐渐转变成核心战略部门，由此对数据中心的要求也不断提高，如设备性能不断增强，功率密度越来越高等。IT 核心设备对供电可靠性以及安全和节能的要求，也意味着数据中心供配电系统要提供更加稳定可靠、绿色节能和柔性可扩展的电能，因此对数据中心供配电系统运行维护就显得尤其重要。本章先来介绍一下数据中心的概况。

1.1 数据中心概述

1.1.1 数据中心的定义

数据中心（Internet Data Center）是基于互联网，为集中式收集、存储、处理和发送数据的设备提供运行维护的设施基地并提供相关的服务。数据中心可以在一整栋建筑物中，也可以在一栋建筑物的一部分空间中。每个数据中心会有大量服务器，这些服务器为各大互联网科技公司提供存储和运算服务。

1.1.2 数据中心的构成

在通常情况下数据中心由计算机房和支持空间组成，是电子信息的存储、加工和流转中心。数据中心内放置核心的数据处理设备，是政府机构、企事业单位的信息中枢。数据中心的建立是为了全面、集中、主动并有效地管理和优化 IT 基础架构，实现信息系统较高水平的可管理性、可用性、可靠性和可扩展性，保障业务的顺畅运行和服务的及时提供。数据中心主要功能区组成如图 1-1 所示。

主机房：主要指电子信息处理、存储、交换和传输设备的安装和运行的建筑空间，包括服务器机房、网络机房、存储机房等功能区域。

辅助区：指用于电子信息设备和软件的安装、调试、维护、运行监控和管理的场所，包括进线间、测试机房、监控中心、备件库、维修室等区域。

支持区：指支持并保障完成信息处理过程和必要的技术作业的场所，包括变配电室、UPS室、电池室、空调机房、消防设施用房等。

行政管理区：指用于日常行政管理及客户对托管设备进行管理的场所，包括工作人员办公室、门厅、值班室、盥洗室、更衣间等。

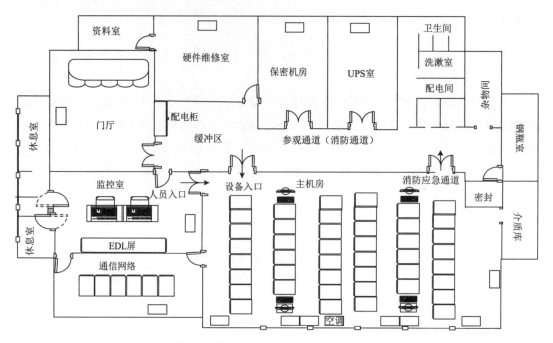

图 1-1   数据中心主要功能区组成示意图

1.1.3 数据中心的分级

在互联网广泛应用的大背景下，数据中心日益走向高容量、高密度化，特别是云计算技术的应用，更加加剧了能源的巨大消耗。如何高效地管理数据中心的数据，轻松实现对数据的访问，同时又能保证数据的安全；如何在提高能源利用率的同时又能保证数据中心的可用性，这些方面是所有数据中心管理者最关心的问题。实际上这一系列的问题在数据中心规划、设计、建造时就已经大体确定了，这就是数据中心分级。

1. 按国家标准 GB 50174—2017

国家标准 GB 50174—2017《数据中心设计规范》从数据中心的使用性质以及数据丢失或网络中断在经济或社会上造成的损失和影响程度，将数据中心分为 3 个等级。

1）A 级数据中心

A 级数据中心的基础设施宜按容错系统配置，即在电子信息系统运行期间，基础设施在一次意外事故后，或者单系统设备维护或维修时，仍能保证电子信息系统正常运行，其可靠性和可用性等级最高。

2）B级数据中心

B级数据中心的基础设施宜按冗余系统配置，即在电子信息系统运行期间，基础设施在冗余能力范围内，不得因设备故障而导致电子信息系统运行中断，其可靠性和可用性等级居中。

3）C级数据中心

C级数据中心的基础设施宜按满足基本需要配置，即在基础设施正常运行的情况下，保证电子信息系统运行不中断，其可靠性和可用性等级最低。

2. 按 Uptime Tier 等级认证

美国 Uptime Tier 是全球公认的数据中心标准组织和第三方认证机构，Uptime Tier 认证是数据中心的权威认证，包括设计、建造、运营认证。其中设计认证将数据中心的基础设施分为4个等级。

1）I级数据中心

I级数据中心的基础设施按基本（不冗余）系统配置，由非冗余设备容量（N）及一个单一的非冗余分配路径为关键环节提供服务。

2）II级数据中心

II级数据中心的基础设施按有冗余系统配置，由冗余设备容量（$N+1$）及一个单一的非冗余分配路径为关键环节提供服务。

3）III级数据中心

III级数据中心的基础设施按有可并行维护的冗余系统配置，由冗余设备容量（$N+1$）及多个分配路径为关键环节提供服务。任何时候，只需一个分配路径为关键系统提供服务（其他分配路径则用于备份），所有 IT 设备均为双电源供电。

4）IV级数据中心

IV级数据中心的基础设施不但按有冗余系统配置，还兼有容错系统配置。由多个独立的物理隔离系统提供冗余容量设备（$2N$）及多个独立的、不同的、激活的分配路径同时为关键系统提供服务。

3. TIA-942

TIA-942 即美国《数据中心电信基础设施标准》，经美国电信产业协会（TIA）、TIA 技术工程委员会（TR42）和美国国家标准学会（ANSI）批准，每5年修订一次，为设计和安装数据中心或机房提供要求和指导方针。其分级标准与 Uptime Tier 一致。

1.2　数据中心供配电系统

一个完善的机房供电系统是保证机房服务设备、关键网络设备、场地设备、辅助设备用电安全和可靠的基本条件。高品质的机房供电系统体现在：无断电故障、高容错；在不影响负载运行的情况下可进行在线维护；有防雷、防火、防水等保护功能。

1.2.1　电力系统的组成

一个完整的电力系统由分布在各地的各种类型的发电厂、升压和降压变电所、输电线路及电力用户组成，它们分别完成电能生产、电压变换、电能输配及使用。电力系统输配电示意图如图 1-2 所示。

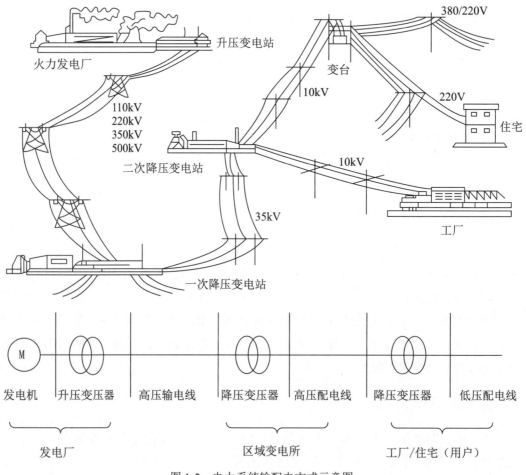

图 1-2　电力系统输配电方式示意图

电网电压是有等级的。电网的额定电压等级是根据国民经济发展的需要、技术经济的合理性以及电气设备的制造水平等因素，经全面分析论证，由国家统一制定和颁布的。

1. 用电设备的额定电压

用电设备的额定电压和电网的额定电压一致。实际上，由于电网中有电压损失，致使各级电网实际电压偏离额定值。为了保证用电设备的良好运行，国家对各级电网电压的偏差均有严格规定。显然，用电设备应具有比电网电压允许偏差更宽的正常工作电压范围。

2. 发电机的额定电压

发电机的额定电压一般比同级电网额定电压高出 5%，用于补偿电网上的电压损失。

3. 变压器的额定电压

变压器的额定电压分为一次绕组额定电压和二次绕组额定电压。对于一次绕组额定电压，当变压器接于电网末端时，性质上等同于电网上的一个负荷（如工厂降压变压器），故其额定电压与电网一致；当变压器接于发电机引出端时（如发电厂升压变压器），则其额定电压应与发电机额定电压相同。二次绕组额定电压是指空载电压，考虑到变压器承载时自身电压损失（按 5% 计），变压器二次绕组额定电压应比电网额定电压高 5%。当二次侧输电距离较长时，还应考虑到线路电压损失（按 5% 计），此时，二次绕组额定电压应比电网额定电压高 10%。

1.2.2 数据中心供配电系统的组成

数据中心供配电系统主要由高低压配电系统、应急电源系统、不间断电源系统、精密列头柜及电源分配单元（Power Distribution Unit，PDU）系统、照明及应急照明系统、防雷接地系统、布线系统等组成。数据中心机房配电系统的主要设备如图 1-3 所示，供配电运行示意图如图 1-4 所示。

高低压配电系统　　　　　　UPS系统　　　　　　精密列头柜系统

应急电源系统　　　　服务器机柜系统　　　　PDU系统

图 1-3　数据中心机房配电系统

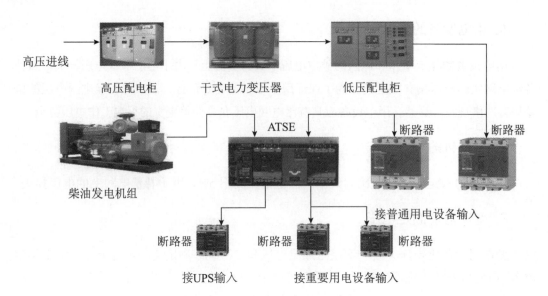

图 1-4　供配电运行示意图

数据中心供配电系统各组成说明如下。

（1）高压配电系统主要由高压配电一次设备和与之相关的二次设备组成。一次设备主要包括高压开关柜、高压母线、高压断路器、氧化锌避雷器、高压电缆、接地开关、互感器、变压器等；二次设备主要有继电保护装置、计量装置、测量装置、指示仪表、操控电路、温湿度控制电路等。

（2）低压配电系统主要由配电装置及配电线路组成，主要有低压配电柜、动力和照明线路等，包括高低压断路器、空气开关、负荷开关、控制开关、接触器、继电器、低压计量及检测仪表等设备。高低压配电系统的主要作用：传输和分配电能。

（3）应急电源系统主要包括柴油发电机组和蓄电池组。

（4）不间断电源系统主要是指由蓄电池组和 UPS 主体设备组成的供电系统。

（5）照明和应急照明系统主要是为满足机房正常运行和人员工作的光线要求。

（6）布线系统主要是为了让数据中心结构化布线的规划与设计符合国家规范。

（7）防雷和接地系统的主要作用是，通过安装合理的设备和合理的布线防止外部和内部引起的线路过电压对机房设备及人员安全造成的损害，主要由防雷设备浪涌保护器（surge protective device，SPD）和接地设备组成。

1.2.3　数据中心对供配电系统的要求

任何现代化的 IT 设备都离不开电源系统，数据中心供配电系统是为机房内所有需要动力电源的设备提供稳定、可靠的动力电源支持的系统。供配电系统于整个数据中心系统来说有如人体的心脏 - 血液系统。

1. 数据中心对供配电系统的总体要求

（1）连续：是指数据中心的供电系统不间断供电。数据中心的 IT 设备在正常运转过程中，有时会遇到市电突然断电或市电电压出现波动等情况，这对于 IT 设备的正常运行将会产生相当大的影响。如果在数据中心供配电系统中使用正确的组网方式，并且选择合适的 UPS，则数据中心 IT 设备的正常供电切换时间就会提高到小于 1s 级的精度，IT 设备的供电就避免了中断现象，这样就有效地保证了电源的连续性。

（2）稳定：是指数据中心运行所需要的供电电压频率保持相对稳定，波形失真小。供电电源质量的稳定性是 IT 设备正常运行的基础性保障，也是保证数据安全的基本保证，因此一般需要在数据中心设置 UPS 电源，当电网无法长时间处于要求的指标时，利用 UPS 能够确保电源的稳定。

（3）平衡：是指保障数据中心供配电系统的三相电源平衡，即相角平衡、电压平衡和电流平衡。系统运行产生的负荷应当在三相间进行平衡分配，保证设备不会由于负载不平衡导致某相负荷过大而发生故障，确保各项供电设备的正常运行。

（4）分类：是指对数据中心运行的 IT 设备及其外围辅助设备按照不同的性质进行分类，然后再根据不同的供电要求分别处理供配电。分类的原因在于不同的设备对于电源以及电流负荷的要求不同。为了满足不同要求的设备对供配电要求，采用不同的供配电系统，能够在保证供配电系统正常运转的基础上，节约运行成本。

2. 数据中心对供电电源电能质量的要求

按照数据中心设计规范 GB 50174—2017 的要求，各级数据中心交流电供电电源质量应根据电子信息设备交流供电电源质量等级，按 GB 50174—2017 附录 A 电子信息设备交流供电电源质量要求执行，如表 1-1 所示。

表 1-1　数据中心供电电源电能质量执行要求

项　　目	技 术 要 求			备　　注
	A 级	B 级	C 级	
静态电压偏移范围 /%	−10 ～ +7			交流供电时
稳态频率偏移范围 /Hz	±0.5			交流供电时
输入电压波形失真度 /%	≤ 5			电子信息设备正常工作时
允许断电持续时间 /ms	0 ～ 10			不同电源之间进行切换时

3. 各级数据中心供配电系统规定

1）A 级数据中心供配电系统规定

A 级数据中心供配电系统规定如下。

（1）应由双路电源供电，并应配置 10kV 或 0.4kV 备用电源；备用电源可采用柴油发电机系统，也可采用供电网络中独立于正常电源的专用馈电线路，如图 1-5 所示。

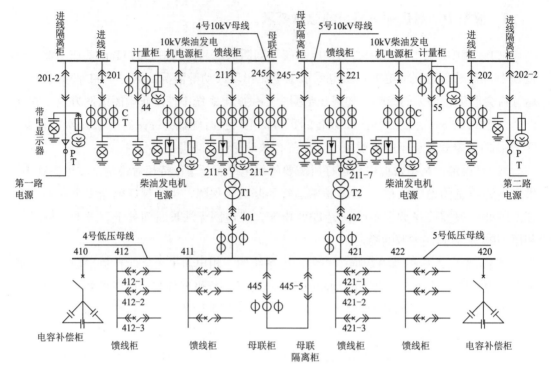

图 1-5　A 级数据中心机房供配电图

（2）低压配变电系统宜采用 M（1+1）冗余（M =1，2，3，…），系统主接线应采用单母线分段，并应设分段开关。

（3）低压配变电系统依据其工作特点可采用 DR、RR 系统配置。DR 配置即有 3 组低压配变电系统互为备份，当其中 1 组系统出现故障，利用剩余 2 组系统供电，保证后级设备的正常运行。RR 配置即有 1 组低压配变电系统为其他几组系统冗余备份，当其中 1 组系统出现故障，利用备份系统供电，保证后级设备的正常运行。

（4）不间断电源系统应按 2N 或 M（N+1）冗余（M =2，3，4，…）配置，当满足下列要求时，可采用不间断电源和市电电源相结合的配置方式：

①设备或线路维护时，应保证电子信息设备正常运行。

②市电直接供电的电源质量应满足电子信息设备正常运行的要求。

③柴油发电机系统应能承受容性负载的影响。

④电子信息设备向电网注入的谐波量应符合国家标准的规定。

（5）不间断电源系统电池备用时间应不少于 15min。

说明：不间断电源系统须保证市电失电、发电机组正常供电之前的系统不间断运行。后备时间主要包括两路市电停电、发电机组延时起动、发电机组起动成功及并机完成时间、市电与发电机组转换时间。

（6）机房设备用空调系统配电应由双路电源供电，冷冻水循环泵及末端空调宜采用不间断电源供电。

（7）容错配置的配变电系统、不间断电源系统等，应分别布置在不同的物理隔间内。

（8）监控内容应包括：机房环境量监控、机房空调系统、供配电系统、不间断电源系统、蓄电池、柴油发电机系统、主机集中监控和管理系统。A级数据中心宜监控每只蓄电池的电压、内阻。

A级数据中心供配电要求可按表1-2规定。

表1-2　A级数据中心供配电要求

供电系统	A级数据中心配置要求
供电电源	应由双重电源供电
供电网络中独立于正常电源的专用馈电线路	可作为备用电源
变压器	应满足容错要求，可使用$2N$系统，也可使用其他避免单点故障的系统配置
后备柴油发电机系统	应使用$N+X$冗余（$X=1\sim N$）
后备柴油发电机的基本容量	应包括不间断电源系统的基本容量、空调和制冷设备的基本容量
柴油发电机燃料存储量	宜满足12h用油
不间断电源系统配置	宜使用$2N$或M（$N+1$）（$M=2$，3，4，…），其中$N\leqslant 4$
	可使用一路（$N+1$）UPS和一路市电供电方式
	可使用$2N$或$N+1$冗余
不间断电源系统自动转换旁路	应设置
不间断电源系统手动维修旁路	应设置
不间断电源系统电池最少备用时间	15min（柴油发电机作为后备电源时）
空调系统配电	双路电源（其中至少一路为应急电源），末端切换，应采用放射式配电系统
变配电所物理隔离	容错配置的变配电设备应分别布置在不同的物理隔间内
电池监控系统	应检测监控每一块蓄电池的电压、内阻、故障和环境温度

2）B级数据中心供配电系统规定

B级数据中心供配电系统规定如下。

（1）供电宜采用双路电源，当只有一路电源时，应设置备用电源，如图1-6所示。

（2）低压配变电系统宜采用M（1+1）冗余（$M=2$，3，4，…）。

（3）不间断电源系统应按$N+1$冗余配置，也可采用N不间断电源和市电电源相结合的配置方式，市电电源应满足"A级数据中心供配电系统规定"中第（4）条①～④款的要求。

（4）当柴油发电机组作为备用电源时，不间断电源系统的电池备用时间宜不少于15min。

（5）机房设备用空调系统电源宜采用双路供电。

（6）监控内容应包括：机房环境量监控、机房空调系统、供配电系统、不间断电源系统、蓄电池、柴油发电机系统、主机集中监控和管理系统。B级数据中心宜监控每组蓄电池的电压、内阻。

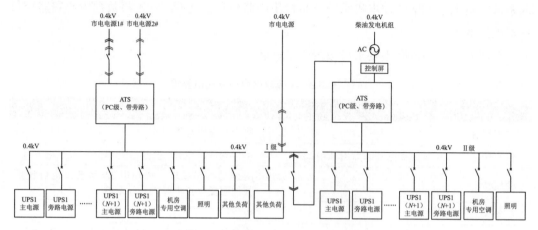

图 1-6 B 级数据中心机房供配电图

B级数据中心供配电要求可按表1-3规定。

表 1-3 B 级数据中心供配电要求

供电系统	B 级数据中心配置要求
供电电源	宜由双重电源供电
供电网络中独立于正常电源的专用馈电线路	
变压器	应满足冗余要求，宜采用 N+1 冗余
后备柴油发电机系统	当供电电源只有一路时，须设置后备柴油发电机系统，宜采用 N+1 冗余
后备柴油发电机的基本容量	应包括不间断电源系统的基本容量、空调和制冷设备的基本容量
柴油发电机燃料存储量	
不间断电源系统配置	宜采用 N+1 冗余，其中 $N \leqslant 4$
不间断电源系统自动转换旁路	应设置
不间断电源系统手动维修旁路	应设置
不间断电源系统电池最少备用时间	7min（柴油发电机作为后备电源时）
空调系统配电	双路电源，末端切换，宜采用放射式配电系统
变配电所物理隔离	
电池监控系统	应检测监控每一组蓄电池的电压、故障和环境温度

3）C 级数据中心供配电系统规定

C级数据中心供配电系统规定如下。

（1）应配置不间断电源系统，如图1-7所示。

（2）电池备用时间应根据实际需要确定。

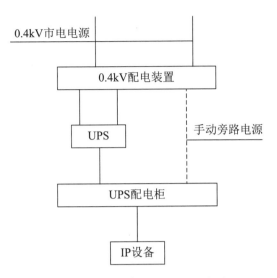

图 1-7 C 级数据中心机房供配电图

C 级数据中心供配电要求可按表 1-4 规定。

表 1-4 C 级数据中心供配电要求

供电系统	C 级数据中心配置要求
供电电源	应由两回线路供电
供电网络中独立于正常电源的专用馈电线路	
变压器	应满足基本需要（N）
后备柴油发电机系统	不间断电源系统的供电时间满足信息存储要求时，可不设置柴油发电机
后备柴油发电机的基本容量	
柴油发电机燃料存储量	
不间断电源系统配置	应满足基本需要（N），其中 $N \leqslant 4$
不间断电源系统自动转换旁路	
不间断电源系统手动维修旁路	
不间断电源系统电池最少备用时间	根据实际需要确定
空调系统配电	宜采用放射式配电系统
变配电所物理隔离	
电池监控系统	

1.2.4 数据中心对供配电系统的其他要求

数据中心对供配电系统的其他要求包括：

（1）供配电系统应为电子信息系统的可扩展性预留备用容量。

（2）电子信息系统机房应由专用配电变压器或专用回路供电，变压器宜采用干式变压器。

（3）电子信息系统机房内的低压配电系统应采用 TN-S 系统。

（4）电子信息设备应由不间断电源系统供电。确定不间断电源系统的基本容量时应留有余量。不间断电源系统的基本容量，可按下式计算：$E \geqslant 1.2P$。其中 E 代表不间断电源系统的基本容量（不包括备份不间断电源系统设备）；P 代表电子信息设备的计算负荷。

（5）用于电子信息系统机房内的动力设备与电子信息设备的不间断电源系统应由不同回路配电。

（6）电子信息设备的配电应采用专用配电箱（柜），专用配电箱（柜）应靠近用电设备安装。

（7）电子信息设备专用配电箱（柜）宜配备浪涌保护器、电源监测和报警装置。当输出端中性线与 PE 线之间的电位差不能满足电子信息设备使用要求时，宜配备隔离变压器。

（8）后备柴油发电机的容量应包括不间断电源系统、空调和制冷设备的基本容量及应急照明和关系到生命安全的需要的负荷容量。

（9）市电与柴油发电机的切换应采用具有旁路功能的自动转换开关。自动转换开关检修时，不应影响电源的切换。

（10）敷设在隐蔽通风空间的低压配电线路应采用阻燃铜芯电缆；活动地板下作为空调静压箱时，电缆线槽（桥架）的布置不应阻断气流通路。

（11）配电线路的中性线截面积不应小于相线截面积；单相负荷应均匀分配在三相线路上。

第 2 章　电工基础知识

　　电工基础知识是从事电气专业的专职人员必须学习并要求掌握的，是从事电气专业人员提高技能的基石，也是从事电气专业人员的入门课程。只有学好了基础知识才会在电气维护工作中少犯错误或不犯错误，甚至不出电气方面的事故，人身安全和用电设备的安全才能得到保障。本章的主要内容包括直流电路、交流电路、磁路、电子电路以及电与磁的关系等方面的知识。

2.1　直流电路基本概念

　　直流电路是指电流流向不变的电路，在电路中它基本上是由电源、导线、开关和负载四大部分组成，有通路、开路和短路三种状态。直流电是物质的，客观存在的，它和热能、风能、太阳能、核能等一样也是一种能源，并属于二次能源，能够与其他能源相互转化。电能的生产、输送、转化遵守能量守恒定律、物质守恒定律。

2.1.1　电路

　　电流经过的路径称为电路。电能转化为其他形式的能要通过闭合电路来完成。因此，为了利用电能，必须组成各种形式的电路。

2.1.2　电路的组成

　　电路由电源、导线、开关和负载 4 大部分组成。图 2-1 所示是由直流灯泡控制的回路，当开关闭合，电池给灯泡供电，灯泡被点亮；当开关断开，电流不能形成回路，灯泡熄灭。电路中各部分的作用如下。

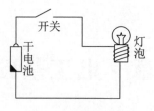

图 2-1　实物电路图

（1）电源：为电路提供电能。现在应用的电源有各种干电池电源、太阳能电源、风力发电电源、火力发电电源、水力发电电源、核能发电电源等。

（2）导线：构成电路的通路。因为用途不同，导线的种类繁多，主要用于电力系统作为输电导线。

（3）开关：是控制电路通、断的电器设备。根据用途不同，其体积、形状差别很大：用在电子仪器、设备上的有微型开关；用在电力设备上的有耐高压、大电流的高压开关；用在运动设备上的有接近开关；用在一般设备上的有刀开关、空气开关等。

（4）负载（灯泡）：负载是消耗电能的设备。电路通过负载，将电源的电能转化为热能、机械能、光能等其他形式的能，为人们所用。电路的负载常用的有以电动机驱动的各种机械；以电阻加热的电炉、电热器、电吹风、电烙铁等；以发光为目的的各种电光源；在电子电路中的各种耗能器件，发射装置等，都可以视为电源的负载。

2.1.3　电路状态

电路通常有以下 3 种状态。

（1）通路：指处处连通的电路。通常也称闭合电路，简称闭路。此时电路有工作电流。

（2）开路：指电路中某处断开不成通路的电路。开路也称断路。此时电路中无电流。

（3）短路：指电源引出线不经负载而直接相连。这时电路中就会有很大的电流通过，引起导线发热、损坏绝缘、烧毁电源、甚至引起火灾，导致事故。

在实际应用中用图形符号表示电路连接情况的图叫电路图，如图 2-2 所示。

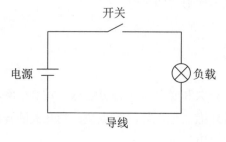

图 2-2　电路图

2.1.4 电路的基本物理量

电路的基本物理量包括电流、电压、电位、电动势、电阻、电容等。电路的功能无论是能量的输送和分配，还是信号的传输和处理，都要通过电压、电流和电功率来实现。

1. 电流

电流就是电子在电场力作用下做有规则的定向运动。物理学规定正电荷定向移动的方向为电流的方向，即在电源外部电流是从正极流出，经过用电器，从负极流入。在金属导体中，能自由移动的电子方向与电流的方向相反，如图 2-3 所示。

在导体中形成电流的条件是：有可以移动的电荷和维持电荷做定向移动的电场。

电流强度：单位时间内通过导体截面电荷量的多少。它是表征电流大小的物理量。

电流用字母"I"表示，电流强度的基本单位是安培，简称"安"，用字母"A"表示。

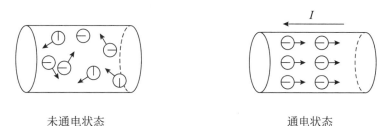

未通电状态　　　　　　　　　　通电状态

图 2-3　电流的形成

电流的单位也可以用倍数单位千安（kA）、毫安（mA）、微安（μA）表示，它们之间的换算关系如下。

$$1kA=1000A \qquad 1A=1000mA \qquad 1mA=1000\mu A$$

如果电流的大小和方向都不随时间的变化而变化称为恒定直流电，简称直流电，用 DC 表示，如图 2-4 所示。

脉冲电流：凡电流的大小随时间变化，但方向不随时间变化的电流称为脉冲电流，如图 2-5 所示。某些蓄电池充电电流即属于这种类型。

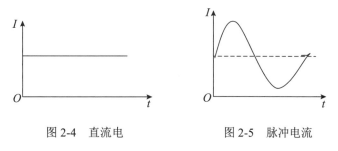

图 2-4　直流电　　　　　　　　图 2-5　脉冲电流

电流的方向：习惯上规定为正电荷运动的方向，即电流的方向在电路中从正极（用"+"表示）流向负极（用"−"表示）。而实际上导体中的电流一般是由带负电荷的电子运动形成，即从电路负极流向正极。但规定为正电荷运动的方向不影响对电流的分析和测量，因此，现在仍把电流从正极流向负极作为电流的方向。

2. 电压

电压的形成是因为电流中存在电位差。

我们以水的循环流动示意图来说明电流在电路中的流动原理。电流和水流有着相似的运动规律，如图 2-6 所示，图中水流的形成是由于抽水机给水流提供能量，抽水机的工作使水路存在一个稳定的水压，从而保证水流得以持续，涡轮才能持续转动做功。图 2-7 中电源作用与图 2-6 中的抽水机作用类似，电源的作用是给电路中的电流提供能量，使电路存在一个稳定的电压，从而保证金属导体中的自由电荷得以持续做定向移动形成电流，灯泡才能持续发光做功。

要想形成图 2-7 中电流，白炽灯两端必须存在电位差，只有电源力将正电荷逆电场力搬运才能使电场力驱动电荷对负载做功（类似水槽的水位差）。

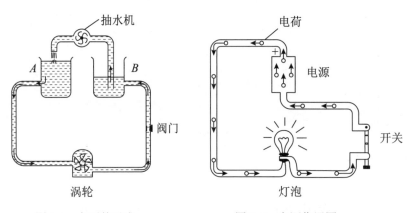

　　图 2-6　水压的形成　　　　　图 2-7　电源作用图

因此，电压是推动电荷定向移动形成电流的原因。总结一下，电流之所以能够在导线中流动，是因为在电流中有着高电位和低电位的差别，这种差别叫电位差，也叫电压。换句话说，在电路中，任意两点之间的电位差称为这两点的电压。

电压用字母 U 或 u 表示。电压的基本单位是伏特，简称"伏"，用字母"V"表示。还可以用倍数单位千伏（kV）、毫伏（mV）表示，它们之间关系如下。

$$1kV=1000V \qquad 1V=1000mV$$

3. 电位

取电路中任一点作为参考点，并规定为零电位，电路中任一点到参考点之间的电压，就称为该点的电位。

当某点到参考点的电压为正时，则该点的电位为正；当某点到参考点的电压为负时，则该点的电位为负。电位用符号"V"来表示。

电压是电路中的两点电位之差，电路中任意两点间的电压大小，仅取决于这两点电位的差值，与电位参考点的选择无关。电位的单位与电压的单位相同。

4. 电动势

由其他形式的能量转换为电能所引起的电源正、负极之间的电位差，叫作电动势。电动势是表征电源力对电荷做功能力的物理量。其方向规定为由电源的负极（−）指向正极（+），通常电动势用字母 E 或 e 表示，如图2-8所示。电动势的单位也是"伏"，符号为"V"。

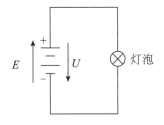

图2-8 电源电压与电动势方向

5. 电阻

图2-9所示是电子在导体中流动的示意图，导体分别使用了不同的导体材料。材料内的原子结构不同，导体对电子流动造成的"阻力"也不同：图2-9（a）导体材料中"障碍物"少，图2-9（b）导体材料中"障碍物"多，图2-9（c）是由于截面积不同，导体对电子流动造成的"阻力"不同。

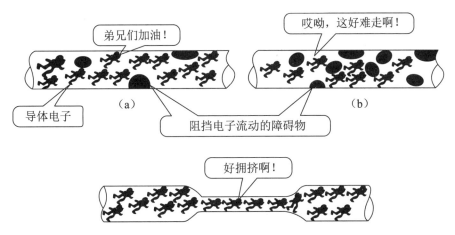

图2-9 电子在导体中流动的示意图

导体对电流的阻碍作用称为导体的电阻，用符号"R"来表示。

金属导体的电阻与导体的长度成正比，与截面积成反比，还与材料的导电性能有关，用公式表示为

$$R = \rho \frac{L}{S}$$

式中：R——导体电阻，Ω；

$\quad\quad\ S$——导体截面积，mm^2；

$\quad\quad\ L$——导体长度，m；

$\quad\quad\ \rho$——电阻率，$\Omega \cdot \text{m}$。

电阻率（ρ）是反映材料导电性能的系数，不同金属材料电阻率的大小可通过电阻率表查到。电阻率的倒数 $1/\rho$ 称为电导。导体的电阻与温度有关，一般温度越高电阻值越大，温度越低电阻值越小。

电阻的基本单位是欧姆，简称"欧"，用字母"Ω"表示。较大的倍数单位有千欧（$k\Omega$）、兆欧（$M\Omega$）。它们之间的关系如下。

$$1k\Omega = 10^3\Omega \qquad 1M\Omega = 10^6\Omega$$

6. 电容器

存储电荷的容器称为电容器，它是由两片金属导体和中间的绝缘物质构成的。其中两片金属导体称为极板，中间绝缘物质称为介质。电容器的电路图符号如图 2-10 所示。

图 2-10　电容器的电路图符号

电容器存储电荷的能力用电容表示，其单位是法拉，简称"法"，用字母"F"表示。在实际应用中 F 这个单位太大，一般用倍数单位微法（μF）或皮法（pF）。电容各级倍数单位之间的关系如下。

$$1\,F = 1000\,mF \qquad 1mF = 1000\,\mu F$$

$$1\mu F = 1000\,nF \qquad 1\,nF = 1000\,pF$$

2.2　欧姆定律

欧姆定律包括部分电路的欧姆定律和全电路的欧姆定律，部分电路的欧姆定律是最基本、最常用的电路定律。本书仅介绍部分电路的欧姆定律。

部分电路的欧姆定律是用来说明电压、电流、电阻三者之间关系的定律。

我们生活中有这样的经验：当打开水龙头时，如果水管中的压力小，水流就小；如果水管中的压力大，水流就大，如图 2-11 所示。

图 2-11　水压与流速对比图

这个事例说明在同一条水管中，水管中水的压力大，水的流速就快；反之，水的流速就慢。人们在广场的音乐喷泉中看到喷出的水柱高度随着音乐的节奏跳跃变化也是这个道理，水柱高时说明水泵的出口压力高；水柱低时说明水泵的出口压力低。

在电阻电路中，电压和电流也有着类似的规律：加在同一个电阻上的电压高，那么电阻中的电流就大；反之，加在同一个电阻上的电压低，电阻中的电流就小。

2.2.1 电阻电路的欧姆定律

某一段只含有电阻器不含有电源的电路，称为电阻电路，如图 2-12 所示。

电阻电路的欧姆定律可表述为：流经电阻的电流与加在电阻两端的电压成正比，与电阻的阻值成反比，其公式为

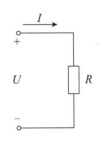

$$I = \frac{U}{R}$$

式中：I——流过电路的电流，A；

U——电阻器两端电压，V；

R——电路中的电阻，Ω。

图 2-12 部分电阻电路

其还有如下表达形式

$$U = IR \text{ 和 } R = \frac{U}{I} \text{。}$$

2.2.2 电阻电路的连接

在实际电路中，会根据不同的需要，把电阻按一定的方式连接起来。连接方式多种多样，但最基本的、应用最广的连接方式是串联、并联和混联。

1. 电阻的串联

几个电阻依次相连，中间没有分支，流过同一个电流的连接方式称为电阻的串联，如图 2-13 所示。

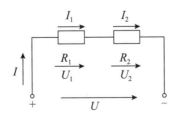

图 2-13 电阻串联电路

电阻串联的性质如下。

（1）串联电路中的电流处处相等。即

$$I = I_1 = I_2。$$

（2）串联电路两端的总电压等于各电阻上电压之和。即

$$U = U_1 + U_2。$$

（3）电阻串联后的总电阻（等效电阻）等于各个电阻阻值之和。即

$$R = R_1 + R_2。$$

（4）各电阻上电压分配与其电阻值成正比。即在串联电路中，电阻值大的分配到的电压高，电阻值小的分配到的电压低。串联电路分压公式为

$$\frac{U_1}{U_2} = \frac{IR_1}{IR_2} = \frac{R_1}{R_2}。$$

2. 电阻的并联

将两个或两个以上的电阻相应的两端连接在一起，使每个电阻承受同一个电压的连接方式称为电阻的并联，如图 2-14 所示。

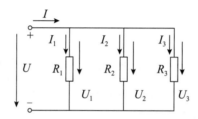

图 2-14　电阻并联电路

电阻并联的性质如下。

（1）电路中每个支路电阻两端的电压都相等。即

$$U = U_1 = U_2 = U_3。$$

（2）电路中，总电流等于流过各电阻的电流之和。即

$$I = I_1 + I_2 + I_3。$$

（3）电阻并联后的总电阻 R（等效电阻）的倒数等于各分电阻倒数之和。即

$$\frac{1}{R} = \frac{1}{R_1} + \frac{1}{R_2} + \frac{1}{R_3}。$$

（4）并联电阻具有分流作用，并联电阻电路中流过电阻的电流与电阻的阻值成反比，即：阻值越小，流过的电流越大；阻值越大流过的电流越小。当两个电阻并联时，其分流公式为

$$\frac{I_1}{I_2} = \frac{\dfrac{U}{R_1}}{\dfrac{U}{R_2}} = \frac{R_2}{R_1}。$$

3. 电阻的混联

在一个电路中，既有电阻串联又有电阻并联，称为混联电路。图 2-15 就是一个电阻混联电路。在计算混联电路电阻时，将电路中串联或并联的电阻按串联或并联的计算方法一步步进行化简，最后求出整个电路的等效电阻值。

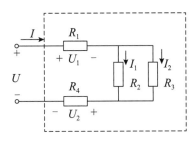

图 2-15　电阻混联电路

2.2.3　电容器电路的连接

1. 电容器的串联

把几个电容器的极板首尾相接，连成一个无分支电路的连接方式叫作电容器的串联。电容器串联电路的特点如图 2-16 所示。

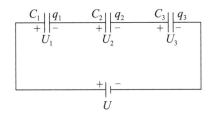

图 2-16　电容器的串联

（1）电路中，每个电容器带的电荷量相等。即

$$q = q_1 = q_2 = q_3。$$

（2）电路中，总电压等于各个电容器上的电压之和。即

$$U = U_1 + U_2 + U_3。$$

（3）串联电容器的分压计算公式为

$$U_1 = \frac{C_2}{C_1 + C_2}U \text{ 和 } U_2 = \frac{C_1}{C_1 + C_2}U。$$

（4）电路中，总电容的倒数等于各个电容器的电容的倒数之和。即

$$\frac{1}{C} = \frac{1}{C_1} + \frac{1}{C_2} + \frac{1}{C_3}。$$

（5）电容器的串联与电阻的串联相似。电容器的串联与电阻的串联电路特点如表2-1所示。

表 2-1　电容器、电阻串联电路特点

电容器串联电路	电阻串联电路
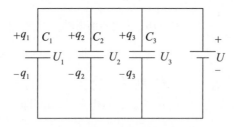	
$q = q_1 = q_2 = q_3$	$I = I_1 = I_2 = I_3$
$U = U_1 + U_2 + U_3$	$U = U_1 + U_2 + U_3$
$\dfrac{1}{C} = \dfrac{1}{C_1} + \dfrac{1}{C_2} + \dfrac{1}{C_3}$	$R = R_1 + R_2 + R_3$

（6）电容器的串联电路电压分配特点：电容值不等的电容器串联使用时，每只电容器上分配的电压与其自身的电容值成反比。

注意：每个电容器都有各自的耐压值，在实际应用中应保证每只电容器上承受的电压都小于其耐压值，这样才能保证电路的正常运行。

电容器耐压值的计算：耐压值不同的电容器串联时，可先计算出各个电容器在各自耐压下所能带的最大电荷量，然后取其中最小者，由公式 $u = \dfrac{q_{最小值}}{C_总}$ 确定该电容器组的耐压值。

2. 电容的并联

把几个电容器的正极连在一起，负极也连在一起，这就是电容的并联，如图2-17所示。

图 2-17　电容的并联

电容器的并联电路特点如下。

（1）电压：每个电容器两端的电压相等且等于外加电压。即

$$U = U_1 = U_2 = U_3 。$$

（2）电荷量：总电荷量等于各个电容器的电荷量之和。即

$$q = q_1 + q_2 + q_3 。$$

（3）电容：总电容等于各个电容器的电容之和。即

$$C = C_1 + C_2 + C_3。$$

注：电容器并联之后，相当于增大了两极板的面积，因此，总电容大于每个电容器的电容。

电容器串、并联比较如表 2-2 所示。

表 2-2　电容器串、并联电路特点比较

项目	串　联	并　联
电荷量	每个电容器的电荷量相等并等于等效电容器的电荷量 $q = q_1 = q_2 = q_3$	总电荷量等于各个电容器的电荷量之和 $q = q_1 + q_2 + q_3$
电压	总电压等于各个电容器的电压之和 $U = U_1 + U_2 + U_3$	每个电容器两端的电压相等且等于外加电压 $U = U_1 = U_2 = U_3$
电容	总电容的倒数等于各个电容器的电容的倒数之和 $\dfrac{1}{C} = \dfrac{1}{C_1} + \dfrac{1}{C_2} + \dfrac{1}{C_3}$	总电容等于各个电容器的电容之和 $C = C_1 + C_2 + C_3$

3. 电容的混联

既有电容器的串联，又有电容器的并联的连接方式叫作电容的混联。

计算混联电容器电路总电容时，要先分清各电容器的连接关系，然后按电容器串联和并联的特点计算，如图 2-18 所示。

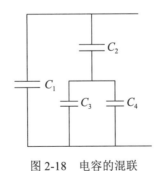

图 2-18　电容的混联

2.2.4　电功、电功率和电流的热效应

1. 电功

电流在电路中流动，通过负载时要对负载做功。如电流流入电动机的绕组，电动机

输出转矩拖动机械负载运动做功，电能通过电动机将电能转化为机械能。

电能通过负载做功的大小与流过负载的电流（I）、负载两端的电压（U）以及通电时间（t）成正比。电能用字母"W"表示，单位是焦耳，简称"焦"，用字母"J"表示。

其计算公式为

$$W = UIt \text{ 或 } W = I^2Rt$$

式中：W——电能，J；

I——电流，A；

U——电压，V；

t——时间，s。

在工程上电功又称电能。因为 1 J =1W·s，此单位太小，因此在日常生活中常用 kW·h（千瓦·时）表示，1kW·h 就是通常说的 1 度电。它与 J 之间的换算关系为

$$1kW \cdot h = 1000W \times 3600s = 3.6 \times 10^6 J。$$

2. 电功率

在日常生活或工作中，不仅要了解电流做功的多少，还要知道电流做功的快慢。电流做功的快慢是用电功率来表示的。

1）电功率

电流在单位时间内所做的功称为电功率，用字母"P"表示。其计算公式为

$$P = \frac{A}{t} = \frac{UIt}{t} = IU。$$

电功率的基本单位为瓦（W），还有倍数单位兆瓦（MW）、千瓦（kW）和毫瓦（mW），换算关系如下。

$$1W=1000mW \quad 1kW=1000W \quad 1MW=1000kW$$

在直流电路或纯电阻交流电路中，电功率等于电压与电流的乘积，即

$$P = IU。$$

当用电设备两端的电压为 1V，通过的电流为 1A，则用电设备的电功率就是 1W。根据欧姆定律，它还可以表示为

$$P = \frac{U^2}{R} = I^2R。$$

上式表明，当电阻一定时，电阻上消耗的电功率与其两端电压的平方成正比，或与通过电阻上电流的平方成正比。

工业上也用马力作为功率的单位。马力有米制马力（PS）与英制马力（hp）的区别。它们与 W 之间的换算关系如下。

$$1hp=0.7457kW \qquad 1PS=0.7355kW$$

　　2）额定功率

　　为了使电器能安全、可靠地工作，对电器的工作电压和电流都有规定值，这个规定值就称为电器的额定电压和额定电流。额定电压和额定电流的乘积，称为电器的额定功率。额定电压、电流、电功率统称为用电器的额定值。用电器的额定值都在铭牌上标出，以方便使用。

　　在应用时，用电器所加电压和电流不能高于或低于额定值。如所加电压偏高，会影响用电器的使用寿命，严重时还可能将电器烧坏；当所加电压低于额定电压时，用电器的输出功率达不到额定值，不能正常工作。

　　3）实际功率

　　用电器在实际电压下工作时所消耗的功率为实际功率。用电器实际消耗的功率，使用电器两端实际电压和通过用电器的实际电流来计算。

　　[例 2-1] 某企业电压不稳，造成用电器工作不正常。

　　现象：

　　某企业经常自己发电，电压稳定性差，电压在 200 ～ 240V 波动，车间用的白炽灯忽明忽暗，经常损坏。

　　分析：

　　以额定电压为 220V、额定功率为 40W 的白炽灯为例。若把它接在 220V 的电路中，通过灯泡的电流为

$$I = \frac{P}{U} = \frac{40\text{W}}{220\text{V}} \approx 0.182\text{A} \text{。}$$

　　灯泡的电阻为

$$R = \frac{U}{I} = \frac{220\text{V}}{0.182\text{A}} \approx 1209\Omega \text{。}$$

　　当电路电压降为 200V，输出功率为

$$P = \frac{U^2}{R} = \frac{200^2\text{V}}{1209\Omega} \approx 33.1\text{W} \text{。}$$

　　因为电压下降，白炽灯的功率由 40W 下降为 33.1W，灯光变暗。

　　当电路电压升为 240V，输出功率为

$$P = \frac{U^2}{R} = \frac{240^2\text{V}}{1209\Omega} = 47.64\text{W} \text{。}$$

　　因为 47.64W 大于 40W，白炽灯处于较强的过载状态，虽然亮度增加，但白炽灯的寿命大大下降。

　　一切电器，工作在额定状态是最佳状态，我们要尽量使电气设备工作在额定状态。在购买电器设备时，要认真核实设备的使用条件，一是要和电源相符；二是要和电器驱动的设备相匹配。

[例 2-2] 25W 电烙铁，每天使用 4h，求每月（按 22 天）耗电量是多少？

解：每月耗电量为

$$W = Pt = 25\text{W} \times 4\text{h} \times 22 = 2200\text{W} \cdot \text{h} = 2.2\text{kW} \cdot \text{h}。$$

3. 电流的热效应

电流在通过导体时，导体要消耗电能而发热，这种现象称为电流的热效应。电流的热效应产生的热量用符号"Q"表示，单位是焦耳（J）。

通过实验证明：电流通过导体所产生的热量与通过导体电流的二次方、导体的电阻以及通电时间成正比，公式为

$$Q = I^2 Rt。$$

J 也可以换算成卡（cal），1J=0.24 cal，1 cal =4.1868J。1 kcal（千卡）=1 cal（大卡）。因此公式还可表示为

$$Q = 0.24 I^2 Rt \quad （\text{cal}）。$$

电流的热效应在电器设备中得到广泛的应用，电烙铁、电烤箱、电暖气等都是利用电流的热效应来进行加热工作的。电流的热效应也有其不利的一面，它使工作中的电气设备发热，这不但消耗了电能，还会造电气设备过早老化；如果温升超过允许值，还会烧坏电气设备。因此，电气设备常用吹风降温的方法来减少电流热效应造成的危害。

2.3　交流电路

2.3.1　交流电的概念

大小和方向都随着时间不断交变的电流，称为交流电。

图 2-19 所示为一正弦交流电动势的波形图，由图可以得知：交流电跟别的周期性过程一样，是用周期（T）或频率（wt）来表示其变化的快慢的。正弦交流电由零值增加到正最大值（Em），然后又逐渐减少至零，然后改变方向又由零值逐渐增加

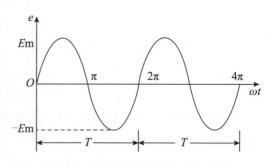

图 2-19　正弦交流电动势波形图

到反方向（波形先是向上，然后是向下，所以是反方向）的最大值（$-Em$），最后减少到零。

2.3.2 交流电的产生原理

变化的磁场切割线圈，就会在线圈两端产生电动势。

早期的交流发电机是用固定磁铁做成定子，把线圈绕在铁心上做成转子，当转子在磁场中旋转时，线圈就会被 N、S 磁极之间产生的磁力线交变不断地切割，从而在线圈中感应出正、负不断变化的交变电动势。这就是交流电的产生原理，如图 2-20 所示。

现代的发电机是把发电线圈做成定子，励磁线圈做成转子。励磁线圈通以直流电产生固定磁场，固定磁场旋转时磁力线交变切割定子上的发电线圈，于是产生交流电，如图 2-21 所示。

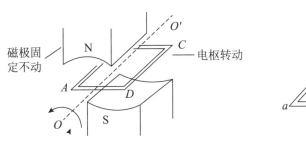

图 2-20 电枢式发电原理

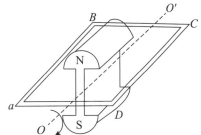

图 2-21 磁极式发电原理

设边长为 L 的正方形线圈，其电阻为 R，在磁感应强度为 B 的匀强磁场中绕 OO′ 轴匀速转动，如图 2-22 所示，每秒转数为 n。当从线圈平面垂直于磁感线位置开始计时，即线圈转动的初始位置为与中性面垂直，做出俯视图如图 2-23 所示，可等效视之为 ab 和 cd 边切割磁感线运动，两个电源串联（ab、cd 边），则有 $e = 2BLV\sin(\omega t)$，而 $V = \dfrac{\omega L}{2}$，$\omega = 2\pi n$，所以产生的感应电动势的瞬时值为 $e = 2\pi BL^2 n\sin(2\pi nt)$。线圈中产生的感应电动势的最大值为 $2\pi BL^2 n$，其有效值为 $e = \sqrt{2}\pi BL^2 n$。

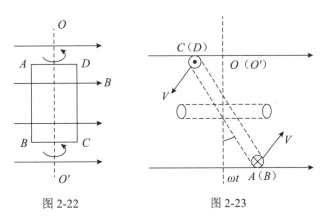

图 2-22   图 2-23

线圈在匀强磁场中绕垂直于磁感线且与线圈平面共面的轴匀速转动，其最大值为 $E_{\mathrm{m}} = nBS\omega$（$n$ 为线圈的匝数，B 为磁感应强度，S 为线圈的面积，ω 为线圈转动的角速度），而与线圈的形状、转轴的位置无关。当计时起点为线圈经过中性面位置时，感应电动势瞬时值计算公式为 $e = E_m \sin(\omega t)$；当计时起点为线圈经过与中性面垂直的位置时，$e = E_m \cos(\omega t)$，也就是说计算公式中的相位是多少取决于计时起点。只有正弦交流电的最大值与有效值之间存在 $\sqrt{2}$ 倍关系，其他形式的交流电的有效值的计算则以有效值的定义来分析求解。

产生交变电流的几个特殊位置如图 2-24、图 2-25 所示。

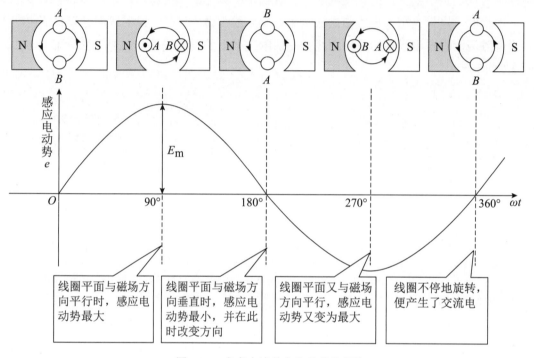

图 2-24　交变电流的产生及变化规律

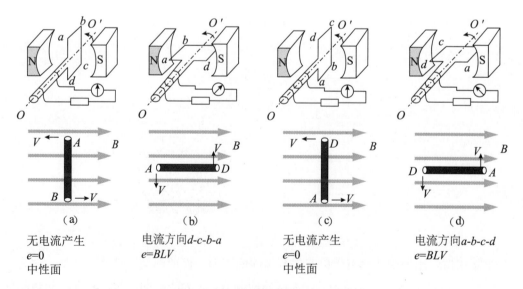

图 2-25　交变电流的几个特殊位置

说明：

（1）线圈在匀强磁场中绕垂直于磁场方向的轴匀速转动时，产生正弦交流电。

（2）跟磁场方向垂直的平面叫作中性面。这一位置穿过线圈的磁通量最大，磁通量变化率为零，线圈中无感应电动势当线圈平面与磁场方向垂直时，线圈的上下两根导线的速度平行于磁场的分量，此时导线没有切割磁场线，故没有感应电动势和感应电流产生。

（3）每经过一次中性面，电流方向就发生改变。

（4）当线圈平面与磁场方向平行时，这一位置穿过线圈的磁通量几乎为零，磁通量变化率最大，线圈中感应电动势最大当线圈平面转到与磁场方向平行时，线圈的上下两根导线的速度垂直于磁场的分量，于是看作是在完全切割磁力线，故感应电动势和感应电流最大。

2.3.3　正弦交流电的基本物理量

表征正弦交流电的大小、变化快慢和初始状态的物理量称为正弦交流电的基本物理量，这 3 个基本物理量也是我们常称的正弦交流电的三要素。

1. 表征正弦交流电大小的物理量——瞬时值、最大值

（1）瞬时值：正弦交流电在变化的过程中，任一瞬时 t 所对应的交流量的数值，称为交流电的瞬时值，用小写字母 e（感应电动势）、i（电流）、u（电压）等表示。由图 2-25 可知，整个线圈所产生的感应电动势为 $e = 2BLV \sin(\omega t)$，$2BLV$ 为感应电动势的最大值，设为 E_m，则

$$e = E_\mathrm{m} \sin(\omega t)。$$

上式称为正弦交流电动势的瞬时值表达式，也称函数表达式。

若计时从线圈平面与中性面成一夹角时开始，如图 2-26、图 2-27 所示，则

$$e = E_\mathrm{m} \sin(\omega t + \varphi)$$

$$i = I_\mathrm{m} \sin(\omega t + \varphi)$$

$$u = U_\mathrm{m} \sin(\omega t + \varphi)$$

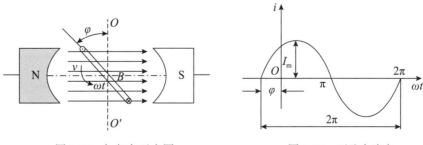

图 2-26　初相角示意图　　　　　　图 2-27　正弦交流电

（2）最大值：正弦交流电变化一周中出现的最大瞬时值，称为最大值（也称为极值、峰值、振幅值），用字母 E_m（感应电动势）、U_m（电压）、I_m（电流）表示，如图 2-27 中 I_m。

2. 表征正弦交流电变化快慢的物理量——周期、频率、角频率

（1）周期：正弦交流电循环变化一周所需的时间叫作周期，用字母"T"表示。单位是秒，用字母"s"表示，常用的倍数单位还有毫秒（ms）、微秒（μs）、纳秒（ns）。

由周期定义可知，周期越长，表明变化一周所需时间越长，即变化越慢；反之周期越短，表明交流电变化一周所需时间越短，即变化越快。

（2）频率：交流电在 1s 内完成周期性变化的次数，叫作交流电的频率，用字母"f"表示，单位是赫兹，简称"赫"，用"Hz"表示。频率的常用倍数单位还有千赫（kHz）、兆赫（MHz）。

周期和频率都是描述交流电变化快慢的物理量，两者的关系为

$$T = \frac{1}{f} \qquad f = \frac{1}{T}。$$

（3）角频率：除了周期和频率描述交流电的变化快慢外，还可以用电角度来描述。角频率用"ω"表示，单位为弧度 / 秒（rad/s）。

因为电动势交变一个周期，电角度就改变 2πrad，而所需时间为 T，所以角频率与频率的关系为

$$\omega = \frac{2\pi}{T} = 2\pi f。$$

由上式可知，周期、频率和角频率三者之间是相互联系的，如果知道其中一个，便可求得另外两个。例如我国电流系统中，交流电的频率是 50Hz，则周期 $T = \dfrac{1}{f} = \dfrac{1}{50\text{Hz}} = 0.02\text{s}$，角频率 $\omega = 2\pi f = 2 \times 3.14 \times 50\text{Hz} = 314 \text{ rad/s}$，美国、日本、西欧的国家采用的频率是 60Hz。

3. 表征正弦交流电初始状态的物理量——相位、初相角与相位差

（1）相位：在正弦交流电数学表达式 $U = U_M \sin(\omega t + \varphi)$ 中，$(\omega t + \varphi)$ 是一个角度，它是时间的函数，每对应于一个确定的时间 t 就有一个确定的角度，它表明了在一段时间内交流电的变化角度数。因此，$(\omega t + \varphi)$ 是表示正弦交流电变化进程的一个量，一般称之为相位。

（2）初相角：相位的大小表明正弦量在变化过程中所达到的状态，不同的相位对应着不同的正弦量瞬时值。也就是说，相位能确定正弦量瞬时值的大小及方向。计时开始（$t = 0$）时的相位 φ 叫初相角（简称初相），同时也是观察正弦波的起点或参考点的依据，如图 2-27 所示。

（3）相位差：两个频率相等的正弦交流电的相位之差叫相位差。即

$$\varphi = (\omega t + \varphi_1) - (\omega t + \varphi_2) = \varphi_1 - \varphi_2。$$

相位差实际上说明了两个交流电相位间在时间上超前或滞后的关系，如图 2-28 所示。

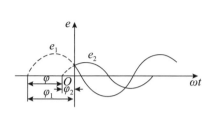
e_1 超前

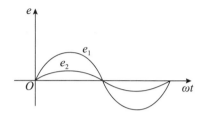
e_1 与 e_2 同相

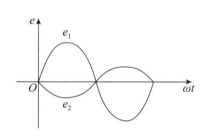
e_1 与 e_2 反相

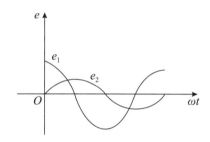
e_1 与 e_2 正交

图 2-28 相位差示意图

（4）交流电电流的相位特点如图 2-29 所示。

设：$i_1 = I_{m1}\sin(\omega t + \varphi_1)$；$i_2 = I_{m2}\sin(\omega t + \varphi_2)$。

则：$\Delta\varphi = (\omega t + \varphi_1) - (\omega t + \varphi_2) = \varphi_1 - \varphi_2$。

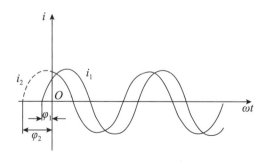

图 2-29 两种交流电初相位比较图

当 $\varphi = \varphi_1 - \varphi_2 > 0$ 时，称 i_1 超前 i_2；

当 $\varphi = \varphi_1 - \varphi_2 < 0$ 时，称 i_1 滞后 i_2；

当 $\varphi = \varphi_1 - \varphi_2 = 0$ 时，称 i_1 与 i_2 同相；

当 $\varphi = \varphi_1 - \varphi_2 \pm 180°$ 时，称 i_1 与 i_2 反相；

当 $\varphi = \varphi_1 - \varphi_2 = \pm 90°$ 时，称 i_1 与 i_2 正交。

注：

①正弦交流电的最大值反映了正弦量的变化范围，角频率反映了正弦量的变化快慢，初相位反映了正弦量的起始状态。

②不同频率的正弦量相比较无意义。

4. 有效值和平均值

（1）有效值：加在同样阻值的电阻上，在相同的时间内产生与交流电作用下相等的热量的直流电的大小，如图 2-30 所示。

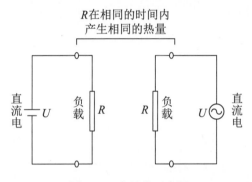

图 2-30　有效值示意图

有效值用大写字母表示，如 E、U、I。

有效值与最大值的关系为：

$$U_m = \sqrt{2}U = 1.414U$$

$$U = \frac{1}{\sqrt{2}}U_m = 0.707U_m$$

（2）平均值：交变电流的平均值是交变电流波形图中波形与横轴所围的面积跟时间的比值，它与交流电的方向和时间长短有关，如图 2-31 所示。由于正弦量取一个周期时平均值为零，所以取半个周期的平均值作为正弦量的平均值。

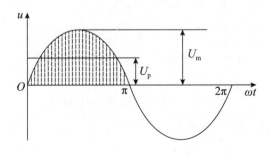

图 2-31　交流电平均值示意图

正弦电动势、电压和电流的平均值分别用符号 E_P、U_P、I_P 表示。交流电平均值与最大值之间的关系如下。

$$E_\mathrm{P} = \frac{2}{\pi} E_\mathrm{m} \qquad U_\mathrm{P} = \frac{2}{\pi} U_\mathrm{m} \qquad I_\mathrm{P} = \frac{2}{\pi} I_\mathrm{m}$$

交流电有效值与平均值之间的关系如下。

$$E = \frac{\pi}{2\sqrt{2}} E_\mathrm{P} \approx 1.1 E_\mathrm{P} \qquad U = \frac{\pi}{2\sqrt{2}} U_\mathrm{P} \approx 1.1 U_\mathrm{P} \qquad I = \frac{\pi}{2\sqrt{2}} I_\mathrm{P} \approx 1.1 I_\mathrm{P}$$

2.3.4 正弦交流电的表示方法

正弦交流电通常有以下 3 种表示方法。

（1）解析法：又称三角函数表示法，是正弦交流电的基本表示方法。它用三角函数式来表示正弦交流电随时间变化的关系，如图 2-32 所示。

交流电动势、电流、电压在 t 时刻的瞬时值，分别用 e、i、u 表示，其三角函数式表达分别如下。

$$e = E_\mathrm{m} \sin(\omega t + \varphi)$$

$$i = I_\mathrm{m} \sin(\omega t + \varphi)$$

$$u = U_\mathrm{m} \sin(\omega t + \varphi)$$

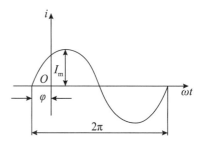

图 2-32　正弦交流电三角函数表示法

（2）曲线法：利用三角函数式求出各时刻的相应角和对应的瞬时值，然后在平面直角坐标系中画出正弦曲线。又叫曲线图或波形图，如图 2-33 所示。

这种方法可以直观地表示正弦交流电的变化状态和相互关系，但不便于数学运算。如果采用旋转矢量法来表达正弦量就方便很多。

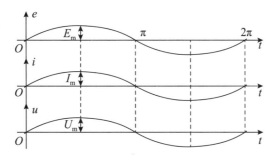

图 2-33　正弦交变电流的图像

（3）旋转矢量法（相量法）：在数学中，我们已知道一个既有大小又有方向的量，叫作矢量。当一个矢量以角速度绕原点做逆时针方向旋转时，我们称它为旋转矢量，如图 2-34 所示。

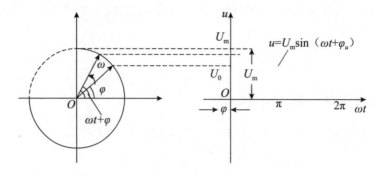

图 2-34　正弦交流电旋转矢量表示法

　　一个正弦量可以用旋转的有向线段表示。有向线段的长度表示正弦量的幅值；有向线段（初始位置）与横轴的夹角表示正弦量的初相位；有向线段旋转的角速度表示正弦量的角频率。正弦量的瞬时值由旋转的有向线段在纵轴上的投影表示。

2.3.5　单相交流电路

1. 纯电阻电路

　　纯电阻电路就是除电源外，只有电阻元件的电路，如图 2-35 所示，或虽有电感和电容元件，但它们对电路的影响可忽略。通过实验和示波器观察到的纯电阻电路中电流和电路两端电压的波形如图 2-36 所示。

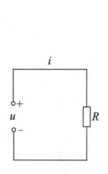

图 2-35　交流纯电阻电路图

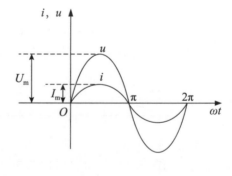

图 2-36　波形图

1）电压、电流有效值的关系

　　纯电阻交流电路中电流与电压的频率相同，初相位相同，相位相同；瞬时值、有效值和最大值都遵循欧姆定律。

　　设电路的电压为 $u = U_m \sin(\omega t + \varphi_0)$，电阻为 R，

　　则电流：$i = \dfrac{u}{R} = \dfrac{U_m \sin(\omega t + \varphi_0)}{R} = I_m \sin(\omega t + \varphi_0)$；

电压： $u = Ri = RI_m \sin(\omega t + \varphi_0) = U_m \sin(\omega t + \varphi_0)$。

根据欧姆定律

$$U_m = I_m R$$

$$I = \frac{I_m}{\sqrt{2}} = \frac{U_m}{\sqrt{2}R}$$

可推导出

$$I = \frac{U}{R}。$$

上式为在纯电阻电路中根据欧姆定律计算有效值的表达式，式中 U、I 分别为交流电路中电压、电流的有效值。

2）电压与电流的相位关系

（1）纯电阻电路中电压与电流同频率、同相位，如图 2-36 所示。

（2）相量形式：如图 2-37 所示的欧姆定律 $\dot{U} = \dot{I}R$。

（3）相位差（φ）： $\varphi = \varphi_u - \varphi_i = 0$。

（4）相量式： $\dot{I} = I\angle 0°$、$\dot{U} = U\angle 0° = \dot{I}R$。

（5）相量图：如图 2-38 所示。

图 2-37　相量模型图　　　　图 2-38　相量图

3）纯电阻电路的瞬时功率

在纯电阻电路中，由于电流、电压都是随时间变化的，所以功率也随时间变化。电压和电流瞬时值的乘积就是瞬时功率，用符号 p 表示。

设：

$$i = I_m \sin(\omega t) = \sqrt{2}I \sin(\omega t)，\quad u = U_m \sin(\omega t) = \sqrt{2U} \sin(\omega t)$$

则

$$p = ui = U_m I_m \sin^2(\omega t) = 2UI \sin^2 \omega t。$$

而

$$\sin^2 \alpha = \frac{1 - \cos 2\alpha}{2}，$$

所以

$$p = UI(1 - \cos 2\omega t)。$$

纯电阻电路中只有电阻元件，所以电阻元件在电路中被称作耗能元件。纯电阻电路功率的波形图如图 2-39 所示。

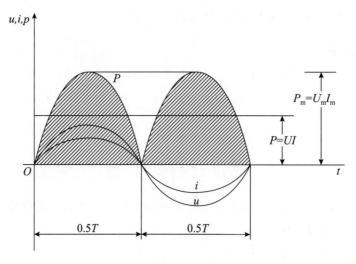

图 2-39 纯电阻电路功率波形图

从数学表达式和波形图上可以看出瞬时功率随时间变化的规律是：电流和电压为零时，瞬时功率也为零；电流和电压为最大值时，瞬时功率也为最大值。电流和电压变化一次，瞬时功率变化两次。

在实际中，只要知道电阻消耗电能的平均功率，就可以计算在一定时间内电阻消耗的电能。由于平均功率反映电阻消耗电能的情况，故又将平均功率称作有功功率，因此，使用平均功率比瞬时功率更有意义。

瞬时功率在一个周期内的平均值称作平均功率，用符号 P 表示，单位是 W。

$$P = UI = I^2 R = \frac{U^2}{R}$$

2. 纯电容电路

把电容器接到交流电源上，如果电容器的漏电电阻和分布电感可以忽略不计，这种电路叫作纯电容电路。电容器的应用十分广泛，在电力系统中常用来调整电压、改善功率因素等。纯电容电路如图 2-40 所示。各物理量关系如下。

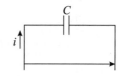

图 2-40 纯电容电路

1）电压、电流有效值的关系

在纯电容电路中，电容具有阻碍电流通过的性质，我们把这种性质称为容抗，用符号 X_C 表示，单位也是 Ω。其计算公式为

$$X_\mathrm{C} = \frac{1}{\omega c} = \frac{1}{2\pi f c} = \frac{T}{2\pi c}$$

式中：

f——电压频率，Hz；

c——电容器的电容，F；

X_C——电容器的容抗，Ω。

理论和实验证明，容抗的大小与电源频率成反比，与电容器的电容成反比。这也反映了电容元件的特性："通交流，阻直流；通高频，阻低频"。对于直流电（$f=0$），容抗趋于无穷大，可将电容元件视为断路。

纯电容电路中，电压有效值、容抗与电流有效值之间的关系如下。

$$U_C = X_C I_C$$

式中：

U_C——电容器两端电压的有效值，V；

I_C——电路中电流有效值，A；

X_C——电容的电抗，Ω。

上式称为纯电容电路的欧姆定律。

2）电压与电流相位关系

在纯电容电路中，电压与电流频率相同。电压（U_C）滞后电流（I_C）$\dfrac{\pi}{2}$相位，也可以说电流超前电压$\dfrac{\pi}{2}$。

根据电流、电压的解析式，做出电流和电压的波形图以及它们的相量图，分别如图 2-41、图 2-42 所示。

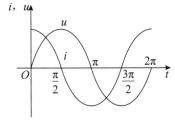

图 2-41　纯电容电路的电流、电压波形图

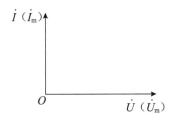

图 2-42　纯电容电路电流、电压相量图

3）纯电容电路的瞬时功率

纯电容电路中的瞬时功率等于电压瞬时值与电流瞬时值的乘积，即

$$p = ui = U_m \sin(\omega t) I_m \sin\left(\omega t + \frac{\pi}{2}\right)$$
$$= \sqrt{2}U \sin(\omega t)\sqrt{2} I \cos(\omega t)$$
$$= UI \times 2\sin(\omega t)\cos(\omega t)$$
$$= UI \sin(2\omega t)$$

纯电容电路的瞬时功率 p 的频率是电流、电压频率的 2 倍；振幅为 UI，其波形图如图 2-43 所示。

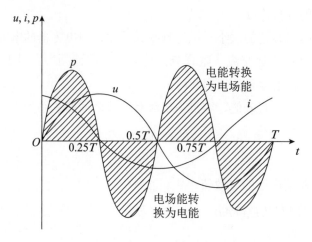

图 2-43 纯电容电路功率波形图

4）纯电容电路的平均功率（有功功率）

$$P = \frac{1}{T}\int_0^T p\mathrm{d}t = \frac{1}{T}\int_0^T UI\sin(2\omega t)\mathrm{d}t = 0$$

$P=0$ 表明电容元件不消耗电能，只有电源与电容元件间能量互换。

5）无功功率

无功功率用以衡量电容电路中能量交换的规模，大小通常用瞬时功率达到的最大值表示，即

$$Q_\mathrm{C} = U_\mathrm{C}I_\mathrm{C} = X_\mathrm{C}I_\mathrm{C}^2 = \frac{U_\mathrm{C}^2}{X_\mathrm{C}}$$

式中：

U_C——电容器两端的电压有效值，V；

I_C——通过电容器的电流有效值，A；

Q_C——容性无功功率，var。

无功功率中"无功"含义是"交换"而不是"消耗"，它是相对于"有功"而言的，决不可把"无功"理解为"无用"。它实质上是表明电路中能量交换的最大速率。

6）纯电容电路的特点

（1）在纯电容电路中，电流和电压是同频率的正弦量。

（2）电流 i 与电压的变化率 $\dfrac{\Delta U_\mathrm{C}}{\Delta t}$ 成正比，电流超前电压 $\dfrac{\pi}{2}$ 相位。

（3）电流、电压最大值和有效值之间都服从欧姆定律。电压与电流瞬时值因相位相差 $\dfrac{\pi}{2}$，不服从欧姆定律，要特别注意 $X_\mathrm{C} \neq \dfrac{u_\mathrm{C}}{i_\mathrm{C}}$。

（4）电容是储能元件，它不消耗电能，电路的有功功率为零。无功功率等于电压有效值与电流有效值之积。

3. 纯电感电路

电路中电感起决定性作用，而电阻、电容的影响可忽略不计的电路可视为纯电感电路，如图 2-44 所示。空载变压器、电力线路中限制短路电流的电抗器等都可视为纯电感负载。

图 2-44　纯电感电路

在电感两端加交流电压 u，电感线圈中将有电流 i 流过。由电磁感应定律可知，线圈中产生的自感电动势 u_L 会阻碍这一交变电流的变化而且总是与之方向相反。

1）电压、电流有效值的关系

设通过电感元件 L 中的电流为 $i = \sqrt{2}I\sin(\omega t)$，则 L 两端的电压为

$$u_L = L\frac{\mathrm{d}i}{\mathrm{d}t} = L\frac{\mathrm{d}(I_m\sin(\omega t))}{\mathrm{d}t} = L\mathrm{d}[I_m\sin(2\pi ft)]/\mathrm{d}t$$

将常量 I_m 提到微分式外面，得 $LI_m\mathrm{d}\sin(2\pi ft)/\mathrm{d}t$

求导，$\sin(2\pi ft)$ 求导得到 $2\pi f\cos(2\pi ft)$。因此上式得

$$LI_m 2\pi f\cos(2\pi ft)$$

因为感抗

$$X_L = \omega L = 2\pi fL，$$

$$U_m = X_L I_m = LI_m 2\pi f，代入上式得$$

$$U_m\cos(2\pi ft)$$

根据三角函数公式

$$\cos\alpha = \sin(\frac{\pi}{2}+\alpha)$$

得出

$$U_m\sin(\omega t + \frac{\pi}{2})。$$

由上式可推出电感 L 的电压

$$u_L = U_m\sin(\omega t + \frac{\pi}{2}) = \sqrt{2}U\sin(\omega t + \frac{\pi}{2}) = I\omega L。$$

由于电感 L 上的电流设为

$$i = \sqrt{2}I\sin(\omega t)，$$

推出了电感 L 上的电压为

$$u = \sqrt{2}\,U\sin(\omega t + \frac{\pi}{2})。$$

所以从电流与电压的瞬时表达式中可得出：

在电压、电流的频率相同，相位相差 90°（u 超前 i 90°）时的波形图如图 2-45 所示。

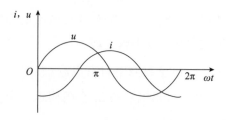

图 2-45　纯电感电路波形图

电压与电流有效值的关系为

$$U = I\omega L;$$

感抗为

$$X_L = 2\pi f L = \omega L。$$

感抗单位为 Ω。

纯电感电路中，感抗、电压有效值与电流有效值之间的关系如下。

$$U = IX_L$$

上式表明纯电感元件电路的有效值符合欧姆定律。

电感元件的特性是"通直流，阻交流；通低频，阻高频"。在直流电路中频率为 $\omega=0$，感抗为 $XL=0$，电感元件的作用相当于短路。

2）电压与电流相位关系

在纯电感电路中，电压与电流频率相同，电压（U_L）超前电流（I_L）$\dfrac{\pi}{2}$ 相位，也可以说电流滞后电压 $\dfrac{\pi}{2}$。电压与电流的相量图如图 2-46 所示。

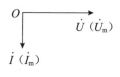

图 2-46　相量图

3）纯电感电路的瞬时功率

在纯电感电路中的瞬时功率（P）等于电压瞬时值与电流瞬时值的乘积，即

$$i = \sqrt{2}\, I \sin(\omega t),$$

$$u = \sqrt{2}\, U \sin\left(\omega t + \frac{\pi}{2}\right);$$

而

$$p = iu$$

$$= 2UI \sin(\omega t)\sin\left(\omega t + \frac{\pi}{2}\right)$$

$$= 2UI \sin(\omega t)\cos(\omega t)$$

$$= UI \sin(2\omega t)$$

所以 $p = UI \sin(2\omega t)$ 表示其频率是电压、电流的 2 倍，振幅为 UI，其波形图如图 2-47 所示。

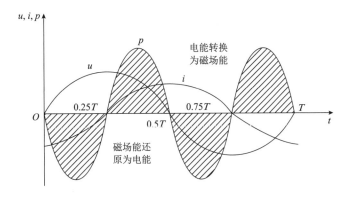

图 2-47　纯电感电路功率波形图

4）纯电感电路的平均功率（有功功率）

纯电感电路的平均功率（有功功率）P 为

$$p = iu = UI\sin(2\omega t)$$

$$P = \frac{1}{T}\int_0^T p\,\mathrm{d}t$$

$$= \frac{1}{T}\int_0^T UI\sin(2\omega t)\mathrm{d}t = 0 \, 。$$

$P = 0$ 表明电感元件不消耗电能，只有电源与电感元件间的能量互换。

5）无功功率

纯电感电路的无功功率（Q）用于衡量电感电路中能量交换的规模，通常用瞬时功率达到的最大值表示。即

$$p = UI\sin 2\omega t$$

$$Q_L = U_L I_L = X_L I_L^2 = \frac{U_L^2}{X_L}$$

式中：

U_L——电感器两端的电压有效值，V；

I_L——通过电感器的电流有效值，A；

Q_L——感性无功功率，var。

无功功率中"无功"含义是"交换"而不是"消耗"，它相对于"有功"而言，决不可把"无功"理解为"无用"。它实质上是表明电路中能量交换的最大速率。

6）正弦交流电路分析

前面我们学习了 3 种单一参数 R、L、C 的电路，并对它们的性质也分别做了介绍，现在我们来把它们的各种性质做一个分析比较，如表 2-3 所示。

表 2-3　单一参数正弦交流电路分析

电路参数	电路图（参考方向）	基本关系	复数阻抗	电压、电流关系				功　率	
				瞬时值	有效值	相量图	相量式	有功功率	无功功率
R		$u=iR$	R	设 $i=\sqrt{2}\,I\sin(\omega t)$ 则 $u=\sqrt{2}\,U\sin(\omega t)$	$U=IR$	u、i 同相	$\dot{U}=\dot{I}R$	$P=UI$ $P=I^2R$	0
L		$u=L\dfrac{\mathrm{d}i}{\mathrm{d}t}$	$\mathrm{j}X_L$	设 $i=\sqrt{2}\,I\sin(\omega t)$ 则 $u=\sqrt{2}\,I\omega L$ $\sin(\omega t+90°)$	$U=IX_L$ $X_L=\omega L$	u 超前 i 相位 90°	$\dot{U}=\mathrm{j}\dot{I}X_L$	0	$Q=UI$ $=I^2X_L$
C		$i=C\dfrac{\mathrm{d}u}{\mathrm{d}t}$	$-\mathrm{j}X_C$	设 $i=\sqrt{2}\,I\sin(\omega t)$ 则 $u=\sqrt{2}\,I\omega c$ $\sin(\omega t-90°)$	$U=IX_C$ $X_C=1/\omega c$	u 落后 i 相位 90°	$\dot{U}=-\mathrm{j}\dot{I}X_C$	0	$Q=-UI$ $=-I^2X_C$

4. R-L 串联电路

电容特征可以忽略不计，而电阻、电感特性起主导作用的串联电路，称为 R-L 串联电路。日光灯、电动机、变压器等都可以看作 R-L 电路。其电路如图 2-48 所示。

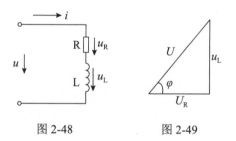

图 2-48　　　　　　　图 2-49

R-L 串联电路中，流过电阻元件和流过电感元件的电流为同一电流，但电阻元件两端的电压与电流同相，电感元件两端的电压超前于电流 90° 相位。在交流电路中，两个相位不同的电压之和，不是有效值的代数和，应是矢量和。由电压三角形图（2-49）可知

$$U=\sqrt{U_R{}^2+U_L^2}$$

式中：

U——总电压，V；

U_R——电阻两端电压，V；

U_L——电感两端电压，V。

电阻与感抗对交流电的通过所产生的综合阻碍作用称为阻抗,用字母 Z 表示,单位也是 Ω。阻抗与电阻、感抗的关系是

$$|Z| = \sqrt{R^2 + X_L^2}。$$

由 $|Z|$、R 和 X_L 组成的三角形称为阻抗三角形,φ 角称为阻抗角,如图 2-50 所示。由阻抗三角形可知

$$\cos\varphi = \frac{R}{|Z|}。$$

在 R-L 电路中即有能量的消耗,也存在能量的转换,也就是说即存在有功功率 P,也存在无功功率 Q,如图 2-51 所示。

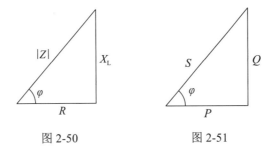

图 2-50　　　　　　　　　图 2-51

在交流电路中总电流与总电压的乘积,叫作视在功率(或表观功率),用字母 S 表示,单位为伏安(V·A)或千伏·安(kV·A)。视在功率表示为

$$S = UI。$$

视在功率表示电源提供的总的容量,如发电机或变压器的容量就是用视在功率表示的。根据有功功率和无功功率的定义,结合电压三角形可知

$$P = U_R I = UI\cos\varphi = S\cos\varphi$$
$$Q_L = U_L I = UI\sin\varphi = S\sin\varphi$$
$$S = \sqrt{P^2 + Q^2}$$

在 R-L 电路中,由于自感电动势的作用,当切断电源时,电感元件上会因为自电动势的存在出现很高的过电压,在电力和电子线路中,经常会把接点(开关触点)烧蚀,还会将晶体管击穿。因此,有时在开关两端并联 R-C 电路来"吸收"反电势以降低触点电压。

在图 2-48 所示电路中,如果并联一个电容器,可提高总的功率因素。

5. R-L-C 串联电路

由电阻(R)、电感(L)和电容(C)组成的串联电路,称为 R-L-C 串联电路,如图 2-52 所示。

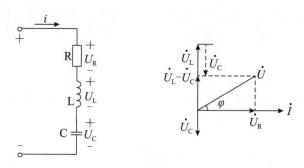

图 2-52 R-L-C 串联电路

当电路接通交流电压 u 时，由于流过各元件上的电流为同一电流 i，在电阻 R 两端产生的电压降 $U_R=IR$，电流 I 与电压 U_R 相位相同；在电感 L 的两端产生电压降 $U_L=IX_L$，电压超前电流 90°；在电容 C 两端产生电压降 $U_C=IX_C$，电压 U_C 滞后于电流 90°。

当 $X_L > X_C$ 时，$\varphi > 0$，X_L-X_C 和 U_L-U_C 均为正值，总电压相位超前于电流，电感的作用大于电容的作用，此时总电路呈电感性。

当 $X_L < X_C$ 时，$\varphi < 0$，X_L-X_C 和 U_L-U_C 均为负值，总电压相位滞后于电流，电容的作用大于电感的作用，此时总电路呈电容性。

当 $X_L=X_C$ 时，$\varphi=0$，$X_L-X_C=0$，$U_L=U_C$ 均为负值，这时总电压与电流同相，电路中电流 $I=U/R$ 为最大，此时总电路呈电阻性。这种状态称为谐振，这种电路称为串联谐振电路或电压谐振电路。其特点是电感元件或电容元件两端电压相等，并可能大于电源电压。此种现象是不允许出现的，即功率因素不准等于 1，否则电路中将出现高电压大电流，损坏用电器。

2.3.6 功率因数

在交流电路中，电压与电流之间的相位差 φ 的余弦 $\cos\varphi$ 叫作功率因数。它是衡量电源利用程度的量。功率因数的大小与电路的负荷性质、电路的参数和频率有关，与电路的电压、电流无关。功率因数有两种常用的计算方法。

（1）瞬时功率因数计算。

$$\cos\varphi = \frac{P}{S} = \frac{R}{|Z|}$$

（2）平均功率因数计算。

$$\cos\varphi = \frac{W_P}{\sqrt{W_P^2 + W_Q^2}}$$

式中，W_P 为有功电量，W_Q 为无功电量。

发电机、变压器等电器设备都是根据其额定电压和额定电流设计的，都有固定的视在功率。功率因数越高，表示电源所发出的电能转换的有功电能越高；反之，功率因数越低，电源所发出的电能利用得越少，同时增加了线路电压损失和功率损耗。这就需要设法来提高电力系统的功率因数，提高发电设备的利用率。但提高功率因数必须保证原负载的工作状态不变，即加至负载上的电压和负载的有功功率不变。

2.3.7　无功功率的补偿

利用电容器上的电流与电感负载上的电流在相位上相差 180° 的特点，在感性负载两端并联电容可以减少线路上的无功电流，也就是利用电容器的无功功率来补偿电感性负载上无功功率，达到提高系统中功率的目的。

1. 无功功率的补偿分类

无功功率的补偿一般有 3 种情况，如图 2-53 所示。

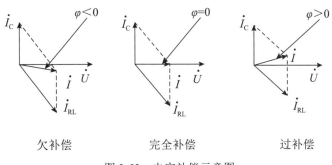

图 2-53　电容补偿示意图

（1）欠补偿：$\cos\varphi < 1$，电路呈电感性。

（2）完全补偿：$\cos\varphi = 1$，电路呈电阻性。

（3）过补偿：$\cos\varphi > 1$，电路呈电容性。

一般情况下很难做到完全补偿（$\cos\varphi = 1$），同时还要防止谐振的产生，而在 φ 角相同的情况下，电路补偿成容性要求使用的电容容量更大，经济上不合算，所以一般工作在欠补偿状态，如图 2-54 所示。

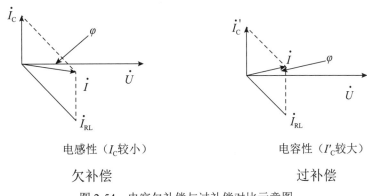

图 2-54　电容欠补偿与过补偿对比示意图

2. 谐振产生的现象

谐振在我们的工作和生活中既有有利的一面也有不利的一面，但在电力工程中则是严禁有谐振产生的。例如，我们在进行无功功率补偿过程中若出现了谐振，就有可能发生比较严重的电气事故或烧毁相关电器元件等，因此在实际工作中我们要尽量避免谐振的产生。谐振产生的现象有串联谐振和并联谐振两种。

1）串联谐振现象

发生串联谐振时 $\dot{U}_L$ 与 $\dot{U}_C$ 相互抵消，如图 2-55 所示，但其本身不为零，而是 U_L 与 U_C 的电压相当于电源电压的 2 ~ 200 倍。当 $U_L=U_C \gg U$ 时，电路中电器元件电压将急剧增大；而在电力系统中电压过高将击穿电容器或电感线圈的绝缘，因此应避免发生串联谐振；但在无线电通信工程上，又可利用这一特点达到选择信号的目的。

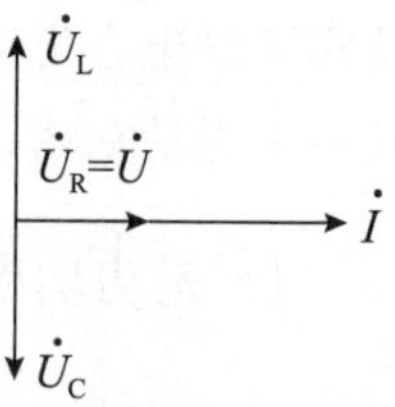

利用调节可变电容器，使某一频率的信号发生串联谐振，从而使该频率的电台信号在输出端产生较大的输出电压，以起到选择收听该电台广播的目的。因此串联谐振又称为电压谐振。

图 2-55　串联谐振相量图

2）并联谐振现象

发生并联谐振时 $X_L = X_C$，u、i 同相，$\varphi=0$，$S=P$，$\cos\varphi =1$，电路呈电阻性，能量全部被电阻消耗，Q_L 和 Q_C 相互补偿。即电源与电路之间不发生能量互换。

阻抗最大时，电路呈电阻性，这期间 $|Z|=R$、$|Z_{LC}|= \infty$，$i_X=0$，电感与电容并联部分开路，如图 2-56 所示。

由

$$\dot{I}_L = \frac{\dot{U}}{jX_L} = -j\frac{R}{X_L}\dot{i}$$

可知，$I_L=I_C > 1$，出现高电流，将对电路系统元器件产生重大影响。故并联谐振又称为电流谐振。

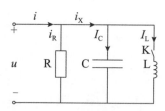

图 2-56　并联谐振电路示意图

2.3.8　三相交流电路

由三相交流电源供电的电路，简称三相电路。三相交流电源是指能够提供 3 个频率相同而相位不同的电压或电流的电源，其中最常用的是三相交流发电机。三相交流发电机是由 3 个频率相同、幅值相等、相位互差 120° 的电压源（或电动势）组成的供电系统。

1. 三相正弦电动势的产生

三相交流电一般由三相发电机产生，其原理可由图 2-57（a）说明。发电机主要由转子和定子构成，定子中有 3 个完全相同的绕组，分别是 U_1、U_2、V_1、V_2 和 W_1、W_2。电动势的参考方向选定为绕组的末端指向始端，如图 2-57（b）、（c）所示。

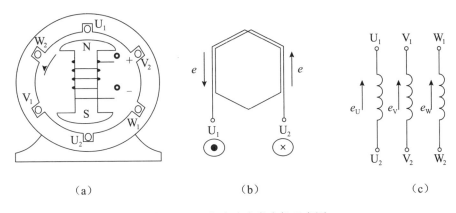

（a） （b） （c）

图 2-57 三相交流电发电机示意图

由图 2-57（a）可见，当磁极的 N 极转到 U_1 处时，U 相的电动势达到正的最大值；经过 120° 后，磁极的 N 极转到 V_1 处，V 相的电动势达到正的最大值；同理，再由此经过 120° 后，W 相的电动势达到正的最大值。周而复始，这三相电动势的相位互差 120°。三相电动势随时间变化的曲线如图 2-58 所示，这种最大值相等、频率相同、相位互差 120° 的三个正弦电动势称为对称三相电动势。同样，最大值相等、频率相同、相位相差 120° 的三相电压和电流分别称为对称三相电压和对称三相电流。

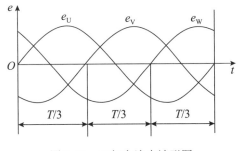

图 2-58 三相交流电波形图

2. 三相正弦交流电动势的表示方法

三相正弦交流电动势通常有以下两种表示方法。

1）瞬时值表示法

以三相对称电动势中的 U 相为参考正弦量，三相对称电动势的瞬时值表达式如下。

$$e_{\mathrm{U}} = E_{\mathrm{UM}} \sin \omega t$$
$$e_{\mathrm{V}} = E_{\mathrm{VM}} \sin(\omega t - 120°)$$
$$e_{\mathrm{W}} = E_{\mathrm{WM}} \sin(\omega t - 240°) = E_{\mathrm{WM}} \sin(\omega t + 120°)$$

2）矢量图表示法

三相交流电动势是矢量，因此我们也可以用矢量图法来表示交流电动势的大小，如图 2-59 所示。在三相电路中，负载一般也是三相的，如果三相负载相等，则称为对称的三相负载，如果三相负载不相等，则称为不对称三相负载。正常工作的三相电路电源总是对称的，而负载则有三相对称的，也有三相不对称的。

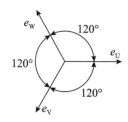

图 2-59　三相电动势矢量图

3. 相序

三相交流电动势在时间上出现最大值的先后顺序称为相序。

相序有正（顺）相序、反（逆或负）相序、零相序。最大值按 U—V—W—U 顺序循环出现为正相序，最大值按 U—W—V—U 顺序循环出现为负相序，相互没有相位差的三相为零序。

4. 三相电源的连接

三相发电机的每一相绕组都是一个独立的电源，可以单独地接上负载，成为彼此不相关的三相电路。但这样的电路很不经济，没有实用价值。在现实生活中，都是将三相交流发电机的 3 个绕组按一定规律连接起来向负载供电的。通常有两种接法：一种是星形（Y）连接，另一种是三角形（Δ）连接。

1）三相电源的星形连接

将三相发电机绕组的末端 U_2、V_2、W_2 连在一起，成为一个公共点（中性点），而由 3 个始端 U_1、V_1、W_1 分别引出 3 条导线向外供电的连接方式称为星形连接，用 Y 表示。

从始端引出的 3 条导线称为相线或端线，俗称火线。末端接成的一点称为中性点，简称中点，用 N 表示；从中性点引出的输电线称为中性线。低压供电系统的中性点是直接接地的，接地的中性点称为零点，接地的中性线称为零线，因此三相电源的星形连接有以下两种。

（1）三相三线制的电源星形连接。

无中线的三相电源星形连接叫作三相三线制，如图 2-60 所示。3 条导线（U、V、W）叫作相线，在这 3 条相线中，任意两条相线间的电压称为线电压。

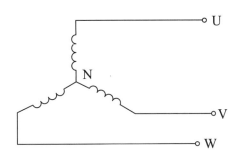

图 2-60 三相三线制

（2）三相四线制的电源星形连接。

有中线的三相电源星形连接叫作三相四线制，如图 2-61 所示。三相四线供电方式可向负载提供两种电压，即相电压和线电压。

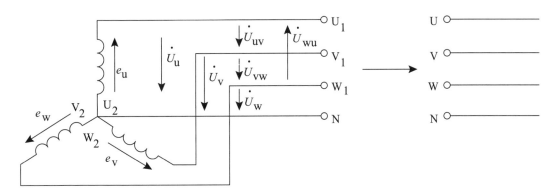

图 2-61 三相四线制

相电压是相线与中线之间的电压，用符号 U_P 表示，即 $U_\mathrm{P} = U_\mathrm{U} = U_\mathrm{V} = U_\mathrm{W}$；线电压是相线与相线之间的电压，用符号 U_L 表示，即 $U_\mathrm{L} = U_\mathrm{UV} = U_\mathrm{VW} = U_\mathrm{WU}$。

相电流是指流过每一相电源绕组或每一相负载的电流，用符号 I_P 表示。任一条相线上的电流称为线电流，用 I_L 表示。

根据基尔霍夫定律及电压、电流相量法可知线电压与相电压的关系，如图 2-62 所示，从 U_U 的端点做直线垂直于 U_UV，得直角三角形 OPQ。从这三角形中得到：

$$\frac{1}{2}U_\mathrm{UV} = U_\mathrm{U}\cos 30° = \frac{\sqrt{3}}{2}U_\mathrm{U}$$

$$U_\mathrm{UV} = \sqrt{3}U_\mathrm{U}$$

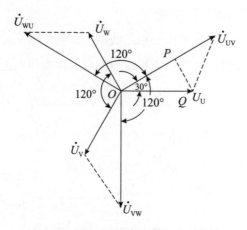

图 2-62　线电压与相电压相量关系图

即线电压与相电压的数量关系为 $U_{线}=\sqrt{3}U_{相}$。

因此在三相交流电星形接法中，三相平衡时线电压为相电压的 $\sqrt{3}$ 倍，线电流等于相电流。即

$$U_{\text{L}} = \sqrt{3}U_{\text{P}};$$

$$I_{\text{L}} = I_{\text{P}}。$$

我国通用的低压供电线路的相电压 $U_{\text{P}}=220\text{V}$，线电压 $U_{\text{L}}=\sqrt{3}U_{\text{p}}=380\text{V}$。220/380V 的三相四线供电线路可以提供给电动机等三相负载用电，同时还可以供给照明等单相用电。

2）三相电源的三角形连接

将三相电源内每相绕组的末端和另一组绕组的始端依次相连的连接方式，即 U_2 与 V_1、V_2 与 W_1、W_2 与 U_1 相连，使 3 个绕组构成一个闭合的三角形回路，这种连接方式称为三角形连接，用"Δ"表示，如图 2-63 所示。

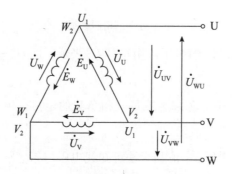

图 2-63　电源三角形接法

三角形连接方法只能引出 3 条相线向负载供电。三角形连接时，线电压等于相电压；线电流等于 $\sqrt{3}$ 倍的相电流。即

$$U_{\text{L}} = U_{\text{P}};$$

$$I_{\text{L}} = \sqrt{3}I_{\text{P}}。$$

三相发电机绕组一般不采用三角形接法而采用星形接法。

三相变压器绕组有时采用三角形接法，但要求在连接前必须检查三相绕组的对称性及接线顺序。

5. 三相负载的连接

三相负载的连接也有星形连接（Y）与三角形连接（△）两种。接在三相电源上的负载统称为三相负载。

在三相电路中，阻抗大小相同、阻抗角也相同的各相负载，通常叫作对称三相负载。在三相电路中，如果三相电源和三相负载都是对称的，则称为对称三相电路，反之称为不对称三相电路。

1）三相负载的星形连接

将三相负载分别接在三相电源的相线和中线之间的接法称为三相负载的星形连接（Y），如图 2-64 所示。

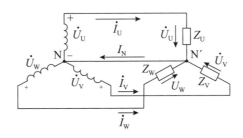

图 2-64　三相负载的星形（Y）连接

在星形连接的三相负载电路中每相负载两端的电压称为负载的相电压，流过每相负载的电流称为负载的相电流，流过相线的电流称为线电流，相线与相线之间的电压称为线电压。

负载为星形连接时，负载相电压的正方向规定为自相线指向负载中性点；相电流的正方向与相电压的正方向一致；线电流的正方向为电源端指向负载端；中线电流的正方向规定为由负载中点指向电源中点。

如果忽略输电线上的电压损失，负载端的相电压就等于电源的相电压；负载端的线电压就等于电源的线电压。

因此三相负载星形连接时，得到如下结论

$$U_{线}=\sqrt{3U_{相}}\,;$$

$$I_{线}=I_{相}\,。$$

2）三相负载的三角形连接

把三相负载分别接在三相电源的每两根端线之间，就称为三相负载的三角形（△）连接。三角形连接时的电压、电流参考方向如图 2-65 所示。

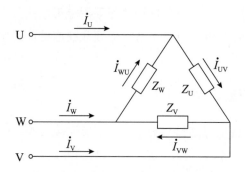

图 2-65　三相负载的三角形（△）连接

在三角形连接中，由于各相负载是接在两根相线之间的，因此，负载的相电压就是线电压，即 $U_相=U_线$。

根据基尔霍夫电流定律和相量图（图 2-66）可知，线电流为

$$\frac{1}{2}I_U = I_{UV}\cos 30° = \frac{\sqrt{3}}{2}I_{UV}$$

$$I_U = \sqrt{3}\,I_{UV}$$

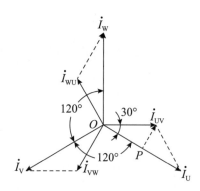

图 2-66　线电流与相电流相量关系图

所以，对于做三角形连接的对称负载来说，线电流与相电流的数量关系为 $I_线=\sqrt{3}I_相$，线电流的相位总是滞后与之对应的相电流 30°。

3）三相负载连接形式的选择

三相负载连接到三相电源中，应做三角形连接还是星形连接，应根据三相负载的额定电压而定。若各相负载的额定电压等于电源的线电压，则应做三角形连接；若各相负载的额定电压是电源线电压的 $\frac{1}{\sqrt{3}}$，则应做星形连接。

我国低压供电的线电压为 380V，当三相感应电动机电磁绕组的额定电压为 380V 时，就应做三角形连接；当电磁绕组的额定电压为 220V，就应做星形连接。

对称负载连接成三角形的相电流是接成星形时相线电流的 $\sqrt{3}$ 倍；负载接成三角形时的线电流是接成星形时线电流的 3 倍。

中性线的作用是使星形连接的不对称负载得到相等的相电压。当负载不对称而又没有中线时，负载上可能得到大小不等的电压，有的超过用电设备的额定电压，有的达不到额定电压，都不能正常工作。比如，照明电路中各相负载不能保证完全对称，所以绝对不能采用三相三线制供电，而且必须保证零中性线（零线）可靠连接。因此，为了确保中性线在运行中不断开，其上不允许接保险丝也不允许接闸刀开关。

6. 三相交流电路的功率

一个三相电源发出的总有功功率等于电源每相发出的有功功率之和，一个三相负载接受（即消耗）的总有功功率等于每相负载接受（即消耗）的有功功率之和，即

$$P = P_U + P_V + P_W = U_U I_U \cos\varphi_U + U_V I_V \cos\varphi_V + U_W I_W \cos\varphi_W$$

1）有功功率

在对称三相电路中，各相电压、相电流的有效值均相等，功率因数也相同，即

$$P = 3U_{相}I_{相}\cos\varphi = 3P_{相}$$

在对称三相电路中，对于星形连接，线电流等于相电流，而线电压等于 $\sqrt{3}$ 倍的相电压；对于三角形连接，线电压等于相电压，而线电流等于 $\sqrt{3}$ 倍的相电流。所以

$$P = \sqrt{3}U_{线}I_{线}\cos\varphi$$

由此可见，负载对称时，不论何种接法，求总功率的公式都是相同的。

$$P = \sqrt{3}U_{线}I_{线}\cos\varphi = 3U_{相}I_{相}\cos\varphi$$

同理，我们可得到对称三相负载无功功率和视在功率。

2）无功功率

当三相负载对称时无功功率为：

$$Q = 3U_{相}I_{相}\sin\varphi$$

或

$$Q = \sqrt{3}U_{相}I_{相}\sin\varphi$$

3）视在功率

根据视在功率的定义

$$S = \sqrt{P^2 + Q^2}$$

当负载对称时，视在功率为

$$S = 3U_{相}I_{相} = \sqrt{3}U_{线}I_{线}$$

[例 2-3] 工业上用的电阻炉常常利用改变电阻丝的接法来控制功率大小，达到调节炉内温度的目的。有一台三相电阻炉，每相电阻 R 为 5.78Ω，试求：a. 在 380V 线电压下，接成三角形连接和星形连接时，各从电网取用的功率；b. 在 220V 电压下，接成三角形连接时所消耗的功率。

解：

a. 在 380V 线电压下接成三角形连接时的线电流为

$$I_{线} = \sqrt{3} I_{相} = \sqrt{3} \frac{U_{相}}{R} = \sqrt{3} \times \frac{380\text{V}}{5.78\Omega} \approx 114\text{A}$$

接成三角形连接时的功率为（在纯电阻电路中电压和电流同相，即 $\varphi = 0°$，所以 $\cos\varphi = 1$）

$$P = \sqrt{3} U_{线} I_{线} \cos\varphi = \sqrt{3} \times 380\text{V} \times 114\text{A} \times \cos 0° \approx 75\text{kW}$$

在 380V 线电压下接成星形连接时的线电流为

$$I_{线} = I_{相} = \frac{U_{相}}{R} = \frac{U_{线}}{\sqrt{3} R} = \frac{380\text{V}}{\sqrt{3} \times 5.78\Omega} \approx 38\text{A}$$

接成星形连接时的功率为

$$P = \sqrt{3} U_{线} I_{线} \cos\varphi = \sqrt{3} \times 380\text{V} \times 38\text{A} \times \cos 0° \approx 25\text{kW}$$

b. 在 220V 电压下接成三角形连接所消耗的功率为

$$P = \sqrt{3} U_{线} I_{线} \cos\varphi = \sqrt{3} \times 220\text{V} \times (\sqrt{3} \times \frac{220\text{V}}{5.78\Omega}) \times \cos 0° \approx 25\text{kW}$$

说明：

①在线电压不变时，负载为三角形连接时的功率为星形连接时的功率的 3 倍，对于无功功率也是如此。

②只要每相负载所承受的相电压相等，那么不管负载接成三角形还是星形，负载所消耗的功率均相等。

2.4 电磁感应和磁路

2.4.1 磁的基本概念

电与磁是电学中的两个基本现象，彼此有着不可分割的联系，很多设备，如发电机、电动机、电工仪表、继电器、接触器、电磁铁等，都是基于电磁作用原理制作的。也可以说有电流就有磁现象，二者既相互联系又相互作用。下面我们介绍几个基本的磁的物理量。

1. 磁体

某些物体具有吸引铁、钴、镍等物质的性质称为磁性。具有磁性的物体叫作磁体。磁体分天然磁体和人造磁体两大类。常见的人造磁体有条形磁铁、蹄形磁铁和针形磁铁等，如图 2-67 所示。

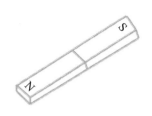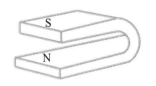

图 2-67　人造磁铁的形状

2. 磁极

磁铁两端磁性最强的区域叫磁极。任何磁铁都有两个磁极，一个叫作南极，用 S 表示；一个叫作北极，用 N 表示。两个磁铁的磁极之间存在着相互作用力，同名磁极互相排斥，异名磁极互相吸引。

3. 磁场

磁极之间的相互作用力是通过磁极周围的磁场传递的。磁场是磁体周围存在的特殊物质。磁场是有方向的，在磁场中某点放一个能自由转动的小磁针，则小磁针静止时 N 极所指的方向，就是该点磁场的方向。

4. 磁感线

利用磁感线可以形象地描绘磁场，即在磁场中画出一系列连续的无头无尾的闭合曲线，曲线上任意一点的切线方向就是该点的磁场方向（小磁针在该点时，N 极所指的方向）。在磁场外部，磁力线从 N 极指向 S 极；在磁铁内部，则从 S 极指向 N 极，如图 2-68 所示。

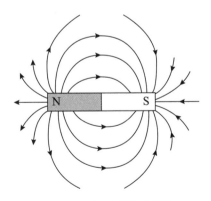

图 2-68　条形磁铁磁感线

5. 磁感应强度

磁感应强度又称磁通[量]密度，是描述磁场强弱和方向的基本物理量。磁感应强度越大，表明载流导体在磁场里所受的力越大，而且力的方向与磁感应的强弱垂直。磁感应强度是矢量，常用符号 B 表示。

磁感应强度通常通过磁场对运动电荷或电流所施的力来定义。

点电荷 q 在磁场中运动时将受到力 F 的作用，力的大小和方向与电荷 q 及其运动速度 v 以及磁场的大小和方向有关，可表示为 $F = qvB$。

在国际单位制（SI）中，磁感应强度的单位是特斯拉，简称"特"，用字母 T 表示。在高斯单位制中，磁感应强度的单位是高斯（Gs），$1T = 10^4 Gs$。

6. 磁通

磁通，又称磁通量，是通过某一截面积的磁力线总数，用 $\varPhi$ 表示，单位为韦伯，简称"韦"，用字母"Wb"表示。通过一线圈的磁通的表达式为

$$\varPhi = BS$$

式中：B 为磁感应强度，S 为该线圈的面积。

2.4.2　电流的磁效应

1820 年，丹麦的奥斯特在静止的磁针上方拉一根与磁针平行的导线，给导线通电时，磁针立刻偏转一个角度。磁针在导线的下面平行放置，如图 2-69 所示，通于 AB 方向的电流，从上往下看，磁针逆时针偏转；通于 BA 方向的电流，从上往下看，磁针顺时针偏转。

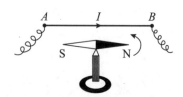

图 2-69　电流磁效应实验图

奥斯特实验说明通电导体周围存在磁场，通电导体周围的磁场方向，即磁场方向与电流的关系可以用"右手螺旋定则"来判断。

1. 通电直导体的磁场方向（动电生磁）

如果一条直的金属导线通过电流，那么在导线周围的空间将产生圆形磁场。导线中流过的电流越大，产生的磁场越强。磁场呈圆形，围绕导线周围。磁场的方向可以根据"右手螺旋定则"（安培定则）来确定：将右手拇指伸出，其余四指并拢弯向掌心，这时，拇指的方向为电流方向，而其余四指的方向是磁场的方向（见图 2-70）。

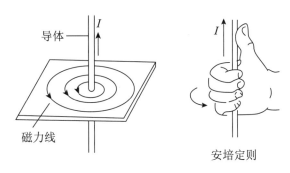

图 2-70　判断直导线的磁场

2. 直螺管线圈的磁场方向

如果将一条长长的金属导线在一个空心管上沿一个方向缠绕起来，形成的物体我们称为直螺管线圈，简称螺线管。

通电以后，螺线管的每一匝都会产生磁场，磁场的方向如图 2-71（a）中的环形箭头所示。在相邻的两匝之间的位置，由于磁场方向相反，总的磁场相抵消；而在螺线管内部和外部，每一匝线圈产生的磁场互相叠加起来，最终形成了如图 2-70 所示的磁场形状。也可以看出，螺线管外部的磁场形状和一块条形磁铁产生的磁场形状是相同的；而螺线管内部的磁场刚好与外部的磁场组成闭合的磁力线。在图 2-71（b）中，螺线管表示成了上下两排圆，好像是把螺线管从中间切开来，上面的一排圆中有叉，表示电流垂直指向纸背方向；下面的一排圆中有一个黑点，表示电流垂直指向读者方向。

判断螺线管磁场方向和电流方向之间关系，也可用右手螺旋定则。

右手螺旋定则：用右手握住螺线管，弯曲的四指沿电流回绕方向，将拇指伸直，拇指指向的方向就是螺线管的 N 极，如图 2-72 所示。

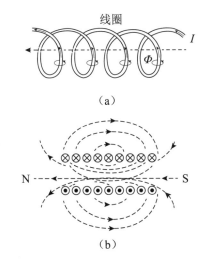

（a）

（b）

图 2-71　螺线管电磁场

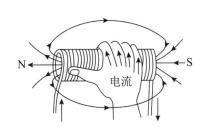

图 2-72　右手螺旋定则图

3. 两根平行的载流导体的磁场方向

如果有两条通电的直导线相互靠近，会发生什么现象？我们首先假设两条导线的通电电流方向相反，如图2-73（a）所示。那么，在两条导线周围都产生圆形磁场，而且磁场的走向相反。在两条导线之间的位置会是什么情况呢？不难想象，在两条导线之间，磁场方向相同。这就好像在两条导线中间放置了两块磁铁，它们的N极和N极相对，S极和S极相对，由于同性相斥，这两条导线会产生排斥的力量。类似地，如果两条导线通过的电流方向相同，如图2-73（b）所示，它们之间的磁场会互相吸引。

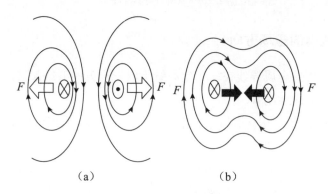

（a）　　　　　　　（b）

图 2-73　两条通电直导线的磁场

4. 磁场对通电导体的作用

通电导体在磁场中会产生运动，如图2-74所示，这是电磁力作用的结果。载流导体所受到的电磁力与导体中的电流I、导体长度L和磁感应强度B成正比。其大小可用公式表示为

$$F = BIL\sin\theta$$

其中θ表示电流方向与磁感应强度方向的夹角。

电磁力（安培力）的方向可用"左手定则"判定：伸平左手，使拇指与四指成直角，让磁力线穿过手心，使四指指向电流方向，则拇指所指方向为电磁力方向，又称为电动力方向。

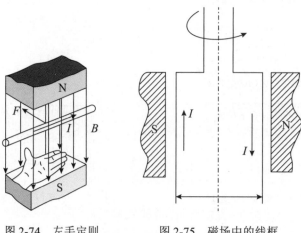

图 2-74　左手定则　　　　图 2-75　磁场中的线框

对于磁场中的线框(见图2-75)左右两旁都受到力的作用,N极侧受到由外向里的力,S极侧受到由里向外的力,这样两条边受到的作用力将使线框转动。

2.4.3　电磁感应

电磁感应现象的发现是电磁学发展史上的一个重要成就,它进一步揭示了自然界电现象与磁现象之间的联系。

1. 电磁感应现象

磁场中的导体在做切割磁力线运动时,该导体内就会有感应电动势产生,这种现象称为电磁感应。由感应电动势所产生的电流叫感应电流,其方向与感应电动势所产生的方向相同,这就是"动磁生电"现象。

感应电动势的方向按"右手定则"确定:平伸右手,拇指与四指成直角,手心对准N极(即让磁力线穿过手心),大拇指指向导体运动的方向,其余四指所指的方向就是感应电动势的方向,如图2-76所示。

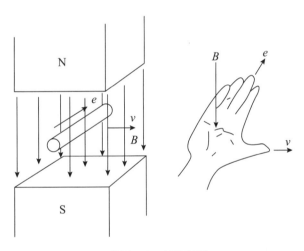

图 2-76　右手定则

2. 直导体的感应电动势

导体在磁场中做切割磁力线运动时,该导体中将产生感应电动势。感应电动势的大小取决于磁感应强度、导体长度及切割磁力线的速度。

当导体切割磁力线的运动方向与磁力线的方向垂直时,电动势最大,为

$$e = Blv$$

式中:e ——电动势,V;

B ——磁感应强度,T;

l ——导体长度,m;

v——导体切割磁力线的速度，m/s。

3. 螺线管的感应电动势

线圈中感应电动势的大小与线圈中磁通变化率（单位时间内磁通变化的数量）成正比，且与线圈的匝数成正比。这一规律称为法拉第电磁感应定律。

如果感应电动势产生电流，该电流所产生的磁场有阻止线圈中磁通变化的趋势。

4. 自感和互感现象

1）自感

当导体中的电流发生变化时，它周围的磁场就随之变化，并由此产生磁通量的变化，因而在导体中就会产生感应电动势，这个电动势总是阻碍导体中原来电流的变化，此电动势即自感电动势。由于导体本身电流的变化而产生的电磁感应现象叫作自感现象。

自感电动势总是阻碍导体中原来电流的变化。当原来的电流增大时，自感电动势与原来电流方向相反；当原来的电流减小时，自感电动势与原来电流方向相同。这种现象常称"增反减同"。

自感电动势的大小为

$$e_{\mathrm{L}} = -L\frac{\Delta I}{\Delta t}$$

式中：$\dfrac{\Delta I}{\Delta t}$ 为电流的变化率；L 是线圈的自感系数。

自感系数 L 由线圈本身的特性决定。线圈越长、单位长度上的匝数越多，横截面积越大，它的自感系数就越大；线圈增加了铁心，自感系数也增大。

自感系数的单位是亨利，简称"亨"，用字母"H"表示，还有倍数单位毫亨（mH）、微亨（μH）。它们之间的换算关系如下。

$$1\mathrm{H}=1000\mathrm{mH} \qquad 1\mathrm{mH}=1000\mu\mathrm{H}$$

2）互感

当一个线圈中有电流变化，它所产生的变化的磁场会在另一个线圈中产生感应电动势的现象，称为互感。互感现象中产生的感应电动势，称为互感电动势。两个线圈之间的互感能力称为互感量，用字母 M 表示。当两个线圈的互感量 M 为常数时，互感电动势的大小与互感量和另一个线圈中的电流变化率乘积成正比。

在同一个变化的磁通作用下，两个线圈中感应电动势极性相同的端子为同名端，极性相反的两端为异名端。

判断同名端、异名端的方法是：按线圈的绕向用右手螺旋定则确定两个线圈各自的极性，然后根据两个线圈各自的极性得出各自线圈产生磁通的方向。若两个线圈的磁通同向，即总的磁通量为增大趋势则此两端为同名端；相反，若两个线圈的磁通反向，即总的磁通量为减小趋势则此两端为异名端，如图 2-77 所示。

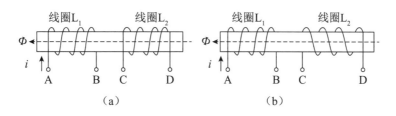

图 2-77 同名端、异名端的判别方法示意图

图 2-77（a）中，A 与 C 为同名端，B 与 D 为同名端；图（b）中，A 与 D 为同名端，B 与 C 为同名端。

5. 涡流

块状金属在变化的磁场中或在磁场中运动时，金属块内会产生感应电流。这种电流在金属块内自成闭合回路，很像水的旋涡，故叫作涡电流，简称涡流。

绝缘导线绕在金属块上，当通过交变电流时，磁通量会不断变化，并将产生涡流，如图 2-78 所示。由于金属块电阻小产生涡流很强，使铁心发热浪费电能，温度上升严重时会损坏电气设备。因此，制造交流电气设备线圈的铁心都采用相互绝缘的硅钢片叠装而成，其目的是为了减小涡流。图 2-79 所示为薄硅钢片使涡流被限制在狭窄的薄片之内，使电阻增大，减弱涡流，减小损失。此外，硅钢片比普通钢片电阻率大，其涡流损失只有普通钢片的 1/5 ～ 1/4。

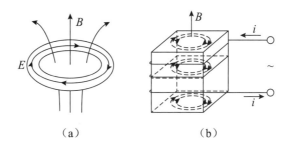

图 2-78 涡流

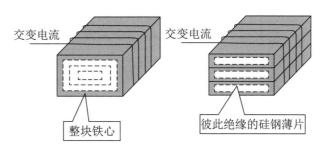

图 2-79 涡流损耗的措施

现实生活中的变压器绕组就是采用叠加起来的硅钢片代替整块铁来改善铁心涡流的损耗。

涡流在各种电机、变压器中是有害的，但也有可用之处，例如工厂冶炼合金时常用的高频感应炉就是利用金属导体块中产生的涡流来熔化金属。

涡流还可以通过导体上的裂纹或裂缝，这些裂缝会破坏电路，阻止电流回路的循环。这意味着涡流可以用来检测材料中的缺陷而不造成损坏。这种检测被称为无损检测，常用于飞机。检测方法是测量涡流产生的磁场，如果磁场变化则表明存在不规则，缺陷会减小涡流的大小，从而减小磁场强度，如图 2-80 所示。

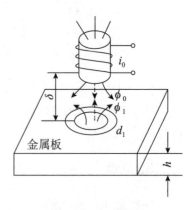

图 2-80　涡流探测

涡流的另一个应用是磁悬浮。导体暴露在变化的磁场中，磁场在导体内部产生涡流，于是产生排斥性磁场，将磁铁和导体分开。这种交变磁场可以是由于磁铁和导体之间的相对运动（通常磁铁是静止的，导体是运动的），也可以是由于施加了一个改变电流以改变磁场强度的电磁铁。

2.4.4　磁路

磁路就是磁通走的路径。为了利用较小的电流产生出较强的磁场并把磁场约束在一定的空间内加以运用，常采用导磁性良好的铁磁物质做成闭合或近似闭合的铁心。常应用在电机、变压器、继电器等电工设备中。所以磁通的绝大部分经过铁心而形成一个闭合通路，这就是所谓的磁路。

常见的磁路形式如图 2-81 所示，磁路可分为无气隙（图（a））和有气隙（图（b））、无分支（图（a））和有分支（图（c））多种。

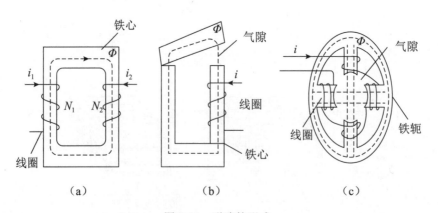

图 2-81　磁路的形式

磁路的磁通分为主磁通和漏磁通两部分，沿铁心形成的路径中通过的磁通称主磁通，少量穿出铁心磁路以外的磁通叫作漏磁通。图 2-82 中 Φ_1 是主磁通，Φ_2 是穿出了铁心的漏磁通。一般在磁路的计算中，往往忽略漏磁通的影响。

线圈中的电流与线圈匝数的乘积越大，则铁心中的磁通越大。线圈中电流与线圈匝数的乘积是产生磁通的能力，称为磁动势。

磁路中的磁通遇到的阻力称为磁阻。磁阻的大小与磁路的长度成正比，与磁路的截面积成反比，此外还与磁路材料有关。

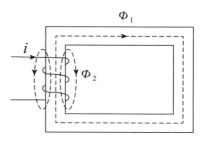

图 2-82　主磁通与漏磁通

2.5　电子技术常识

电子技术是根据电子学的原理，运用电子元器件设计和制造某种特定功能的电路以解决实际问题的科学，包括信息电子技术和电力电子技术两大分支。信息电子技术包括模拟（Analog）电子技术和数字（Digital）电子技术。电力电子技术是对电子信号进行处理的技术，处理的方式主要有信号的发生、放大、滤波和转换。

由于本书主要是面向数据中心低压供配电系统运维服务，因此对信息电子技术不作阐述，而对电力电子技术也只是对其中的晶体二极管、晶体三极管相关的性能和测试方法作简要介绍。

2.5.1　晶体二极管概要

晶体二极管是用半导体材料制成的，它有两个极，一个是正极（阳极），一个是负极（阴极）。它的主要特性是单向导电性，也就是在正向电压的作用下，导通电阻很小，电路接通；而在反向电压作用下导通电阻极大或无穷大，电路截止。晶体二级管用字母 D 表示，符号如图 2-83 所示。

图 2-83　晶体二极管符号

2.5.2　晶体二极管的整流

由于半导体二极管的单向导电特性，如图 2-84（a）所示，只有当变压器 T 的次级电压 U_2 为正半周时，才有电流 i_D 流过负载 R_L，而负半周时 i_D 则被截断，使负载两端的电压 U_0 成为单向脉动直流电压，U_0 为其直流成分。

1．单相半波电阻性负载整流电路

单相半波电阻性负载整流电路的工作原理是在变压器二次绕组两端串接一个整流二极管和一个负载电阻，当交流电压为正半周时，二极管导通，电流流过负载电阻；当交流电压为负半周时，二极管截止电路，负载电阻中没有电流流过，所以负载电阻上的电压只有交流电压一个周期的半个波形，如图 2-84（b）所示。

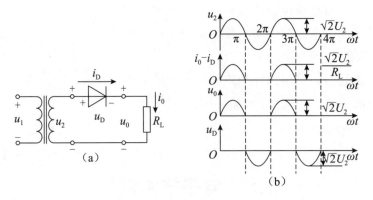

图 2-84　半波整流波形图

2. 单相全波容性负载整流电路

单相全波容性负载整流电路如图 2-85（a）所示，电源变压器 T 的次级绕组具有中心抽头 0，因此，可以得到电压值相等而相位相差 180° 的交流电压 U_{21} 和 U_{22}，分别经二极管 D1 和 D2 整流。在未加入电容 C（阻性负载）时，当变压器 T 次级绕组 1 端的交流电压为正、2 端为负时，D1 正向导通，D2 反向截止，流经负载的电流为 i_{D1}；另半个周期时，则 2 端为正，1 端为负，此时 D2 正向导通，D1 反向截止，流经负载的电流为 i_{D2}。i_{D1} 和 i_{D2} 交替流经负载，使负载电流 i_0 为单向的连续脉动直流，如图 2-85（b）所示。

在图 2-85 中 T 为电源变压器，i_{D1}、i_{D2} 为整流器电源电流，U_0 为输出电压，U_{21}、U_{22} 为变压器的次级电压。

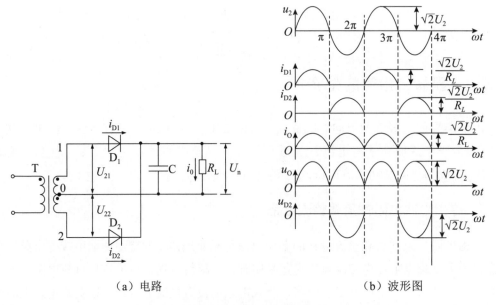

（a）电路　　　　　　　　　　　　（b）波形图

图 2-85　全波整流波形图

3. 单相桥式整流电路

容性负载单相桥式整流电路如图 2-86 所示，它的四臂由 4 只二极管构成。当变压器 T 的次级的 1 端为正、2 端为负时，二极管 D_1 和 D_2 因承受正向电压而导通，D_3 和 D_4 因承受反向电压而截止。此时，电流由变压器 1 端通过 D_1 经 R_L，再经 D_2 返回 2 端。当 1 端为负、2 端为正时，二极管 D_3、D_4 正向导通，D_1、D_2 反向截止，电流则由 2 端通过 D_3 流经 RL，再经 D_4 返回 1 端。因此，与全波整流一样，在一个周期内的正负半周都有电流流过负载，而且始终是同一方向。

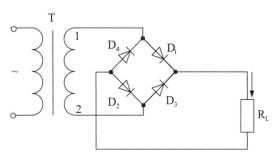

图 2-86　桥式整流电路图

4. 晶体二极管的测试

可用万用表的 R×100 或 R×1000 挡（小功率二极管用 RX 1000 挡）来测量二极管，粗略判断二极管的性能和极性。具体方法：将红表笔接万用表的"+"插孔；黑表笔接在万用表的"−"插孔。把万用表的欧姆挡旋钮拨到 R×100 或 R×1000 挡位置，然后用表笔分别接二极管的两端，如图 2-87 所示。

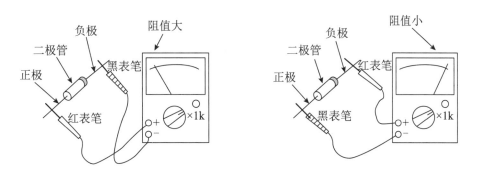

图 2-87　二极管测量

通过上述测量可以读出两个电阻值，一个大，一个小。大的阻值为二极管的反向电阻值，其中小功率二极管反向电阻值为数十千欧至数百千欧，大功率二极管反向电阻值要小一些。小的阻值就是二极管的正向电阻值，约为数十欧至数百欧。

因为万用表的黑表笔连在表内电池正极，红表笔连在表内电池负极，所以测到小阻值时，表示黑表笔接触的是二极管的正极。

2.5.3　晶体三极管概要

晶体三极管是具有电流放大作用的电子器件。三极管有三个电极，分别为发射极 e、基极 b、集电极 c，其外形及符号如图 2-88 所示。

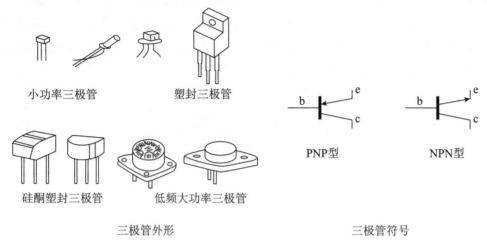

小功率三极管　　塑封三极管

硅酮塑封三极管　　低频大功率三极管

PNP型　　　　　NPN型

三极管外形　　　　　　　　三极管符号

图 2-88　三极管外形、符号图

当三极管的输入与输出边共用发射极时，随着基极电流的微小变化，集电极电流将有一个很大的变化，从而起到电流放大作用。电流放大倍数是三极管的基本性能指标之一。

2.5.4　晶体三极管的测试

根据 PN 结正向电阻小、反向电阻大的原理来判别晶体三极管基极和管型。将万用表的红表笔放在晶体三极管某一只管脚上，黑表笔分别放到另外两只管脚上，若测得二者的阻值均很小，则此三极管就是 PNP 型，且红表笔所接管脚为基极；将万用表的黑表笔放在晶体三极管某一只管脚上，红表笔分别放到另外两只管脚上，若测得二者的阻值均很小，则此三极管就是 NPN 型，且黑表笔所接管脚为基极，如图 2-89 所示。

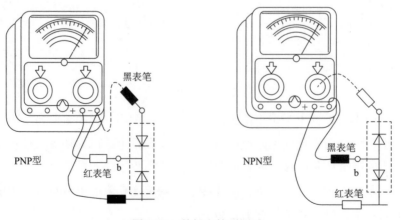

图 2-89　基极和管型测试

红表笔接 PNP 管基极，黑表笔经电阻分别接另外两极，指针偏转角大的是集电极；黑笔接 NPN 管基极，红表笔经电阻分别接另外两极，指针偏转角大的是集电极，如图2-90所示。

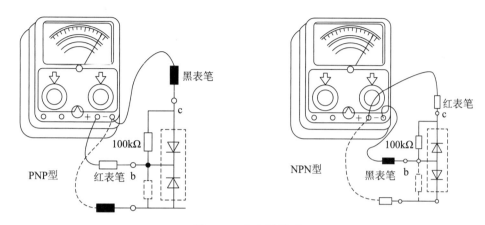

图 2-90 集电极测试

利用数字万用表就能方便、快速地检测出小功率二极管和三极管的极性、管型及是否被击穿等。

第 3 章　电击及现场救护

人们的工作、生活、学习等都离不开用电，但因安全意识不够而造成的各种触电事故时有发生，触电后出现的伤害程度有轻有重，有的甚至危及生命。但人们有了触电后的现场救护知识，那么只要救治及时就有可能挽回触电者的生命。

3.1　电击

电击是指一定量的电流通过机体，造成不同程度的组织损伤或脏器功能障碍，严重时会导致触电者猝死的现象。

3.1.1　电击的种类

电击可分为直接接触电击和间接接触电击两类。

1. 直接接触电击

直接接触电击是指人体直接接触或过分靠近电气设备及线路的带电导体而发生的触电现象。直接接触电击带来的危害是最严重的，所形成的人体触电电流总是远大于可能引起心室颤动的极限电流。

直接接触电击又包括单相直接接触电击和两相直接接触电击。单相直接接触电击是指人站在地面或其他接地体上，人体的某一部位触及一相带电体所引起的触电，其危害程度与电压高低、电网中性点的接地方式、带电体对地绝缘等有关。单相触电事故占触电事故的 70% 以上。两相直接接触电击是指人体有两处同时接触带电的任何两处电源时发生的触电。

2. 间接接触电击

间接接触电击是指电气设备或电气线路绝缘损坏，发生单相接地故障时，其外露部分存在对地故障电压，人体接触此外露部分而遭受的电击。

3.1.2 电击伤害的表象

根据电流大小和持续时间不同造成电击伤害的表象有以下两种。

1. 电击伤害

电击伤害对人体所产生的生理效应和影响程度，是出通过人体的电流大小与电流流经人体的持续时间所决定的。数十毫安的工频电流可使人遭到致命的电击，电击致伤的部位主要在人体内部，人体外部不会留下明显痕迹。

50mA（有效值）以上的工频交流电流通过人体，一般既可能引起心室颤动或心脏停止跳动，也可能导致呼吸中止。如果通过人体的电流只有 20 ～ 25mA，一般不会直接引起心室颤动或心脏停止跳动，但如时间较长，仍可导致心脏停止跳动。这时导致心室颤动或心脏停止跳动的原因，主要就是呼吸中止导致机体缺氧。当通过人体的电流超过数安时，由于刺激强烈，也可能致使呼吸中止，还可能导致严重烧伤甚至死亡。

电休克是机体受到电流的强烈刺激，发生强烈的神经系统反射，使血液循环、呼吸及其它新陈代谢都发生障碍，以致神经系统受到抑制，出现血压急剧下降、脉搏减弱、呼吸衰竭、神志昏迷的现象。电休克状态可以延续数十分钟到数天，其后果可能是得到有效的治疗而痊愈，也可能是由于重要生命机能完全丧失而死亡。

2. 电伤伤害

电伤是由电流的热效应、化学效应、机械效应等对人体造成的伤害。能造成电伤的电流都比较大。电伤会在机体表面留下明显的伤痕，但其伤害可能深入体内。与电击相比，电伤属局部性伤害，电伤的危险程度取决于受伤面积、受伤深度、受伤部位等因素。

电伤包括电烧伤、电烙印、皮肤金属化、机械损伤、电光眼等多种伤害。大部分电击事故都会造成电烧伤。电烧伤可分为电流灼伤与电弧烧伤。电流越大、通电时间越长、电流途径的电阻越小，则电流灼伤越严重。由于人体与带电体接触的面积一般都不大，加之皮肤电阻又比较高，使得皮肤与带电体的接触部位产生较多的热量，使皮肤受到严重的灼伤。当电流较大时，可能灼伤皮下组织。因为接近高压带电体时会发生击穿放电事故，所以电流灼伤一般发生在低压电气设备上，往往数百毫安的电流即可导致灼伤，数安的电流将造成严重的灼伤。

电烙印是电流通过人体后，在接触部位留下的瘢痕。瘢痕处皮肤变硬，失去原有弹性与色泽，表层坏死，失去知觉。

皮肤金属化是金属微粒渗入皮肤造成的，受伤部位皮肤变得粗糙而张紧。皮肤金属化多在弧光放电时发生，而且一般都伤在人体的裸露部位。

电光眼表现为角膜与结膜发炎。在弧光放电时，红外线、可见光、紫外线都可能损伤眼睛。对于短暂的照射，紫外线是引起电光眼的主要原因。

3. 与电击、电伤伤害程度有关的其他因素

1）人体电阻

人体阻抗通常包括外部阻抗（与触电当时所穿衣服、鞋袜以及身体的潮湿情况有关，从几千欧至几十兆欧不等）和内部阻抗（与触电者的皮肤阻抗和体内阻抗有关）。

人体电阻不是一个固定的数值。人体阻抗受性别、皮肤状态、接触电压、电流、接触面积、接触压力等多种因素的影响，会在很大的范围内变化。

在干燥条件下人体的阻抗约为 1000 ~ 3000Ω，而用导电性溶液浸湿皮肤后，人体阻抗锐减为干燥条件下的 1/2。

此外，女性的人体阻抗比男性的小，儿童的比成人的小，青年人的比中年人的小；遭受突然的生理刺激时，人体阻抗也会明显降低。

2）安全电流与安全电压

随着国家经济的日益发展及人们生活水平的逐步提高，在生产和生活中电器设备和用电器材越来越多。由于电本身具有看不见、摸不着的特性，当人们一旦接触或接近带有一定电压的设备和导体时，即有可能造成触电事故。因此安全用电的问题就显得十分重要。

一般情况下，人体能够承受的安全电压为 36V，安全电流为 10mA。当人体电阻一定时，人体接触的电压越高，通过人体的电流就越大，对人体的损害也就越严重。人体安全电流即无伤害通过人体电流的最低值。对于人体而言，一般 1mA 为感知电流，10mA 为摆脱电流，50mA 以上为危险电流（主要是可以导致心脏停止和呼吸麻痹）。

3.1.3 常见触电现象

常见的触电现象主要有以下 4 种。

1. 对地电压

对地电压简单地说就是带电体与电位为零的大地之间的电位差。一旦带电体与大地存在电位差那么就会存在接地电流，接地电流流入地下以后，就会通过接地体向大地作半球形散开，这一接地电流就叫作流散电流，如图 3-1 所示。

电流通过接地体向大地作半球形流散，在距接地体越远的地方球面越大、流散电流越小。一般认为在距离接地体 20m 以上，电流就不再产生电压降了。或者说，至距离接地体 20m 处，电压已降为零。电学上通常所说的"地"就是指这里的"地"；通常所说的"对地电压"，就是带电体同大地之间的电位差。

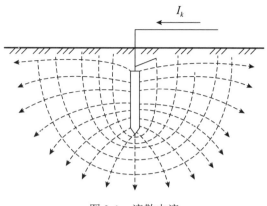

图 3-1 流散电流

2. 接触电压和跨步电压

接触电压是指设备绝缘损坏漏电时，在人体可同时触及的两部分之间出现的电位差。例如，人在发生接地故障的设备旁边，手触及设备的金属外壳，则人手与脚之间的电位差，即称为接触电压。接触电压通常按人体离开设备 0.8m（人的跨距）考虑，人站立点离接地点越远，所承受的接触电压越大；人站立点离接地点越近，所承受的接触电压就越小。图 3-2 中，a 的接触电压为 U_C，故障设备对地电压为 U_d。

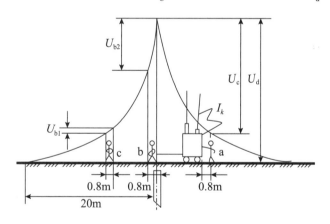

图 3-2 接触电压和跨步电压

跨步电压是指人站立在流过电流的大地上，加于人的两脚之间的电压，如图 3-2 中的 U_{b1}、U_{b2}。人的跨距一般按 0.8m 考虑，从图 3-2 中可以看出人体离接地体位置越近，所承受的跨步电压越大；离接地体位置越远，所承受的跨步电压就越小。对于垂直埋设的单一接地体，离开接地体 20m 以外，跨步电压接近于零。

3. 空间放电

空间放电多数发生在高压场所，如雷电区域（图 3-3）、入

图 3-3 空间放电

户变压器的周围，因此平时要远离有高压危险标志区域，出现雷电天气时注意不要站在树下和高处，以免遭受电击。

3.1.4　触电事故原因及规律

据多年来的触电事故统计分析，造成触电死亡的原因虽然是多方面的，但还是存在一定的规律性。

1. 造成触电死亡的主要原因

（1）缺乏电气安全知识。包括在电线附近放风筝；带负荷拉高压隔离开关；低压架空线折断后不停电，用手误碰火线；光线不明的情况下带电接线，误触带电体；手触摸破损的胶盖刀闸；儿童在水泵电动机外壳上玩耍、触摸灯头或插座；随意乱动电器等。

（2）违反安全操作规程。包括带负荷拉高压隔离开关；在高低压同杆架设的线路电杆上检修低压线或广播线时碰触有电导线；在高压线路下修造房屋接触到高压线；剪修高压线附近树木接触到高压线；带电换电杆架线；带电拉临时照明线；带电修理电动工具、换行灯变压器、搬动用电设备；火线误接在电动工具外壳上；用湿手拧灯泡等。

（3）设备不合格。包括高压架空线架设高度离房屋等建筑的距离不符合安全距离，高压线和附近树木距离太小；高低压交叉线路，低压线误设在高压线上面；用电设备进出线未包扎好裸露在外；人触及不合格的临时线等。

（4）维修管理不善。包括大风刮断低压线路和刮倒电杆后，没有及时处理；胶盖刀闸胶木盖破损长期不修理；瓷瓶破裂后火线与拉线长期相碰；水泵电动机接线破损使外壳长期带电等。

2. 触电事故有如下规律性

（1）触电事故有明显季节性。据统计资料，一年之中夏季、秋季度触电事故较多，其中6～9月最集中。主要原因是夏秋天气潮湿、多雨，降低了电气设备的绝缘性能，人体多汗，身体电阻降低，易导电；天气炎热，工作人员多不穿工作服、不戴绝缘护具作业，触电危险性增大；正值农忙季节，农村用电量增加，触电事故增多。

（2）低压触电多于高压触电。国内外统计资料表明，低压触电事故所占触电事故比例要大于高压触电事故。主要原因是低压设备多，低压电网广，与人接触机会多；设备简陋，管理不严，思想麻痹；群众缺乏电气安全知识。但是，这与专业电工的触电事故比例相反，即专业电工的高压触电事故比低压触电事故多。

（3）触电事故因地域不同而不同。据统计，农村触电事故多于城市，主要原因是农村用电设备因陋就简，技术水平低，管理不严，电气安全知识缺乏。

（4）触电事故"因人而异"。中青年工人、非专业电工、临时工等触电事故多。主要原因是，一方面这些人多是操作者，接触电气设备的机会多；另一方面多数人操作不谨慎，责任心还不强，经验不足，电气安全知识比较欠缺。

（5）触电事故多发生在电气连接部位。统计资料表明，电气事故点多数发生在接线端、压接头、焊接头、电线接头、电缆头、灯头、插头、插座、控制器、接触器、熔断器等分支线与接户线处。主要原因是，这些连接部位机械牢固性较差、接触电阻较大、绝缘强度较低以及可能发生化学反应。

（6）触电事故因行业性质不同而不同。冶金、矿山、建筑、机械等行业由于存在潮湿、高温、现场混乱、移动式设备和携带式设备多或现场金属设备多等不利因素，因此触电事故较多。

（7）携带式设备和移动式设备引发触电事故多。主要原因是这些设备需要经常移动，工作条件差，在设备和电源处容易发生故障或损坏，而且经常在人的紧握之下工作，一旦触电就难以摆脱电源。

（8）违章作业和误操作引起的触电事故多。主要原因是安全教育不够、安全规章制度不严和安全措施不完备、操作者素质不高。触电事故往往发生得很突然，且经常在极短的时间内造成严重的后果，死亡率较高。

了解这些规律对于安全检查和实施安全技术措施以及安排其他电气安全工作有很大意义。触电事故的发生，情况是复杂的，应当在实践中不断分析和总结触电事故的规律，为做好电气安全工作提供可靠依据。

3.2　现场救护

现场救护是指有关人员对因意外事件而身体受到创伤者在事发现场实施及时、有效的初级救护和心理救助的活动。

3.2.1　急救原则

触电急救的基本原则是动作迅速、方法正确。有资料指出，从触电后 3min 开始救治者，90% 有良好效果；从触电后 6min 开始救治者，10% 有良好效果；而从触电后 12min 开始救治者，救活的可能性很小。由此可知，动作迅速是非常重要的。除此之外，方法正确也非常重要。

3.2.2　急救方法

当通过人体的电流较小时，仅产生麻感，对机体影响不大。当通过人体的电流增大，但小于摆脱电流时，虽可能受到强烈打击，但尚能自己摆脱电源，伤害可能不严重。当通过人体的电流进一步增大，至接近或达到致命电流时，触电者会出现神经麻痹、呼吸中断、心脏跳动停止等征象，外表上呈现昏迷不醒的状态。这时不应该认为是死亡，而应该看作是假死，并且迅速而持久地进行抢救，有触电者经 4h 或更长时间的人工呼吸而得救的事例。现场急救方法通常有以下 3 种。

1. 帮助触电者脱离电源的方法

（1）如果触电地点附近有开关或电源插座，可立即拉开开关或拔出插头断开电源。

（2）如果触电地点附近没有电源开关或电源插头，可用有绝缘柄的电工钳或用干燥木柄的斧头切断电线，断开电源。

（3）当电线搭落在触电者身上或压在身下时，可用干燥的衣服、手套、绳锁、皮带、木板、木棒等绝缘物作为工具，拉开触电者或挑开电线，使触电者脱离电源。触电后脱离电源的应急办法如图 3-4 所示。

图 3-4　脱离电源办法

（4）如果触电者的衣服是干燥的，又没有紧缠在身上，可以用一只手抓住其衣服拉离电源。

（5）立即呼叫 120 急救服务。

（6）通知前级停电。

2. 口对口（鼻）人工呼吸法

人工呼吸法是在触电者呼吸停止后应用的急救方法。各种人工呼吸法中，以口对口（鼻）人工呼吸法效果最好，而且简单易学，容易掌握。

施行人工呼吸前，应将触电者平卧于硬板或平地上，解开触电者衣领、领带、腰带等，迅速清除口鼻内的污泥、杂草、呕吐物等，使呼吸道畅通。施行口对口（鼻）人工呼吸时，应使触电者仰卧，并使其头部充分后仰，以利其呼吸道畅通，同时把口张开。口对口（鼻）人工呼吸法操作步骤如下。

（1）保持气道开放，救护员用放在触电者前额手的拇指和食指捏紧触电者的鼻翼，吸一口气，用双唇包严触电者口唇，缓慢持续将气体吹入。吹气时间为1s，同时，观察触电者胸部隆起，如图3-5所示。

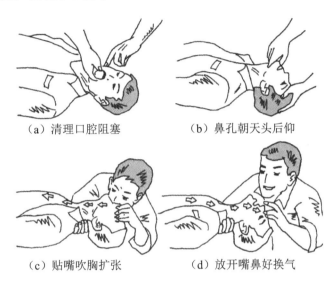

（a）清理口腔阻塞　　　　　（b）鼻孔朝天头后仰

（c）贴嘴吹胸扩张　　　　　（d）放开嘴鼻好换气

图3-5　口对口（鼻）人工呼吸法

（2）吹气完毕。救护员松开捏鼻翼的手，侧头吸入新鲜空气并观察胸部有无下降，听并感觉触电者呼吸情况，准备进行下次吹气。连续进行两次吹气，确认气道通畅，再进行有效的人工呼吸。

成人每5～6s吹气一次，10～12次/min，儿童12～20次/min。每次吹气均要保证足够量的气体进入并使胸廓隆起，每次吹气时间1s。

一般情况下，在应用口对口人工呼吸法时，如果无法使触电者把口张开，可改用口对鼻人工呼吸法。

3. 胸外心脏按压法

胸外心脏按压法是触电者心脏跳动停止后的急救方法。做胸外心脏按压时应使触电者仰卧在比较坚实的地方，姿势与口对口（鼻）人工呼吸法相同。触电者心脏跳动停止后，可以先用拳缘敲击心脏部位几次，如不能使其心脏恢复跳动，应持续胸外心脏按压抢救。

按压部位：胸部正中两乳连接水平位置。

按压方法：

（1）施救人员用一手中指沿触电者一侧肋弓向上滑行至两侧肋弓交界处，食指、中指并拢排列，另一手掌根紧贴食指置于伤病员胸部，如图3-6所示。

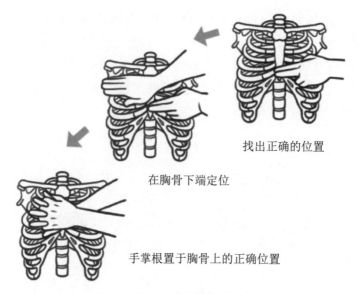

找出正确的位置

在胸骨下端定位

手掌根置于胸骨上的正确位置

图 3-6　胸外心脏按压位置指引图

（2）施救人员双手掌根同向重叠，十指相扣，掌心翘起，手指离开胸壁，双臂伸直，上半身前倾，以膝关节为支点，垂直向下用力，有节奏地按压 30 次，如图 3-7 所示。

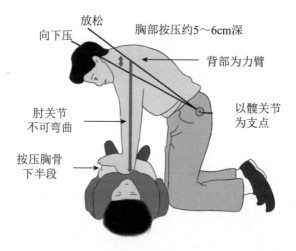

放松
向下压
胸部按压约5～6cm深
背部为力臂
肘关节不可弯曲
以髋关节为支点
按压胸骨下半段

图 3-7　胸外心脏按压法示意图

（3）按压与放松的时间相等，下压深度 4 ～ 5cm，放松时保证胸壁完全复位，按压频率 100 次 /min。正常成人脉搏 60 ～ 100 次 /min。

重要提示：心脏按压与人工呼吸次数之比为 30∶2，做 5 个循环后可以观察一下触电者的呼吸和脉搏。

3.2.3　急救注意事项

进行以上急救时，还应注意以下事项。

1. 脱离电源前急救时应注意的事项

（1）高压与低压的差别。例如拉开高压开关必须配戴绝缘手套等安全用具，并按照规定的顺序操作。

（2）施救人员不可直接用手或其他导电性物件作为救护工具，而必须使用绝缘的工具，施救人员最好用一只手操作，以防自己触电；对于高压，应注意保持必要的安全距离。

（3）防止触电者脱离电源后可能的摔伤，特别是当触电者在高处的情况下，应考虑防摔措施，即使触电者在平地，也应注意触电者倒下的方向有无危险。

（4）如事故发生在夜间，应迅速解决临时照明问题，以利于抢救。

（5）实施紧急停电应考虑到防止扩大事故的可能性。

2. 脱离电源后急救时应注意的事项

（1）如果触电者伤势不重、神志清醒，但有些心慌，四肢发麻、全身无力，或触电者曾一度昏迷，但已清醒过来，应使触电者平静休息，不要走动，注意观察并请医生前来治疗或送往医院。

（2）如果触电者伤势较重，已经失去知觉，但心脏跳动和呼吸尚未中断，应使触电者安静地平卧、保持空气流通、解开其紧身衣服以利呼吸。如天气寒冷，应注意保温，并严密观察，速请医生治疗或送往医院；如发现触电者呼吸困难、稀少，或发生痉挛，应准备心脏跳动或呼吸停止后立即做进一步抢救。

（3）如果触电者伤势严重，呼吸停止或心脏跳动停止，或二者都已停止，应立即施行者人呼吸和胸外按压急救，同时速请医生治疗并呼叫救护车送往医院。

3. 采用人工呼吸和胸外按压急救时应注意的事项

（1）应当尽快就地开始抢救，而不能等医生到来再处理。

（2）正确运用口对口（鼻）人工呼吸法和胸外心脏按压法。如果触电者的呼吸和心脏跳动都停止了，应当交替或同时运用这两种急救方法。如果现场仅一人抢救，两种方法应交替进行：每吹气2、3次，再按压 10～15 次，而且频率适当提高一些，以保证抢救效果。

（3）应当坚持不断、持续地施行人工呼吸的胸外心脏按压抢救，不可轻易中止抢救，运送医院途中原则上不能中止抢救。

（4）对于与触电同时发生的外伤，应分情况酌情处理：对于不危及生命的轻度外伤，可放在触电急救之后处理；对于严重的外伤，应与人工呼吸和胸外心脏按压同时处理。

（5）慎重使用肾上腺素，对于用心电图仪器观察尚有心脏跳动的触电者不得使用肾上腺素，只有在触电者已经经过人工急救，经心电图仪器鉴定心脏确已停止跳动，又具备心脏除颤装置的条件下，才可考虑注射肾上腺素。

4. 紧急救护的其他注意事项

（1）急救过程中若发现触电者皮肤由紫变红，瞳孔由大变小，说明已见效果；当触电者嘴唇稍有开合、眼皮活动或咽喉有咽物样动作，应观察呼吸和心跳是否恢复。除非触电者呼吸和心跳都已恢复正常，或是出现明显死亡症状（瞳孔放大无光照反应，背部四肢等出现红色尸斑，皮肤青灰身体僵冷）且经医生诊断已死亡时方可中止救护。

（2）对于电伤和摔跌造成的局部外伤，现场救护中也应做适当处理，防止细菌感染及摔跌骨折刺伤周围组织，以减轻触电者痛苦和便于转送医院。

3.2.4　救护触电者的其他科学方法

对触电者进行现场救护时，若有条件还可配合采用下列科学方法，使急救工作能取得尽可能好的效果。

1. 新针疗法

祖国医学是一个伟大的宝库，尤其是针灸疗法对触电急救也有相当疗效。在现场救护过程中，可以由医务人员配合使用中医新针疗法。引针的穴位有人中、百会、风府、风池、郄门、内关、神门、中冲、少商、十宣、涌泉等。具体可根据触电者的不同情况选择适当穴位，也可用稍粗的针在人中、十宣等穴位进行针刺放血。

2. 强迫输氧

施行人工呼吸的同时，使用氧气口罩或氧气袋并施以一定压力，强迫触电者吸入氧气和 7% 的二氧化碳混合气，这对于恢复触电者的正常呼吸与心跳机能很有好处。

3. 注射兴奋剂

根据触电者的具体症状及发展情况，可以在有相当医疗条件的医院里，由医生于适宜时机对其注射适量的呼吸中枢兴奋剂，以帮助触电者恢复正常。了解触电处理与急救知识是十分重要的，但事前预防工作也必不可少，定期检查家中电气设备情况，远离高压线、电线等简单步骤，都可使我们远离触电危险。

第4章 低压配电系统接地形式

低压配电系统由配电变电所（通常是将电网的输电电压降为配电电压）、高压配电线路（1kV 以上的电压）、配电变压器、低压配电线路（1kV 以下的电压）以及相应的控制保护设备组成。在民用与工业装置的低压配电设计中，为了预防电器设备的金属外壳因意外造成绝缘效果降低或损坏而带电，从而危及人身和设备的安全成了人们探讨的第一先决条件。实践告诉我们，有效地采取适当的接地、接零技术保护就能大大减少此类事故的发生。低压配电系统按接地的形式不同可分为 IT 系统、TT 系统和 TN 系统。

4.1 低压配电系统电击防护种类

根据国际电工委员会（IEC）标准规定，低压配电系统的 IT 系统、TT 系统、TN系统是防止间接接触电击的 3 种基本技术措施。其中 TN 系统根据实际需要又可分为TN-S 系统和 TN-C-S 系统。电源侧的接地称为系统接地，负载侧的接地称为保护接地。

4.1.1 IT系统

IT 系统其第 1 个字母 "I" 表示配电网电源端所有带电部分不接地或有一点通过阻抗接地；第 2 个字母 "T" 表示负载侧电气装置的外露可导电部分直接接地，此接地点在电气上独立于电源端的接点。

1. IT 系统安全原理

在图 4-1（a）所示的不接地配电网中，当人体单相接触电气设备外壳时，接地电流通过人体和配电间对地绝缘阻抗形成回路。

尽管通过人体的电流是经过绝缘阻抗形成回路，但在线路较长或绝缘较低的情况下，在低压配电网中，单相电击的危险性依然是存在的。当人体触及漏电外壳时流过人体的电流与电网相电压、线路对地绝缘电阻和线路对地电容有关。假设配电网各相对地电压为 220V，各相对地电容均为 $0.55\mu F$，人体电阻为 2000Ω 的情况下，通过等效电路计算可求出人体电压和人体电流分别为 U=158.3V 和 I=79.2mA>5mA，表明单相电击有致命的危险。

图 4-1（b）所示设备上有接地点，则情况将发生极大变化，这时，接地电阻 R_2 与人体电阻 R_3 并联。在给定数据的条件下，如有 R_2=4Ω，则人体电压降为 4.6V、人体电流减小为 2.3mA，危险性基本消除。

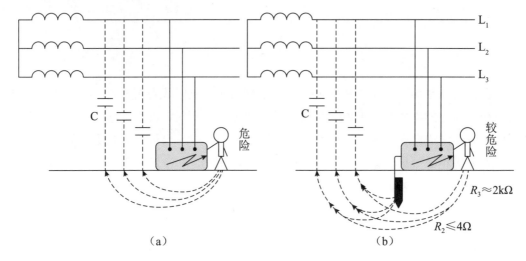

图 4-1　IT 系统原理

通常 IT 系统在发生故障情况下，可能呈现的危险对地电压通过金属部分经接地线、接地体同大地直接连接起来，就可以把故障电压限制在安全范围内。

2. IT 系统特点

IT 系统发生第一次接地故障时，仅为非故障相对地的电容电流，其值很小，外露导电部分对地电压不超过 50V，不需要立即切断故障回路，以保证供电的连续性；一相发生接地故障时，对地电压会升高 1.73 倍；如果有 220V 负载须配降压变压器，或由系统外电源专供；应安装绝缘监察器。

IT 系统供电距离不是很长，供电的可靠性高、安全性好。一般用于不允许停电的场所，或者是要求严格连续供电的地方，例如电力炼钢、大医院的手术室、地下矿井等处。地下矿井内供电条件比较差，电缆易受潮。

使用 IT 方式供电系统，即使电源中性点不接地，一旦设备漏电，单相对地漏电流仍小，不会破坏电源电压的平衡，所以比电源中性点接地的系统还安全。但是，如果用在供电距离很长的情况下，供电线路对大地的流散电流就不能忽视了。

在负载发生短路故障或漏电使设备外壳带电时，漏电电流经大地形成了类似架空线路，保护设备不一定起作用，这是危险的。只有在供电距离不太长时使用 IT 系统才比较安全。这种供电方式在工地上很少采用。

3.保护接地电阻值

在 380V 低压 IT 系统中，单相接地电流很小，为限制设备漏电时外壳对地电压不超过安全范围，一般要求保护接地电阻不得超过 4Ω。

当配电变压器或发电机的容量不超过 100kV·A 时，由于配电网分布范围很小，单相故障接地电流更小，可以放宽对接地电阻的要求，取 $R \leqslant 10\Omega$ 即可。

在 IT 系统中，除要求接地电阻符合要求外，还应采取等电位联结、对地绝缘监视、过电压防护等安全措施。

4.1.2 TT系统

TT 系统（图 4-2）其第 1 个字母"T"表示电源端有一点直接接地，第 2 个字母"T"表示负载侧电气装置的外露可导电部分直接接地，此接地点在电气上独立于电源端的接地点。

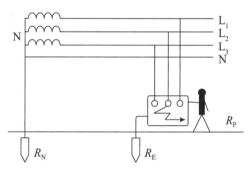

图 4-2 IT 系统

1.TT 系统原理

我国绝大部分地面企业的低压配电网都采用变压器三相低压绕组星形连接中性点直接接地的配电网。配电变压器低压侧中性点（N）的接地称为工作接地（系统接地）、中性点引出的导线称为中性线。由于中性线是通过工作接地与零电位大地连在一起的，其作用是与相线共同提供单相工作电压，因而中性线常称为零线。这种配电网的额定供电电压为 0.23/0.4kV，额定用电电压为 220/380V。220V 用于照明设备和单相设备，380V 用于动力设备。

配电变压器低压侧中性点接地的配电网中，发生单相电击时，如果电气设备没有采取任何防止间接接触电击的措施，人体所承受的电压接近于相电压，即 $U_\mathrm{P}=U$。其危险性远远大于中性点不接地的配电网中单相电击的危险性。

图 4-2 所示为设备外壳采取接地措施的情况。这种做法类似于不接地配电网中的设备外壳采取的保护接地，但由于配电网电源中性点是直接接地的，因而与 IT 系统有很

大区别。这时，如果有一相漏电，则故障电流主要经接地电阻 R_E 与工作接地电阻 R_N 构成回路，一般情况下，$R_N \ll R_P$、$R_E \ll R_P$，漏电设备对地电压即人体电压近似为

$$U_P = U_E \approx \frac{R_E}{R_E + R_N} U。$$

这一电压与没有接地时的对地电压比较，已明显降低；但由于 R_E 和 R_N 同在一个数量级，漏电设备对地电压一般降低不到安全范围以内。

另一方面，由于故障电流主要经 R_E 和 R_N 构成回路，R_E 和 R_N 都是欧姆级的电阻，I_E 不可能太大，一般的短路保护装置不起作用，使故障长时间延续下去。

正因为如此，采用 TT 系统还必须同时采用快速切除接地故障的自动保护装置或采取其他防止触电的措施，并保证中性线没有电击的危险。

2. TT 系统应用要求

采用 TT 系统时，被保护设备的所有外露导电部分均应与接向接地体的保护导体连接起来。

采用 TT 系统应当保证在允许故障持续时间内漏电设备的故障对地电压不超过限值，在环境干燥或略微潮湿、皮肤干燥、地面电阻率高的状态下，不得超过 50V；在环境潮湿、皮肤潮湿、地面电阻率低的状态下，不得超过 25V。故障最大持续时间原则上不得超过 5s。

为实现上述要求，可在 TT 系统中装设剩余电流动作保护装置（漏电保护装置）或过电流保护装置，并优先采用前者。

TT 系统主要用于低压共用用户，即用于未装备配电变压器，从外面引进低压电源的小用户。

4.1.3 TN系统

TN 系统其第 1 个字母"T"表示电源端有一点直接接地，第 2 个字母"N"表示负载侧电气装置的外露可导电部分通过保护中性导体或保护导体连接到此接地点。

在 TN 系统中，中性线用 N 表示，保护线用 PE 表示。如果一条线既是中性线又是保护线则称其为中性保护导体，用 PEN 表示。

1. TN 系统原理

TN 系统的原理如图 4-3 所示，当某相带电部分碰连设备外壳（即外露导电部分）时，通过设备外壳形成该相对保护线的单相短路，短路电流促使线路上的短路保护元件迅速动作，从而把故障部分设备的电源断开，消除电击危险。

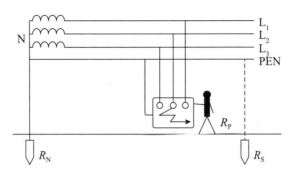

图 4-3　TN 系统原理

　　TN 系统接保护线第一位的作用是漏电时迅速切断电源。该措施也能在一定程度上降低漏电设备对地故障电压,但降低故障电压是第二位的作用。

　　根据中性导体(N)和保护导体(PE)的配置方式,TN 系统可分为 TN-S、TN-C-S、TN-C 三种。TN-S 系统是保护线与中性线完全分开的系统;TN-C-S 系统是干线部分的前一段保护线与中性线共用,后一段保护线与中性线分开的系统;TN-C 系统是干线部分保护线与中性线完全共用的系统,如图 4-4 所示。

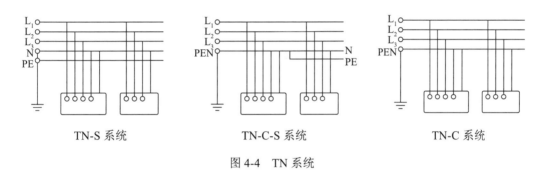

图 4-4　TN 系统

2. TN 系统速断要求

　　在 TN 系统中,单相短路电流越大,保护元件动作越快;反之,动作越慢。单相短路电流取决于配电网相电压和相线 – 保护线回路阻抗。相线 – 保护线回路阻抗不能太大,以保证有足够的单相短路电流。

　　国家标准以额定电压为依据,对允许的故障最大持续时间做了一个比较简明的规定:对于相线对地电压 220V 的 TN 系统,手持式电气设备和移动式电气设备末端线路或插座回路的短路保护元件应保证短路持续时间不超过 0.4s;配电线路或固定式电气设备的末端线路应保证短路持续时间不超过 5s。后者之所以放宽规定是因为这些线路不常发生故障,而且接触的可能性较小。

　　为了实现 TN 系统电击防护要求,对于生产用电气设备等,还必须采用剩余电流动作保护装置。当电路发生绝缘损坏,其故障电流值小于过电流保护装置的动作电流值时,过电流保护装置不动作,不能消除电击危险。此时,需要依靠剩余电流动作保护装置的动作来切断电源,实现保护。

3. TN 系统应用范围

TN 系统用于中性点直接接地的 220/380V 三相四线配电网。在 TN 系统中，凡因绝缘损坏而可能呈现危险对地电压的金属外露部分均应接保护线。

TN-S 系统可用于有爆炸危险或火灾危险性较大，或安全要求较高的场所；宜用于有独立附设变电站的车间。TN-C-S 系统宜用于厂内设有总变电站，厂内低压配电的场所及民用楼房。TN-C 系统可用于无爆炸危险、火灾危险性不大、用电设备较少、用电线路简单且安全条件较好的场所。

在现实中，往往会发现如图 4-5 所示的 TN 系统中个别设备只接地、未接保护线的情况。这种情况是不安全的。在这种情况下，当只有接地的 C 设备漏电时，该设备和中性点（含中性线所有接保护线设备）对地电压分别为

$$U_E = \frac{R_E}{R_N + R_E} U;$$

$$U_N = U - U_E = \frac{R_N}{R_N + R_E} U。$$

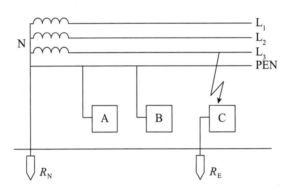

图 4-5　TT 与 TN 的混合系统

这里，R_E 是 C 设备的接地电阻、R_N 是工作接地与中性线上所有接地电阻的并联值。这时，故障电流不太大，不一定能促使短路保护元件动作而切断电源，危险状态将在大范围内持续存在。因此，除非接地的设备装有快速切断故障的自动保护装置，不得在 TN 系统中混用 TT 方式。

如果将接地设备的外露金属部分再同保护线连接起来，构成 TN 系统，其接地成为下面将要介绍的重复接地，对安全是有益无害的。

4. 重复接地

重复接地指 PE 线或 PEN 线上除工作接地以外其他点的再次接地。图 4-3 和图 4-6 中的 R_S 即重复接地。

1）重复接地的作用

（1）减轻 PE 线和 PEN 线断开或接触不良时电击的危险性（PE 线和 PEN 线断开

或接触不良的可能性是不能排除的）。

图 4-6 所示是发生了 PEN 线断开，后方又有一相漏电的双重故障。如断开点后方没有重复接地，则故障电流经过触及各接地保护线设备的人体和工作接地构成回路。因为人体电阻比工作接地电阻 R_N 大得多，所以在断线点后面，接触设备的人几乎承受全部相电压。

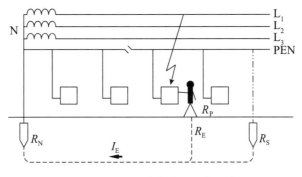

图 4-6 PEN 线断线且设备漏电

如断开点后方有重复接地 R_S，则较大的故障电流经过 R_S 和 R_N 构成回路。在断线处以后和断线处以前，设备对地电压分别为

$$U_E = \frac{R_S}{R_N + R_S} U \; ; \quad U_N = U - U_E = \frac{R_N}{R_N + R_S} U \, 。$$

在 PEN 线断线的情况下，即使没有设备漏电，仅是三相负荷不平衡，也会给人身安全造成很大的威胁。在这方面，重复接地有减轻危险或消除危险性的作用。图 4-7（a）所示的无重复接地场景中，在两相停止用电，仅一相用电的特殊情况下，如果 PEN 线断线，电流经过该相负荷、人体、工作接地构成回路。由于人体电阻较高，大部分电压降在人体上，会造成触电危险。如果像图 4-7（b）那样，中性线和设备上装有重复接地，则设备对地电压即为重复接地的电压降。一般情况下，R_S 与负载电阻 R_N 都不会是太大的数值，其上电压降只是电源相电压的一部分，从而减轻或消除触电的危险性。例如，假定该相负荷为 1kW，则其电阻 R_L=48.49Ω，再假定 R_N=4Ω，R_S=10Ω，可求得对地电压为

$$U_E = I_E R_S = \frac{R_S}{R_N + R_L + R_S} U = \frac{10\Omega}{4\Omega + 48.49\Omega + 10\Omega} \times 220V \approx 35V \, 。$$

这个电压对人来说危险性是较小的。

应当记住，在 PEN 线断线情况下，重复接地一般只能减轻 PEN 线断线时触电的危险，而不能完全消除触电的危险。

（2）降低漏电设备的对地电压。同一般接地措施一样，重复接地也有降低故障对地电压的作用，即重复接地能进一步降低漏电设备上的故障电压。

（3）缩短漏电故障持续时间。因为重复接地和工作接地构成 PE 线和 PEN 线的并联分支，所以当发生短路时能增大单相短路电流，而且线路越长，效果越显著，这就加

速了线路保护装置的动作，缩短了漏电故障持续时间。

（4）改善架空线路的防雷性能。架空线路的重复接地对雷电流有分流作用，有利于限制雷电过电压。

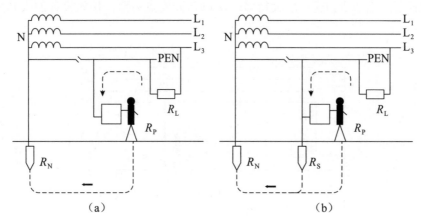

图 4-7　PEN 线断线与不平衡负荷

2）重复接地的要求

电缆或架空线路引入车间或大型建筑物处、配电线路的最远端及每 1km 处，高低压线路同杆架设时共同敷设段的两端应作重复接地。

一个配电系统可敷设多处重复接地，并尽量均匀分布，以等化各点电位。每一重复接地的接地电阻一般不得超过 10Ω。

5. 工作接地

所谓工作接地是指电气装置为了运行的需要将电力系统中的某一点接地。这样可以保证电气装置可靠运行，如变压器或发电机中性点接地、避雷器接地等，它的另一作用是减轻各种过电压的危险。

通常配电变压器的工作接地与变压器外壳的接地、避雷器的接地是共用的，称之为"三位一体"接地。其接地电阻应根据三者中要求最高的确定。工作接地的接地电阻一般不应超过 4Ω；在高土壤电阻率地区，允许放宽至不超过 10Ω。

在上述 IT 系统、TT 系统、TN 系统中，推荐使用 TN-S 系统，继续使用 TN-C-S 系统，停止推广使用 TN-C 系统。

4.1.4　保护导体

保护导体是指起安全保护作用的导体。为了安全目的在诸如触电电击防护中专门设置的导体，通常又称为 PE 导体。

1. 保护导体的组成

保护导体包括保护接地线、TN 系统保护线和等电位连接线等。保护导体分为人工保护导体和自然保护导体。

交流电气设备应充分利用自然导体作为保护导体。例如，建筑物的金属结构（梁、柱等）及设计规定的混凝土结构内部的钢筋、生产用的起重机的轨道、配电装置的外壳、走廊、平台、电梯竖井、起重机与升降机的构架、运输皮带的钢梁、电除尘器的构架等金属结构、配线的钢管、母线金属保护槽、电缆的金属构架及铅、铝包皮（通信电缆除外）等均可用作自然保护导体。在低压系统，还可利用不流经可燃液体或气体的金属管道作保护导体。

人工保护导体可以采用多芯电缆的芯线、与相线同一护套内的绝缘线、固定敷设的绝缘线或裸导体等。

TN 系统中的保护导体干线必须与电源中性点和接地体相连。保护导体支线应与保护干线相连。为提高可靠性，保护干线应至少经两条连接线与接地体连接。

利用电缆的外护物或导线的穿管作保护导体时，应保证连接良好和有足够的导电能力。利用设备以外的导体作保护导体时，除保证连接可靠、导电能力足够外，还应有防止变形和位移的措施。

利用自来水管作为保护导体必须得到供水部门的同意，而且水表及其他可能断开处应予跨接处理。

煤气管等输送可燃气体或液体的管道原则上不得用作保护导体。

为了保持保护导体导电的连续性，所有保护导体，包括有保护作用的 PEN 线上均不得安装单极开关和熔断器；保护导体应有防机械损伤和化学腐蚀的措施；保护导体的接头应便于检查和测试；可拆开的接头必须是用工具才能拆开的接头；各设备的保护（支线）不得串联连接，即不得用设备的外露导电部分作为保护导体的一部分。

2. 保护导体的截面积

为满足导电能力、热稳定性、机械稳定性、耐化学腐蚀的要求，保护导体必须有足够的截面积。当保护线与相线材料相同时，保护线可以按表 4-1 选取；如果保护线与相线材料不同，可按相应的阻抗关系考虑。

表 4-1　保护线截面积选择表

相线截面积（S_L）mm²	保护线最小截面积（S_{PE}）mm²
$S_L \leqslant 16$	S_L
$16 < S_L \leqslant 35$	16
$S_L > 35$	$S_L/2$

除使用电缆芯线或金属护套作为保护线之外，还可使用单芯绝缘导线作为保护线，此时有机械防护的截面积不得小于 2.5mm²，没有机械防护的不得小于 4mm²。

兼作中性线、保护线的 PEN 线的最小截面积除应满足不平衡电流和谐波电流的导电要求外，还应满足接保护线可靠性的要求。为此，要求铜质 PEN 线截面积不得小于 10mm²，铝质的不得小于 16m²；如是电缆芯线，则不得小于 4mm²。

电缆线路应利用其专用保护芯线和金属包皮作为保护线。如电缆没有专用保护芯线，应采用两条电缆的金属包皮作为保护线，并最好再沿电缆敷设一条截面积为 20mm×4mm 的扁钢作为辅助保护线；仅有一条电缆时，除利用其金属包皮外，还须敷设一条截面积为 20mm×4mm 的扁钢。

4.1.5　等电位联结

人身发生触电的原因是由于接触电压。所谓电压是指两点之间的电位差，因此人身发生触电是由于身体某两个部位接触了不同的电位而造成。在同一个立体结构内将所有正常情况下不带电的金属体，用保护导体连接在一起构成一个等电位结构，称之为等电位联接。在电气安全技术不断地发展和更新的过程中，人们注意到，大量电气事故是由于电位差过大引起的。为防止因此而导致的种种电气事故，20 世纪 60 年代起，国际上推广等电位联结安全技术的应用。现在，新建建筑物中基本上都采用了等电位联结，实践证明等电位联接是防止间接触电的有效措施。

等电位联结有总等电位联结（MEB）、局部等电位联结（LEB）和辅助等电位联结（SEB）之分。国家建筑标准设计图集《等电位联结安装》（02D501-2）对建筑物的等电位联结具体做法作了详细介绍。

1. 总等电位联结（MEB）

总等电位联结作用于全建筑物，它在一定程度上可降低建筑物内间接接触电击的接触电压和不同金属部件间的电位差，并消除自建筑物外经电气线路和各种金属管道引入的危险故障电压的危害。它应通过进线配电箱近旁的接地 PE（PEN）母线排（总等电位联结端子板）将下列可导电部分互相连通：

公用设施的金属管道，如上水、下水、热力、燃气等管道；建筑物金属结构；如果设置有人工接地，也包括其接地极引线。

住宅楼做总等电位联结后，可防止 TN 系统电源线路中的 PE 和 PEN 线传导引入故障电压导致电击事故，同时可减少电位差、电弧、电火花发生的概率，避免接地故障引起的电气火灾事故和人身电击事故；同时也是防雷安全所必需。因此，在建筑物的每一电源进线处，一般设有总等电位联结端子板，由总等电位联结端子板与进入建筑物的金属管道和金属结构构件进行连接。总等电位联结的组成如图 4-8 所示。

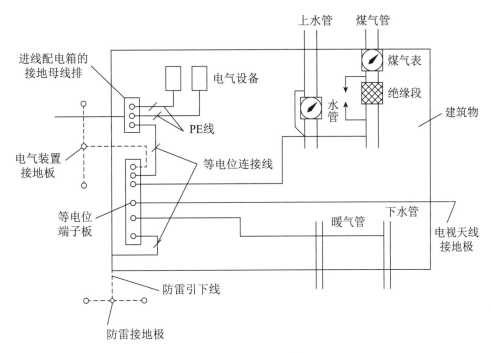

图 4-8 总等电位联结

2. 局部等电位联结（LEB）

局部等电位联结（LEB）是在一局部场所范围内按总等电位联结的要求再做一次等电位联结，通过局部等电位联结端子板把各可导电部分连通。一般在浴室、游泳池、医院手术室、农牧业等特殊场所，这些场所发生电击事故的危险性较大，要求使用更低的接触电压；或为满足信息系统抗干扰的要求，一般局部等电位联结也都有一个端子板或者连成环形。简单地说，局部等电位联结可以看成是局部范围内的总等电位联结。

3. 辅助等电位联结（SEB）

辅助等电位联结是在伸臂范围内有可能出现危险电位差的可同时接触的电气设备之间，或电气设备与装置外可导电部分（如金属管道、金属结构件）之间直接用导体作联结，使其电位相等或接近。一般是在电气装置的某部分接地故障保护不能满足切断回路的时间要求时作为辅助等电位联结，把两导电部分之间联结后能降低接触电压。

4. 等电位联结实施过程中基本安全技术要求

等电位联结实施过程中基本安全技术要求包括：

（1）建筑物每一电源进线都应做总等电位联结，各个总等电位联结端子板应互相连通。

（2）建筑物等电位联结干线应从与接地装置有不少于两处直接连接的接地干线或

总等电位箱引出，等电位联结干线或局部等电位箱间的连接线形成环形网络，环形网络应就近与等电位联结干线或局部等电位箱连接，支线间不应串联连接。

（3）主总等电位联结导体的最小截面积不得小于最大保护导体的1/2，但最小截面积不得小于：铜 6mm²，铁 50mm²。防雷等电位联结线的最小截面积为：铜 16mm²，钢 50mm²。

（4）在土壤中，应避免使用裸铜线或带铜皮的钢线作为联结线。

金属水管、建筑物基础钢筋等可作为接地极，是接地装置的一部分，但不允许下列金属部分作为联结线（保护导体）使用：金属水管、输送爆炸气体或液体的金属管道、正常情况下承受机械压力的结构部分、易弯曲的金属部分、钢索配线的钢索。

（5）为避免用燃气管道作为接地极，燃气管道入户后应插入一绝缘段（例如在法兰盘间插入绝缘板）以与户外埋地的燃气管道隔离。为防雷电流在燃气管道内产生电火花，在此绝缘段的两端应跨接火花放电间隙。此项工作由煤气公司确定。

总等电位联接工程是一个系统立体接地保护工程，具体实施应严格执行标准图集（图集号 02D501-2）的要求。

4.2　接地装置

接地装置是接地体（极）和接地线的总称。

4.2.1　自然接地体和人工接地体

自然接地体是用于其他目的，但与土壤保持紧密接触的金属导体。例如，埋设在地下的金属管道（有可燃或爆炸性介质的管道除外）、金属井管、与大地有可靠连接的建筑物的金属结构、水工构筑物及类似构筑物的金属管，桩等自然导体均可用作自然接地体。利用自然接地体不但可以节省钢材和施工费用，还可以降低接地电阻和等化地面及设备间的电位。如果有条件，应当优先利用自然接地体。在利用自然接地体的情况下，应考虑到自然接地体拆装或检修时，接地体被断开，断口处出现的电位差及接地电阻发生变化的可能性。自然接地体至少应有两根导体在不同地点与接地网相连（线路杆塔除外）。利用自来水管和电缆的铅、铝包皮作接地体时，必须取得主管部门同意，以便互相配合施工和检修。

人工接地体可采用钢管、角钢、圆钢、扁钢等材料制成。人工接地体宜采用垂直接地体，多岩石地区可采用水平接地体。垂直埋设的接地体可采用钢管、角钢或圆钢，水平埋设的接地体可采用扁钢或圆钢。

为了保证足够的机械强度，并考虑到防腐蚀的要求,钢质接地体的最小尺寸见表4-2。

表 4-2 钢质接地体和接地线的最小尺寸

材料种类		地上		地下	
		室内	室外	交流	直流
圆钢直径 /mm		6	8	10	12
扁钢	截面积 /mm²	60	100	100	100
	厚度 /mm	3	4	4	6
角钢厚度 /mm		2	2.5	4	6
钢管管壁厚度 /mm		2.5	2.5	3.5	4.5

4.2.2 接地装置的安装

每一垂直接地体的垂直元件不得少于 2 根。垂直元件的长度以 2～2.5m 为宜，太短会增加流散电阻，太长则施工困难，而且增加垂直元件的长度对接地电阻减小效果甚微。相邻垂直元件之间的距离不宜小于其长度的 2 倍。接地体垂直元件上端用扁钢或圆钢焊接成一个整体。为了减小自然因素对接地电阻的影响，接地体上端离地面深度不应小于 0.6m（农田地带不应小于 1m），并应在冰冻层以下。接地体的引出导体应引出地面 0.3m 以上。接地体离独立避雷针接地体之间的地下距离不得小于 3m，离建筑物墙基之间的地下距离不得小于 1.5m。

普通垂直接地体可用重锤打入地下，或采取挖坑埋设方法，回填土不应夹有石块、建筑垃圾等杂物，并应分层夯实。

接地体宜避开人行道和建筑物出入口及其附近。接地装置应尽量避免敷设在土壤中含有电解活性物质或各种溶液等腐蚀性较强的地带，如不能避开，则应采取防腐蚀措施，必要时可采取外引式接地装置或改良土壤的措施。

为防止机械损伤和化学腐蚀，接地线与铁路或公路的交叉处及其他可能受到损伤处，均应穿管或用角钢保护。如穿过铁路，穿越段接地线应向上拱起（垂向小 S 形弯敷设），以便有伸缩余地，防止断开。接地线穿过墙壁、楼板、地坪时，应敷设在明孔、管道或其他坚固的保护管中。接地线与建筑物伸缩缝、沉降缝交叉时，应弯成弧状或另加补偿连接件。

接地线的位置应便于检查，并不应妨碍设备的拆卸和检修。

对于能与大地构成闭合回路且经常流过电流的直流接地装置的接地线，应沿绝缘垫板敷设，不得与金属管道、建筑物和设备的构件有金属连接。

直流电力回路专用的中性线和直流两线制正极的接地体、接地线不得与自然接地体有金属连接，当无绝缘隔离装置时，相互间的距离不应少于 1m。

很多厂房采用网络接地体。当网络接地体外部的跨步电动势大于允许数值时，可采取在网络外埋设帽檐式均压条（见图 4-9）或其他类型的均压条，也可采取在地面铺设卵石、砾石或沥青层的措施。

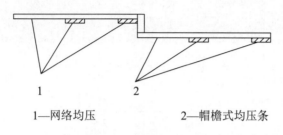

1—网络均压　　　　　　2—帽檐式均压条

图 4-9　帽檐式均压条

采取网络接地时还应当注意防止高电位引出和低电位引入的可能性。因为网络可能呈现较高的对地电压，如将网络内高电位引出，则可能在网络外造成触电危险；如将网络外低电位引入，则可能在网络内造成触电危险。

4.2.3　接地线

接地线属于保护导体。对保护导体的要求也是对接地线的要求。

在非爆炸危险环境，如自然接地线有足够的截面积，可不再另行敷设人工接地线。

如果车间电气设备较多，宜敷设接地干线。各电气设备外壳分别与接地干线连接，而接地干线应在两点及以上与接地网相连接。各电气设备的接地支线应单独与接地干线或接地体相连，不应串联连接。

非经允许，接地线不得作其他电气回路使用。不得用蛇皮管、管道保温层的金属外皮或金属网以及电缆的金属护层作接地线。

4.2.4　接地装置的连接

接地装置地下部分的连接应采用搭焊，焊接，不得有虚焊。扁钢与扁钢搭接长度不得小于扁钢宽度的 1/2，且至少在三边施焊；圆钢与圆钢、圆钢与扁钢搭接长度不得小于圆钢直径的 80%，且至少在两边施焊；扁钢与钢管、扁钢与角钢焊接时，除应在接触部位两侧进行焊接外，还应在连接处焊以圆弧形或直角形卡子（包板），或直接将扁钢弯成圆弧形或直角形再与钢管或角钢焊接。

利用建筑物的钢结构、起重机轨道、工业管道、电缆的金属外皮等自然导体作接地线时，其伸缩缝或接头处应另加跨接线，以保证连续可靠。自然接地体与人工接地体之间务必连接可靠。

接地线与管道的连接可采用螺纹连接或抱箍螺纹连接，但必须采用镀锌件，以防止锈蚀；在有振动的地方，应采取防松措施。

4.2.5　接地装置的检查和维护

接地装置也是保护导体，因此接地装置须按保护导体要求进行定期检查和维护，以保证用电设备正常运行和用电安全。

1. 接地装置定期检查周期

接地装置定期检查周期应符合如下规定：

（1）变、配电站接地装置每年检查一次，并于干燥季节每年测量一次接地电阻。

（2）车间电气设备的接地装置每半年检查一次，并于干燥季节每年测量一次接地电阻。

（3）各种防雷接地装置每年在雷雨季前检查一次。

（4）手持电动工具的接保护线或接地线每次使用前进行检查。

（5）有腐蚀性的土壤内的接地装置每 5 年局部挖开检查一次。

2. 接地装置定期检查的主要内容

接地装置定期检查的主要内容包括：

（1）检查各部位连接是否牢固，有无松动，有无脱焊。有无砸伤、碰断及腐蚀现象。

（2）检查接保护线、接地线有无机械损伤或化学腐蚀，明敷设的表面涂漆有无脱落。

（3）检查人工接地体周围有无堆放强烈腐蚀性物质。

（4）检查地面以下 0.5m 深处的腐蚀和锈蚀情况。

（5）测量接地电阻是否合格（是否超过规定值）。

3. 应对接地装置维修的情况

应对接地装置维修的情况包括：

（1）焊接连接处开焊。

（2）螺纹连接处松动。

（3）接地线有机械损伤、断股或有严重锈蚀、腐蚀，锈蚀或腐蚀 30% 以上者应予更换。

（4）接地体露出地面。

（5）接地电阻超过规定值。

第 5 章　防电击技术

电击事故分为直接接触电击和间接接触电击两类。根据所防范的接触方式的不同，防止电击事故的措施分三类。一是直接接触电击防护措施，如绝缘、屏护、间距等；二是间接接触电击防护措施，如 TN、TT、IT 系统、等电位联结等；三是兼防直接接触电击和间接接触电击的防护措施，如特低电压、剩余电流动作保护（漏电保护）、双重绝缘及加强绝缘等。本章讨论第一类和第三类防电击技术措施。

5.1　绝缘

绝缘是指利用绝缘材料对带电体进行封闭和隔离。绝缘一直是作为防止触电事故的重要措施，良好的绝缘也是保证电气系统正常运行的基本条件。

5.1.1　绝缘材料的种类

不善于传导电流的物质称为绝缘体。绝缘材料又称为电介质，其导电能力很弱，但并非绝对不导电。工程上应用的绝缘材料电阻率一般都不低于 $10^7\Omega \cdot m$。

绝缘材料的主要作用是对带电的或不同电位的导体进行隔离，使电流按照确定的线路流动。

绝缘材料的品种很多，一般分为：

1. 固体绝缘材料

固体绝缘材料包括：

（1）无机绝缘材料：云母、瓷器、石棉、大理石、玻璃、硫磺等。用于电机、电器的绕组绝缘，开关底板和绝缘子等。

（2）有机绝缘材料：橡胶、树脂、虫胶、棉纱纸、麻、蚕丝、人造丝管等。用于制造绝缘漆、绕组导线的外层绝缘等。

（3）混合绝缘材料：由两种绝缘材料加工成型的绝缘材料。

2. 液体绝缘材料

液体绝缘材料包括各种天然矿物油、硅油、三氯联苯等合成油以及蓖麻油。

3. 气体绝缘材料

气体绝缘材料包括空气、氮气、氢气、二氧化碳、六氟化硫等。

5.1.2　绝缘材料的性能

绝缘体在某些外界条件，如加热、加高压等影响下，会被"击穿"而转化为导体。在未被击穿之前，绝缘体也不是绝对不导电的物体。如果在绝缘材料两端施加电压，材料中将会出现微弱的电流。绝缘材料中通常只有微量的自由电子，在未被击穿前参加导电的带电粒子主要是由热运动而离解出来的本征离子和杂质粒子。绝缘体的电学性质反映在电导、极化、损耗和击穿等过程中。

电气设备的质量和使用寿命在很大程度上取决于绝缘材料的电、热、机械和理化性能，而绝缘材料的性能和寿命与材料的组成成分、分子结构有着密切的关系。

绝缘材料的电气性能主要表现在电场作用下材料的导电性能、介电性能及绝缘强度。

5.1.3　绝缘的破坏

在电气设备的运行过程中，绝缘材料由于电场、热的作用、化学作用、机械力作用、生物作用、湿度等因素的影响，使绝缘性能发生劣化。

1. 绝缘击穿

绝缘击穿指在电场作用下绝缘物内部产生破坏性的放电，使得绝缘电阻下降，电流增大，并产生破坏和穿孔的现象。它是电工设备中引起事故的重要原因。其发生时的电压称为击穿电压，它的数值与材料的种类、厚度及使用环境有关。绝缘击穿类型主要有以下4种。

（1）电击穿：绝缘材料在足够高的电场强度作用下瞬间（10～10s）失去介电功能的现象。

（2）热击穿：在电场作用下，绝缘材料因内部热量积累、温度过高而导致，由绝缘状态突变为良导电状态的过程。

（3）光击穿：由于强激光场的作用使透明介质中发生各种损伤。它区别于激光直接加热引起的损伤，后者属于热击穿。

（4）电化学击穿：在电场、温度等因素作用下，电介质发生缓慢的化学变化，最终丧失绝缘能力。

2. 绝缘老化

绝缘老化指因电场、温度、机械力、湿度、周围环境等因素的长期作用，使电工设备的绝缘物在设备运行过程中质量逐渐下降、结构逐渐损坏的现象。为延长电力设备的使用寿命，须针对引起老化的原因，在电力设备绝缘制造和运行时，采取相应的措施，减缓绝缘老化的过程。

1）老化原因

促使绝缘老化的因素很多，大致有热、氧化、湿度、电压、机械作用力、风、光、电晕、臭氧、微生物、放射线以及周围物质的触媒作用等。随着各种绝缘材料、绝缘结构以及绝缘本身所处工作条件的不同，促使绝缘老化的原因也不一样。

2）老化类型

（1）电老化：电力设备的绝缘物在运行过程中会受到工作电压和工作电流的作用。在长期工作电压下，若发生绝缘击穿，将会使绝缘材料发生局部损坏。绝缘结构过大，则在长期工作电压作用下，绝缘物将因过热而损坏。在雷电过电压和操作过电压的作用下，绝缘物中可能发生局部损坏。以后再承受过电压作用时，损坏处将逐渐扩大，最终导致完全击穿。

（2）热老化：电力设备的绝缘物在运行过程中因周围环境温度过高，或因电力设备本身发热而致使绝缘材料温度升高，导致老化。

（3）化学老化：绝缘材料在水分、酸、臭氧、氮的氧化物等的作用下，物质结构和化学性能会改变，以致降低电气和机械性能。

（4）机械力老化：在机械负荷、自重、振动、撞击和短路电流电动力的作用下，绝缘物会被破坏，机械强度下降。

（5）湿度老化：环境的相对湿度对绝缘材料耐受表面放电的性能有影响。如果水分侵入绝缘内部，将会造成绝缘材料电损耗增加或击穿，电压下降。

3. 绝缘损坏

绝缘损坏是指由于不正确地选用绝缘材料、不正确地进行电气设备及线路的安装、不合理地使用电气设备等，导致绝缘材料受到外界腐蚀性液体、气体、蒸气、潮气、粉尘的污染和侵蚀，或受到外界热源或机械因素的作用，在较短或很短的时间内失去其电气性能或机械性能的现象。另外，动物和植物也可能破坏电气设备和电气线路的绝缘结构。

5.1.4 绝缘电阻

绝缘电阻是衡量绝缘性能优劣的最基本的指标。在绝缘结构的制造和使用中，经常需要测量其绝缘电阻。通过测量，可以在一定程度上判定某些电气设备的绝缘好坏，以防因绝缘电阻降低或损坏而造成漏电、短路、电击等电气事故。

1. 绝缘电阻的测量

绝缘材料的电阻可以用比较法（属于伏安法）测量，也可以用泄漏法来进行测量，但通常用兆欧表（摇表）测量。兆欧表由一个手摇发电机、表头和3个接线柱（即L：线路端；E：接地端；G：屏蔽端）组成，如图5-1所示。

摇表是电工常用的一种测量仪表，主要用来检查电气设备、家用电器或电气线路对地及相间的绝缘电阻，以保证这些设备、电器和线路工作在正常状态，避免发生触电伤亡及设备损坏等事故。

数字摇表由中大规模集成电路组成，输出功率大，短路电流值高，输出电压等级多（有4个电压等级）。工作原理为由机内电池作为电源经DC/DC变换产生直流高压，由E端输出，经被测试对象到达L端，从而产生一个从E端到L端的电流，经过I/V变换后经除法器完成运算，直接将被测的绝缘电阻值由LCD显示出来。

规定摇表的电压等级应高于被测对象的绝缘电压等级。所以测量额定电压在500V以下的设备或线路的绝缘电阻时，可选用500V或1000V摇表；测量额定电压在500V以上的设备或线路的绝缘电阻时，应选用1000～2500V摇表；测量绝缘子时，应选用2500～5000V摇表。一般情况下，测量低压电气设备绝缘电阻时可选用0～200MΩ量程的摇表。

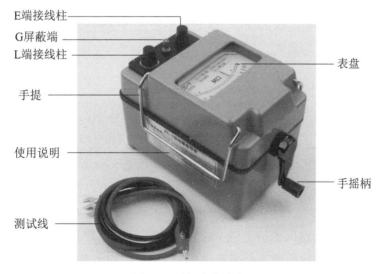

图5-1　手摇式兆欧表

使用摇表的注意事项:

(1) 应按设备的电压等级选择摇表。对于低压电气设备,应选用 500V 摇表,若用额定电压过高的摇表去测量低压绝缘,可能把绝缘击穿。

(2) 测量绝缘电阻以前,应切断被测设备的电源,并进行短路放电。放电的目的是为了保障人身和设备的安全,并使测量结果准确。

(3) 摇表的连线应是绝缘良好的两条分开的单根线(最好是两色),两根连线不要缠绞在一起。最好不使连线与地面接触,以免因连线绝缘不良而造成误差。

(4) 测量前先将摇表进行一次开路和短路试验,检查摇表是否良好。先将两连接线在开路状态下摇动手柄,指针应指在 ∞(无穷大)处,这时如把两连线头瞬间短接一下,指针指在 0 处,说明摇表是良好的,否则摇表是有误差的。

(5) 摇动手柄,一手按着摇表外壳(以防摇表振动)。当表针指示为 0 时,应立即停止摇动,以免烧表。

(6) 测量时,应将摇表置于水平位置,以约 120r/min 的速度转动发电机的摇把。

(7) 在摇表未停止转动或被测设备未进行放电之前,不要用手触及被测部分和仪表的接线柱或拆除连线,以免触电。

(8) 如遇天气潮湿或测电缆的绝缘电阻时,应连接屏蔽接线端子 G(或称保护环),以消除绝缘物表面泄漏电流的影响。

(9) 禁止在雷电、潮湿天气和邻近有带高压电的设备的情况下,用摇表测量设备绝缘。

(10) 测量完毕后,应将被测设备放电。

2. 测量绝缘电阻的作用

测量电气设备绝缘电阻是检查其绝缘状态最简便的辅助方法。由所测绝缘电阻能发现电气设备导电部分影响绝缘的异物、绝缘局部或整体受潮和脏污、绝缘油严重劣化、绝缘击穿和严重热老化等缺陷。

3. 绝缘电阻指标

绝缘电阻随线路和设备的不同,其指标要求也不一样。一般而言,高压较低压要求高,新设备较老设备要求高,室外设备较室内设备要求高,移动设备较固定设备要求高,等等。以下为几种主要线路和设备应达到的绝缘电阻值。

对于低压电气装置的交接试验,常温下电动机、配电设备和配电线路的绝缘电阻不应低于 0.5MΩ(对于运行中的设备和线路,绝缘电阻不应低于 1MΩ)。低压电器及其连接电缆和二次回路的绝缘电阻一般不应低于 1MΩ;在比较潮湿的环境不应低于 0.5MΩ;二次回路小母线的绝缘电阻不应低于 10MΩ。I 类手持电动工具的绝缘电阻不应低于 2MΩ。

5.2 屏护和安全间距

屏护和安全间距是最为常用的电气安全措施。从防止电击的角度而言，屏护和安全间距属于防止直接接触电击的安全措施，此外，屏护和安全间距还是防止短路、故障接地等电气事故的安全措施。

5.2.1 屏护

屏护是一种对电击危险因素进行隔离的手段，即采用遮栏、护罩、护盖、箱匣等把危险的带电体同外界隔离开来，以防止人体触及或接近带电体所引起的触电事故，如图 5-2 所示。屏护还起到防止电弧伤人、防止弧光短路或便利检修工作的作用。

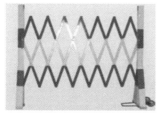
伸缩玻璃钢遮栏

围栏

围墙

防护网

图 5-2 屏护装置

屏护装置根据其使用时间分为两种：一种是永久性屏护装置，如配电装置的遮栏、母线的护网等；另一种是临时性屏护装置，通常指在检修工作中使用的临时遮栏等。

屏护装置主要用于电气设备不便于绝缘或绝缘不足以保证安全的场合。如开关电气的可动部分一般不能包以绝缘，因此需要屏护；对于高压设备，由于全部绝缘往往有困难，因此，不论高压设备是否有绝缘，均要求加装屏护装置；室内、外安装的变压器和变配电装置应装有完善的屏护装置；当作业场所邻近带电体时，在作业人员与带电体之间、过道、入口等处均应装设可移动的临时性屏护装置。为防止伤亡事故的发生，屏护安全措施应与其他安全措施配合使用。

尽管屏护装置是简单装置，但为了保证其有效性，须满足如下要求和条件：

（1）屏护装置所用材料应有足够的机械强度和良好的耐火性能，为防止因意外带电而造成触电事故，对金属材料制成的屏护装置必须进行可靠接地或接零。

（2）屏护装置应有足够的尺寸，与带电体之间应保持必要的距离。遮栏高度不应低于 1.7m，下部边缘离地不应超过 0.1m。栅遮栏的高度户内不应小于 1.2m，户外不小于 1.5m，栏条间距离不应大于 0.2m。对于低压设备，遮栏与裸导体之间的距离不应小于 0.8m。户外变配电装置围墙的高度一般不应小于 2.5m。

（3）被屏护的带电部分应有明显的标志，使用通用的符号或涂上规定的具有代表意义的专门颜色。

（4）在遮栏、栅栏等屏护装置上，应根据被屏护对象挂上"止步，高压危险"或"当心有电"等警告牌。

（5）采用信号装置和联锁装置，即用光电指示"此处有电"，或当人越过屏护装置时，被屏护的带电体自动断电。

5.2.2　安全间距

安全间距又称安全距离，是指带电体与地面之间、带电体与其他设备和设施之间、带电体与带电体之间必须保持的最小距离。

安全间距的作用是：防止人体触及或接近带电体造成触电事故；避免车辆或其他器具碰撞或过分接近带电体造成事故；防止火灾、过电压放电及各种短路事故；以及方便操作。在间距的设计选择时，既要考虑安全的要求，同时也要符合有关规定的要求。

不同电压等级、不同设备类型、不同安装方式、不同的周围环境所要求的安全间距不同。

1. 线路间距

几种线路同杆架设时应取得有关部门同意，而且必须保证：

（1）电力线路在通信线路上方，高压线路在低压线路上方。

（2）通信线路与低压线路之间的距离不得小于 1.5m；低压线路之间不得小于 0.6m；低压线路与 10kV 高压线路之间不得小于 1.2m。

（3）低压接户线受电端对地距离不应小于 2.5m；低压接户线跨越通车街道时，对地距离不应小于 6m；跨越通车困难的街道或人行道时，不应小于 3.5m。

（4）户内电气线路的各项间距应符合有关规程的要求和安装标准。

（5）直接埋地电缆埋设深度不应小于 0.7m。

2. 设备间距

配电装置的布置，应考虑设备搬运、检修、操作和试验方便。为了工作人员的安全，配电装置须保持必要的安全通道。

低压配电装置正面通道的宽度，单列布置时不应小于 1.5m，双列布置时不应小于 2m。

低压配电装置背面通道应符合以下要求：

（1）宽度一般不应小于1m，有困难时可减为0.8m。

（2）通道内高度低于2.3m，无遮栏的裸导电部分与对面墙或设备的距离不应小于1m；与对面其他裸导电部分的距离不应小于1.5m。

（3）通道上方裸导电部分的高度低于2.3m时，应加遮护，遮护后的通道高度不应低于1.9m。

（4）配电装置长度超过6m时，屏后应有两个通向本室或其他房间的出口，且其间距离不应超过15m。

（5）室内吊灯灯具高度一般应大于2.5m，受条件限制时可减为2.2m。如果还要降低，应采取适当安全措施。当灯具在桌面上方或其他人碰不到的地方时，高度可减为1.5m。

（6）户外照明灯具一般不应低于3m，墙上灯具高度允许减为2.5m。

3. 检修间距

为了防止在检修工作中，人体及其所携带工具触及或接近带电体，必须保证足够的检修间距。

在低压工作中，人体或其所携带工具与带电体的距离不应小于0.1m。

5.3 双重绝缘和加强绝缘

双重绝缘和加强绝缘是在基本绝缘的直接接触电击防护的基础上，通过结构上附加绝缘或加强绝缘，使之具备间接接触电击防护功能的安全措施。

5.3.1 双重绝缘和加强绝缘结构

双重绝缘是兼有工作绝缘和附加绝缘的绝缘。工作绝缘又称基本绝缘或功能绝缘，是保证电气设备正常工作和防止触电的基本绝缘，位于带电体与不可触及金属件之间；保护绝缘又称附加绝缘，是在工作绝缘因机械破损或击穿等而失效的情况下，可防止触电的独立绝缘，位于不可触及金属件与可触及金属件之间。

加强绝缘是基本绝缘经改进后，在绝缘强度和机械性能上具备了与双重绝缘同等能力的单一绝缘，在构成上可以包含一层或多层绝缘材料。

具有双重绝缘和加强绝缘的设备属于Ⅱ类设备（按电击防护条件，电气设备分为O类、OI类、Ⅰ类、Ⅱ类、Ⅲ类，参见10.2节）。按外壳特征分为以下3类Ⅱ类设备，如图5-3所示。

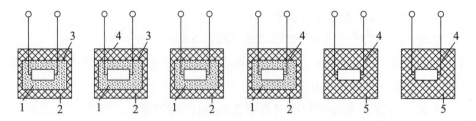

1. 工作绝缘；2. 保护绝缘；3. 不可触及的金属件；4. 可触及的金属件；5. 加强绝缘

图 5-3　双重绝缘和加强绝缘

第 1 类，全部绝缘外壳的 Ⅱ 类设备。此类设备其外壳上除了铭牌、螺钉、胡钉等小金属，其他金属件都在连接无间断的封闭绝缘外壳内，外壳成为加强绝缘的补充或全部。

第 2 类，全部金属外壳的 Ⅱ 类设备。此类设备有一个金属材料制成的无间断的封闭外壳。其外壳与带电体之间应尽量采用双重绝缘；无法采用双重绝缘的部件可采用加强绝缘。

第 3 类，兼有绝缘外壳和金属外壳两种特征的 Ⅱ 类设备。

5.3.2　双重绝缘和加强绝缘的安全条件

由于具有双重绝缘或加强绝缘，Ⅱ 类设备无须再采取接地、接零等安全措施，因此，对双重绝缘和加强绝缘的设备可靠性要求较高。双重绝缘和加强绝缘的设备应满足以下安全条件。

1. 绝缘电阻和电气强度

绝缘电阻在直流电压为 500V 的条件下测试，工作绝缘的绝缘电阻不得低于 2MΩ，保护绝缘的绝缘电阻不得低于 5MΩ，加强绝缘的绝缘电阻不得低于 7MΩ。

交流耐压测试的试验电压：工作绝缘为 1250V，保护绝缘为 2500V，加强绝缘为 3750V。

对于有可能产生谐振电压者，试验电压应比 2 倍谐振电压高 1000V，耐压持续时间为 1min。测试中不得发生闪络或击穿。

直流泄漏电流测试的试验电压，对于额定电压不超过 250V 的 Ⅱ 类设备，应为其额定电压上限值或峰值的 1.06 倍；于施加电压 5s 后读数，泄漏电流允许值为 0.25mA。

2. 外壳防护和机械强度

Ⅱ 类设备应能保证在正常工作时以及在打开门盖和拆除可拆卸部件时，人体不会触及仅由工作绝缘与带电体隔离的金属部件。其外壳上不得有易触及上述金属部件的孔洞。

若利用绝缘外护物实现加强绝缘，则要求外护物必须用钥匙或工具才能开启，其上不得有金属件穿过，并有足够的绝缘水平和机械强度。

Ⅱ类设备应在明显位置标上作为Ⅱ类设备技术信息一部分的"回"形标志。标志可标在额定值标牌上。

3. 电源连接线

Ⅱ类设备的电源连接线应符合加强绝缘要求，电源插头上不得有起导电作用以外的金属件，电源连接线与外壳之间至少应有两层单独的绝缘层。

电源线的固定件应使用绝缘材料，如使用金属材料应加以保护绝缘等级的绝缘。电源线截面积应符合专业标准的要求。此外，电源连接线还应经受基于电源连接线拉力试验标准的拉力试验而不损坏。

5.3.3　双重绝缘设备的使用

从安全角度考虑，一般场所使用的手持电动工具应优先选用Ⅱ类设备。在潮湿场所或金属构架上工作时，除选用安全电压的工具之外，也应尽量选用Ⅱ类工具。Ⅱ类设备无须再采取接地、接零安全措施。

应定期检查双重绝缘设备可触及部位与工作时带电部位之间的绝缘电阻是否符合要求；使用前，应确定双重绝缘设备及其电源线是否完好；凡属双重绝缘的设备，不得再行接地或接保护线。

5.4　安全电压

安全电压又称安全特低电压，是属于兼有直接接触电击和间接接触电击防护的安全措施。其保护原理是：通过对系统中可能作用于人体的电压进行限制，从而使触电时流过人体的电流受到抑制，将触电危险性控制在没有危险的范围内。

5.4.1　安全电压的区段、限值和安全电压额定值

安全电压的区段、限值和安全电压额定值相关规定如下。

1. 安全电压区段

特低电压区段范围：交流（工频）无论是相对地还是相对相之间均不大于 50V（有效值）；直流（无纹波）无论是极对地或极对极之间均不大于 120V。

2. 安全电压限值

安全电压限值是指任何运行条件下，任何两导体间不可能出现的最高电压值。特

低电压值可作为从电压值的角度评价电击防护安全水平的基础性数据。我国国家标准GB/T 3805—2008《特低电压（ELV）限值》规定，工频有效值的限值为50V，直流电压的限值为120V。

我国标准还推荐当接触面积大于1cm²且接触时间超过1s时，干燥环境中工频电压有效值的限值为33V、直流电压限值为70V；潮湿环境中工频电压有效值的限值为16V、直流电压限值为35V。

3. 安全电压额定值

我国国家标准GB/T 3805—2008《特低电压（ELV）限值》规定了安全电压系列，将安全电压额定值（工频有效值）的等级规定为42V、36V、24V、12V和6V。具体选用时，应根据使用环境、人员和使用方式等因素确定。特别危险环境中使用的手持电动工具应采用42V安全电压；有电击危险环境中使用的手持照明灯和局部照明灯应采用36V或24V安全电压；金属容器内、特别潮湿处等特别危险环境中使用的手持照明灯应采用12V安全电压；水下作业等场所应采用6V安全电压。当电气设备采用24V以上安全电压时，必须采取防护直接接触电击的措施。

5.4.2 安全电源及回路配置

安全电源及回路配置在实际使用过程中既有共同的要求，同时也有各自的特殊要求。

1. 安全电源

安全特低电压必须由安全电源供电，可以作为安全电源的主要有：

（1）安全隔离变压器或与其等效的具有多个隔离绕组的电动发电机组，其绕组的绝缘至少相当于双重绝缘或加强绝缘。安全隔离变压器的电路图如图5-4所示。安全隔离变压器的一次与二次绕组之间必须有良好的绝缘，其间还可用接地的屏蔽隔离开来。

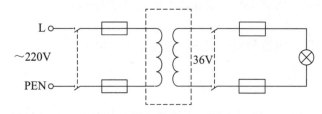

图5-4　安全隔离变压器电路图

安全隔离变压器各部分的绝缘电阻不得低于下列数值：

①带电部分与壳体之间的工作绝缘2MΩ。

②带电部分与壳体之间的加强绝缘7MΩ。

③输入回路与输出回路之间 5MΩ。

④输入回路与输入回路之间 2MΩ。

⑤输出回路与输出回路之间 2MΩ。

⑥Ⅱ类变压器的带电部分与金属物件之间 2MΩ。

⑦Ⅱ类变压器的带电部分与壳体之间 5MΩ。

⑧绝缘壳体内、外金属物之间 2MΩ。

安全隔离变压器的额定容量为：

①单相变压器不得超过 10kV·A。

②三相变压器不得超过 1600kV·A。

③电铃用变压器不得超过 100V·A。

④玩具用变压器不得超过 200V·A。

安全隔离变压器的输入和输出导线应有各自的通道：

①导线进、出变压器处应有护套。

②固定式变压器的输入电路中不得采用接插件。

此外，安全隔离变压器各部分的最高温升不得超过允许限值。例如：金属握持部分的温升不得超过 20℃；非金属握持部分的温升不得超过 40℃；金属非握持部分的外壳，其温升不得超过 25℃；非金属非握持部分的外壳，其温升不得超过 50℃；接线端子的温升不得超过 35℃；橡皮绝缘的温升不得超过 35℃；聚氯乙烯绝缘的温升不得超过 40℃。

（2）电化电源或与高于安全特低电压回路无关的电源，如蓄电池及独立供电的柴油发电机等。

（3）即使在故障时仍能够确保输出端子上的电压（用内阻不小于 3kΩ 的电压表测量）不超过特低电压值的电子装置电源等。

2. 回路配置

安全电压回路的配置都应满足以下要求：

（1）安全电压回路的带电部分必须与较高电压的回路保持电气隔离，并不得与大地、接保护（地）线或其他电气回路连接。但变压器的外壳及其一、二次线圈之间的屏蔽隔离层应按规定接地或接保护线。

（2）安全电压的配线最好与其他电压等级的配线分开敷设，否则，其绝缘水平应与共同敷设的其他较高电压等级配线的绝缘水平相同。

3. 安全电压的特殊要求

安全电压的特殊要求包括：

（1）外露可导电部分不应有意地连接到大地或其他回路的保护导体和外露可导电

部分，也不能连接到外部可导电部分。若设备功能要求与外部可导电部分进行连接，则应采取措施，使这部分所能出现的电压不超过安全特低电压。如果回路的外露可导电部分容易偶然或被有意识地与其他回路的外露可导电部分相接触，则电击保护就不能再仅仅依赖于自身的保护措施，还应依靠其他回路的外露可导电部分的保护方法，如发生接地故障时自动切断电源。

（2）若标称电压超过 25V 交流有效值或 60V 无纹波直流值，应装设必要的遮栏或外护物，或者提高绝缘等级；若标称电压不超过上述数值时，除某些特殊应用的环境条件外，一般无须做直接接触电击防护。

4. 插头及插座

为了避免经电源插头和插座将外部电压引入，必须从结构上保证安全电压回路的插头和插座不致误插入其他电压系统或被其他系统的插头插入。安全电压回路的插座还不得带有接零或接地插孔。

5.5　漏电保护

漏电保护是利用剩余电流动作保护装置来防止电气事故的一种安全技术措施。剩余电流动作装置（Residual Current operated protective Device）以前称为漏电保护装置，是一种低压安全保护电器，主要用于单相电击保护，也用于防止由漏电引起的火灾，还可用于检测和切断各种一相接地故障。剩余电流动作保护装置的功能是提供间接接触电击保护，而额定剩余动作电流不大于 30mA 的剩余电流动作保护装置在其他保护措施失效时，也可作为直接接触电击的补充保护，但不能作为基本的保护措施。

实践证明，剩余电流动作保护装置和其他电气安全技术措施配合使用，在防止电气事故方面有显著的作用，本节就剩余电流动作保护装置的原理及应用进行介绍。

5.5.1　剩余电流动作保护装置的组成

电气设备漏电时，将呈现出异常的电流和电压信号。剩余电流动作保护装置通过检测此异常电流或异常电压信号，经信号处理，促使执行机构动作，帮助开关设备迅速切断电源。根据故障电流动作的剩余电流动作保护装置是电流型剩余电流动作保护装置；根据故障电压动作的剩余电流动作保护装置是电压型剩余电流动作保护装置。早期的剩余电流动作保护装置为电压型剩余电流动作保护装置，因其存在结构复杂、受外界干扰动作特性稳定性差、制造成本高等缺点，已逐步淘汰，取而代之的是电流型剩余电流动作保护装置。电流型剩余电流动作保护装置得到了迅速的发展，并占据了主导地位。目前，国内外剩余电流动作保护装置的研制生产及有关技术标准均以电流型剩余电流动作保护装置为对象。下面主要对电流型剩余电流动作保护装置进行介绍。

剩余电流动作保护装置的组成如图 5-5 所示，其构成主要有三个基本部分，即检测元件、中间环节（包括放大元件和比较元件）和执行机构。其次，它还具有辅助电源和试验装置。各部分的主要功能如下：

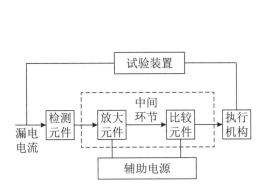
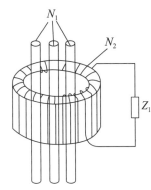

图 5-5　剩余电流动作保护装置组成框图　　图 5-6　漏电电流互感器

（1）检测元件：是一个零序电流互感器，如图 5-6 所示。图中被保护主电路的相线和中性线穿过环形铁心构成了互感器的一次线圈 N_1，均匀缠绕在环形铁心上的绕组构成了互感器的二次线圈 N_2。检测元件的作用是将漏电电流信号转换为电压或功率信号输出给中间环节。

（2）中间环节：对来自零序电流互感器的漏电信号进行处理。中间环节通常包括放大器、比较器、脱扣器（或继电器）等，不同型式的剩余电流动作保护装置在中间环节的具体构成上型式各异。

（3）执行机构：用于接收中间环节的指令信号，实施动作，自动切断故障处的电源。执行机构多为带有分励脱扣器的自动开关或交流接触器。

（4）辅助电源：当中间环节为电子式时，辅助电源的作用是提供电子电路工作所需的低压电源。

（5）试验装置：对运行中的剩余电流动作保护装置进行定期检查时所使用的装置。通常是用一个限流电阻和检查按钮相串联的支路来模拟漏电的路径，以检验装置能否正常动作。

5.5.2　剩余电流动作保护装置的工作原理

图 5-7 是某三相四线制供电系统的漏电保护电气原理图，TA 为零序电流互感器，GF 为主开关，TL 为主开关 GF 的分励脱扣器线圈。

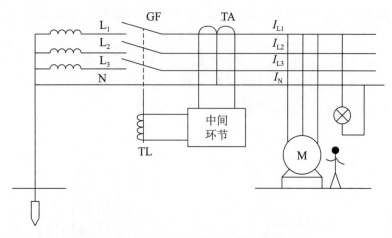

图 5-7　剩余电流动作保护装置的工作原理示意图

在被保护电路工作正常、没有发生漏电或触电的情况下，由基尔霍夫定律可知，通过 TA 一次侧电流的相量和等于零。这使得 TA 铁心中磁通的相量和也为零。TA 二次侧不产生感应电动势。剩余电流动作保护装置不动作，系统保持正常供电。

当被保护电路发生漏电或有人触电时，由于漏电电流的存在，通过 TA 一次侧各相负荷电流的相量和不再等于零，即产生了剩余电流。这就导致了 TA 铁心中磁通的相量和也不再为零，即在铁心中出现了交变磁通。在此交变磁通作用下，TA 二次侧线圈就有感应电动势产生。此漏电信号经中间环节进行处理和比较，当达到预定值时，使主开关分励脱扣器线圈 TL 通电，驱动主开关 GF 自动跳闸，迅速切断被保护电路的供电电源，从而实现保护。

5.5.3　剩余电流动作保护装置的分类

1. 按中间环节分类

电磁式剩余电流动作保护装置的中间环节为电磁元件，有电磁脱扣器和灵敏继电器两种类型。电磁式剩余电流动作保护装置因全部采用电磁元件，使得其耐过电流和过电压冲击的能力较强，因而无须辅助电源，当主电路缺相时仍能起漏电保护作用。但其灵敏度不易提高，且制造工艺复杂，价格较高。

电子式剩余电流动作保护装置。其中间环节使用了由电子元件构成的电子电路，有的是分立元件电路，也有的是集成电路。中间环节的电子电路用来对漏电信号进行放大、处理和比较。其特点是灵敏度高、动作电流和分断时间调整方便、耐久。但电子式剩余电流动作保护装置对使用条件要求严格，抗电磁干扰性能差，当主电路缺相时，可能会失去辅助电源而丧失保护功能。

2. 按结构特征分类

开关型剩余电流动作保护装置。它是一种将零序电流互感器、中间环节和主开关组合安装在同一机壳内的开关电器，通常称为剩余电流动作开关或剩余电流动作断路器。其特点是：当检测到触电、漏电后，保护器本身即可直接切断被保护主电路的供电电源。这种保护器有的还兼有短路保护及过载保护功能。

组合型剩余电流动作保护装置。它是一种由剩余电流 动作继电器和主开关通过电气连接组合而成的剩余电流动作保护装置。当发生触电、漏电故障时，由剩余电流动作继电器进行信号检测、处理和比较，通过其脱扣器或继电器动作，发出报警信号；也可通过控制触点去操作主开关切断供电电源。剩余电流动作继电器本身不具备直接断开主电路的功能。

3. 按安装方式分类

剩余电流动作保护装置按安装方式可分为：固定位置安装、固定接线方式的；带有电缆的可移动使用的。

4. 按极数和线数分类

按照主开关的极数和穿过零序电流互感器的线数可将剩余电流动作保护装置分为：单极二线剩余电流动作保护装置、二极剩余电流动作保护装置、二极三线剩余电流动作保护装置、三极剩余电流动作保护装置、三极四线剩余电流动作保护装置和四极剩余电流动作保护装置。单极二线剩余电流动作保护装置、二极三线剩余电流动作保护装置、三极四线剩余电流动作保护装置均有一根直接穿过零序电流互感器而不能被主开关断开的中性线。

5. 按运行方式分类

剩余电流动作保护装置按运行方式可分为不需要辅助电源的和需要辅助电源的两种。需要辅助电源的剩余电流动作保护装置又分为辅助电源中断时可自动切断的和辅助电源中断时不可自动切断的两种。

6. 按分断时间分类

剩余电流动作保护装置按分断时间可分为：快速动作型、延时型、反时限型。

7. 按动作灵敏度分类

剩余电流动作保护装置按动作灵敏度可分为：高灵敏度型；中灵敏度型；低灵敏度型。

5.5.4 剩余电流动作保护装置的主要技术参数

漏电动作性能的技术参数是剩余电流动作保护装置最基本的技术参数，包括剩余动作电流和分断时间、接通分断能力参数和其他技术参数。

1. 剩余电流动作性能的技术参数

（1）额定剩余动作电流（$I_{\Delta n}$）。它是指在规定的条件下，剩余电流动作保护装置必须动作的剩余电流动作电流值。该值反映了剩余电流动作保护装置的灵敏度。

我国标准规定的额定剩余动作电流值为：6mA、10 mA、（15 mA）、30 mA、（50 mA）、（75 mA）、100 mA、200 mA、300 mA、500 mA、1000 mA、3000 mA、5000 mA、10000 mA、20000 mA 共 15 个等级（带括号的值不推荐优先采用）。其中 30 mA 及以下者属于高灵敏度，主要用于防止各种人身触电事故；30 mA 以上至 1000mA 者属于中灵敏度，用于防止触电事故和漏电火灾；1000mA 以上者属于低灵敏度，用于防止漏电火灾和监视一相接地事故。

（2）额定剩余不动作电流（$I_{\Delta no}$）。它是指在规定的条件下，剩余电流动作保护装置必须不动作的剩余不动作电流值。为了防止误动作，剩余电流动作保护装置的额定不动作电流不得低于额定动作电流的 1/2。

（3）分断时间。它是指从突然施加漏电动作电流开始到被保护电路完全被切断为止的全部时间。为适应人身触电保护和分级保护的需要，剩余电流动作保护装置有快速型、延时型和反时限型三种。快速型适用于单级保护，用于直接接触电击防护时必须选用快速型的剩余电流动作保护装置。延时型剩余电流动作保护装置人为地设置了延时，主要用于分级保护的首端。反时限型剩余电流动作保护装置是配合人体安全电流—时间曲线而设计的，其特点是漏电电流越大，则对应的分断时间越短，呈现反时限动作特性。

快速型剩余电流动作保护装置分断时间与动作电流的乘积不应超过 30mA·s。

我国标准规定剩余电流动作保护装置的分断时间见表 5-1，表中额定电流≥40A 的一栏适用于组合型剩余电流动作保护装置。

延时型剩余电流动作保护装置延时时间的优选值为：0.2s、0.4s、0.8s、1s、1.5s 和 2s。

表 5-1 剩余保护装置的分断时间

额定动作电流 $I_{\Delta n}$/mA	额定电流 /A	动作时间 /s			
		$I_{\Delta n}$	$2I_{\Delta n}$	0.5A	$5I_{\Delta n}$
≪30	任意值	0.2	0.1	0.04	
>30	任意值	0.2	0.1		0.04
	≥40	0.2			0.15

2. 接通分断能力

剩余电流动作保护装置的接通分断能力应符合表 5-2 的规定。

表 5-2 剩余电流动作保护开关的分断能力

额定动作电流 $I_{\Delta n}$/mA	接通分断电流 /A
$I_{\Delta n} \leqslant 10$	$\geqslant 300$
$10 < I_{\Delta n} \leqslant 50$	$\geqslant 500$
$50 < I_{\Delta n} \leqslant 100$	$\geqslant 1000$
$150 < I_{\Delta n} \leqslant 200$	$\geqslant 2000$

3. 其他技术参数

剩余电流动作保护装置的其他技术参数的额定值主要有：

（1）额定频率为 50Hz。

（2）额定电压为 220V 或 380V。

（3）额定电流为 6A、10A、16A、20A、25A、32A、40A、50A、（60A）、63A、（80A）、100A、（125A）、160A、200A、250A（带括号值不推荐优先采用）。

5.5.5 剩余电流动作保护装置的应用

1. 剩余电流动作保护装置的选型

选用剩余电流动作保护装置应首先根据保护对象的不同要求进行选型，既要保证在技术上有效，还应考虑经济上的合理性。不合理的选型不仅达不到保护目的，还会造成剩余电流动作保护装置拒动作或误动作。正确合理地选用剩余电流动作保护装置，是实施漏电保护措施的关键。

1）动作性能参数的选择

（1）防止人身触电事故。

用于直接接触电击防护的剩余电流动作保护装置应选用额定动作电流为 30mA 及以下的高灵敏度、快速型剩余电流动作保护装置。

在浴室、游泳池、隧道等场所，剩余电流动作保护装置的额定动作电流不超过 10mA。在触电后，可能导致二次事故的场合，应选用额定动作电流为 6mA 的快速型剩余电流动作保护装置。

剩余电流动作保护装置用于间接接触电击防护时，着眼点在于通过自动切断电源，消除电气设备发生绝缘损坏时因其外露可导电部分持续带有危险电压而产生触电的危险。例如，对于固定式的电机设备、室外架空线路等，应选用额定动作电流为 30mA 及其以上的剩余电流动作保护装置。

（2）防止火灾。

对木质灰浆结构的一般住宅和规模小的建筑物，考虑其供电量小、泄漏电流小的特点、并兼顾电击防护，可选用额定动作电流为 30mA 及其以下的剩余电流动作保护装置。

对除住宅以外的中等规模的建筑物，分支回路可选用额定动作电流为 30mA 及其以下的剩余电流动作保护装置；主干线可选用额定动作电流为 200mA 以下的剩余电流动作保护装置。

对钢筋混凝土类建筑，内装材料为木质时，可选用 200mA 以下的剩余电流动作保护装置，内装材料为不燃物时，应区别情况，可选用 200mA 到数安的剩余电流动作保护装置。

（3）防止电气设备烧毁。

由于作为额定动作电流选择的上限，选择数安的电流一般不会造成电气设备的烧毁，因此防止电气设备烧毁所考虑的主要是与防止触电事故的配合和满足电网供电可靠性问题。通常选用 100mA 到数安的剩余电流动作保护装置。

2）其他性能的选择

对于连接户外架空线路的电气设备，应选用冲击电压不动作型剩余电流动作保护装置。对于不允许停转的电动机，应选用漏电报警方式，而不是漏电切断方式的剩余电流动作保护装置。

对于照明线路，宜根据泄漏电流的大小和分布，采用分级保护的方式。支线上用高灵敏度的剩余电流动作保护装置，干线上选用中灵敏度的剩余电流动作保护装置。

剩余电流动作保护装置的极线数应根据被保护电气设备的供电方式选择，单相 220V 电源供电的电气设备应选用二极或单极二线式剩余电流动作保护装置；三相三线 380V 电源供电的电气设备应选用三极式剩余电流动作保护装置；三相四线 220/380V 电源供电的电气设备应选用四极或三极四线式剩余电流动作保护装置。

剩余电流动作保护装置的额定电压、额定电流、分断能力等性能指标应与线路条件相适应。剩余电流动作保护装置的类型应与供电线路、供电方式、系统接地类型和用电设备特征相适应。

2. 剩余电流动作保护装置的安装

1）需要安装剩余电流动作保护装置的场所

带金属外壳的 I 类设备和手持式电动工具；安装在潮湿或强腐蚀等恶劣场所的电气设备，建筑施工工地的电气施工机械设备，临时性电气设备，宾馆类的客房内的插座，触电危险性较大的民用建筑物内的插座，游泳池、喷水池或浴室类场所的水中照明设备；安装在水中的供电线路和电气设备，以及医院中直接接触人体的电气医疗设备（胸腔手术室除外）等，均应安装剩余电流动作保护装置。

对于公共场所的通道照明及应急照明电源，消防用电梯及确保公共场所安全的电气设备的电源，消防设备（如火灾报警装置、消防水泵、消防通道照明等）的电源，防盗报警装置用电源，以及其他不允许突然停电的场所或电气装置的电源，若在发生漏电时上述电源被立即切断，将会造成严重事故或重大经济损失。因此，在上述情况下，应装设不切断电源的漏电报警装置。

2）不需要安装剩余电流动作保护装置的设备或场所

使用安全电压供电的电气设备，一般情况下使用的具有双重绝缘或加强绝缘的电气设备，使用隔离变压器供电的电气设备，采用了不接地的局部等电位联结安全措施的场所中适用的电气设备以及其他没有间接接触电击危险场所的电气设备不需要安装剩余电流动作保护装置。

3）剩余电流动作保护装置的安装要求

剩余电流动作保护装置的安装应符合生产厂家产品说明书的要求，应考虑供电线路、供电方式、系统接地类型和用电设备特征等因素。剩余电流动作保护装置的额定电压、额定电流、额定分断能力、极数、环境条件以及额定漏电动作电流和分断时间在满足被保护供电线路和设备的运行要求时，还必须满足安全要求。

安装剩余电流动作保护装置之前，应检查电气线路和电气设备的泄漏电流值和绝缘电阻值。所选用剩余电流动作保护装置的额定不动作电流应不小于电气线路和设备正常泄漏电流最大值的 2 倍。当电气线路或设备的泄漏电流大于允许值时，必须更换绝缘良好的电气线路或设备。安装剩余电流动作保护装置不得拆除或放弃原有的安全防护措施，剩余电流动作保护装置只能作为电气安全防护系统中的附加保护措施。

剩余电流动作保护装置标有电源侧和负载侧，安装时必须加以区别，按照规定接线，不得接反。如果接反，会导致电子式剩余电流动作保护装置的脱扣线圈无法随电源切断而断电，以致长时间通电而烧毁。

安装剩余电流动作保护装置时必须严格区分中性线和保护线。使用三极四线式和四极四线式剩余电流动作保护装置时，中性线应接入剩余电流动作保护装置。经过剩余电流动作保护装置的中性线不得作为保护线、不得重复接地或连接设备外露可导电部分。保护线不得接入剩余电流动作保护装置。

剩余电流动作保护装置安装完毕后应操作试验按钮试验 3 次，带负载分合 3 次，确认动作正常后，才能投入使用。剩余电流动作保护装置接线方式可见表 5-3 所示。

表 5-3 剩余电流动作保护装置接线方式

接地类型		单相（二级）	三相	
			三线（三极）	四线（三极或四极）
TT				
TN	TN-S			

接地类型		单相（二级）	三相	
			三线（三极）	四线（三极或四极）
TN	TN-C-S	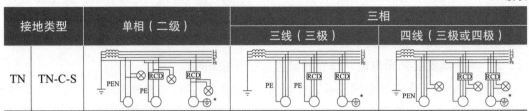		

注1：L_1，L_2，L_3 为相线；N 为冲性线；PE 为保护线；PEN 为中性线和保护线合一；⊔⊔为单相或三相电气设备；⊗为单相照明设备；RCD 为剩余电流保护装置；⏚为不与系统中性接地点相连的单独接地装置，作保护接地用。

注2：单相负载或三相负载在不同的接地保护系统中的接线方式图中，左侧设备为未装有 RCD、中间和右侧为装用 RCD 的接线图。

注3：在 TN-C-S 系统中使用 RCD 的电气设备，其外露可接近导体的保护线应接在单独接地装置上而形成局部 TT 系统，如 TN-C-S 系统接线方式图中的右侧设备带 * 的接线方式。

注4：表中 TN-S 及 TN-C-S 接地型单相和三相负荷的接线图中的中间和右侧接线图为根据现场情况，可任选其一接地方式。

3. 剩余电流动作保护装置的运行

1）剩余电流动作保护装置的运行管理

为了确保剩余电流动作保护装置的正常运行，必须加强运行管理。

（1）对使用中的剩余电流动作保护装置应定期用试验按钮试验其可靠性。

（2）为检验剩余电流动作保护装置使用中动作特性的变化，应定期对其动作特性（包括剩余动作电流值、剩余不动作电流值及分断时间）进行试验。

（3）运行中剩余电流动作保护装置跳闸后，应认真检查其动作原因，排除故障后再合闸送电。

2）剩余电流动作保护装置的误动作和拒动作分析

1）误动作

误动作是指线路或设备未发生预期的触电或漏电时剩余电流动作保护装置产生的动作。误动作的原因主要来自两方面：一方面是由剩余电流动作保护装置本身的原因引起；另一方面是由来自线路的原因引起。

（1）由剩余电流动作保护装置本身引起误动作的主要原因是质量问题。如装置在设计上存在缺陷，选用元件质量不良，装配质量差，屏蔽不良等，均会降低保护器的稳定性和平衡性，使可靠性下降。

（2）由线路原因引起误动作的原因主要有：

①接线错误。例如保护装置后方的零线与其他零线连接或接地，或保护装置的后方的相线与其他支路的同相相线连接，或将负载跨接在保护装置电源侧和负载侧等。

②绝缘恶化。保护器后方一相或两相对地绝缘破坏或对地绝缘不对称降低，都将产生不平衡的泄漏电流，从而引发误动作。

③冲击过电压。冲击过电压产生较大的不平衡冲击泄漏电流，从而导致误动作。

④不同步合闸。不同步合闸时，先于其他相合闸的一相可能产生足够大的泄漏电流，从而引起误动作。

⑤大型设备起动。在剩余电流动作保护装置的零序电流互感器平衡特性差时，大型设备的大起动电流作用下，零序电流互感器一次绕组的漏磁可能引发误动作。

此外，偏离使用条件、制造安装质量低劣、抗干扰性能差等都可能引起误动作的发生。

2）拒动作

拒动作是指线路或设备已发生预期的触电或漏电而剩余电流动作保护装置却不产生预期的动作。拒动作较误动作少见，然而其带来的危险不容忽视。造成拒动作的原因主要有：

（1）接线错误 错将保护线也接入剩余电流动作保护装置，从而导致拒动作。

（2）动作电流选择不当 额定动作电流选择过大或整定过大，从而造成拒动作。

（3）线路绝缘阻抗降低或线路太长。由于部分电击电流经绝缘阻抗再次流经零序电流互感器返回电源，从而导致拒动作。

此外，零序电流互感器二次线圈断线，脱扣元件粘连等各种各样的剩余电流动作保护装置内部故障、缺陷均可造成拒动作。

第 6 章　电气防火与防爆

电气火灾和爆炸事故在火灾和爆炸事故中占有很大比例，火灾和爆炸事故往往造成重大的人身伤亡和设备损坏。从电气防火角度看，电气设备质量不高、安装使用不当、保养不良、雷击和静电是造成电气火灾的几个重要原因。

6.1　危险物质及危险环境

不同危险环境应当选用不同类型的防爆电气设备，并采用不同的防爆措施。因此，必须正确划分所在环境危险区域的大小和级别。

6.1.1　爆炸危险物质的分类、分组

对爆炸危险物质进行分类、分组的目的，是便于对不同的危险物质采取有针对性的防范措施。下面就爆炸危险物质的分类、分组进行介绍。

1. 爆炸危险物质分类

爆炸危险物质，是指能与空气混合形成爆炸性混合物的气体、蒸气、薄雾、粉尘和纤维。

爆炸危险物质分如下 3 类。

Ⅰ类：矿井甲烷（CH_4）。

Ⅱ类：爆炸性气体、蒸气。

Ⅲ类：爆炸性粉尘、纤维或飞絮。

2. Ⅱ类、Ⅲ类爆炸性物质的分组

Ⅱ类爆炸性气体、蒸气和Ⅲ类爆炸性粉尘、纤维或飞絮按引燃温度（自燃点）分为 6 组：T1、T2、T3、T4、T5 和 T6。各组别对应的引燃温度如表 6-1 所示。

表 6-1 引燃温度分组表

组　别	引燃温度（T）/℃
T1	450 ＜ T
T2	300 ＜ T ≤ 450
T3	200 ＜ T ≤ 300
T4	135 ＜ T ≤ 200
T5	100 ＜ T ≤ 135
T6	85 ＜ T ≤ 100

6.1.2 危险环境

对不同的危险环境进行分区，目的是便于根据危险环境特点正确选用电气设备、电气线路及照明装置的防护措施。

1. 爆炸性气体环境

爆炸性气体环境是指在一定条件下，气体或蒸气可燃性物质与空气形成混合物，该混合物被点燃后，能够保持燃烧自行传播的环境。

1）爆炸性气体环境危险区域分区

爆炸性气体环境危险区域应根据爆炸性气体混合物出现的频繁程度和持续时间按下列规定进行分区。

（1）0 区：连续出现或长期出现爆炸性气体混合物的环境。

（2）1 区：在正常运行时可能出现爆炸性气体混合物的环境。

（3）2 区：在正常运行时不可能出现爆炸性气体混合物的环境或即使出现也仅是短时存在的爆炸性气体混合物的环境。

2）释放源的等级

可释放出能形成爆炸性混合物的物质所在位置或地点称为释放源。释放源按易燃物质的释放频繁程度和持续时间长短分为以下 3 个基本等级。

（1）连续级释放源：预计长期释放或短时频繁释放的释放源。

（2）第一级释放源：预计正常运行时周期或偶尔释放的释放源。

（3）第二级释放源：预计在正常运行时不会释放，或偶尔短时释放的释放源。

在实际情况中，既存在单一等级释放源，也可能存在两个或两个以上等级释放源的组合。

3）通风类型划分

通风的有效性直接影响着爆炸性环境的存在和形成，IEC 和我国有关标准将通风分为高、中、低 3 个等级。

4）爆炸危险区域的划分

爆炸危险区域的划分应按释放源级别和通风条件确定，并应符合以下规定。

（1）按以下释放源的级别划分区域。

①存在连续级释放源的区域可划为0区。

②存在第一级释放源的区域可划为1区。

③存在第二级释放源的区域可划为2区。

（2）根据通风条件调整区域划分。

①当通风良好时应降低爆炸危险区域等级；当通风不良时应提高爆炸危险区域等级。

②局部机械通风在降低爆炸性气体混合物浓度方面比自然通风和一般机械通风更为有效时，可采用局部机械通风降低爆炸危险区域等级。

③在障碍物、凹坑和死角处，应局部提高爆炸危险区域等级。

④利用堤或墙等障碍物，限制比空气重的爆炸性气体混合物的扩散，可缩小爆炸危险区域的范围。

5）爆炸性气体环境危险区域的范围

爆炸性气体环境危险区域的范围应按下列要求确定。

（1）爆炸危险区域的范围应根据释放源的级别和位置、易燃物质的性质、通风条件、障碍物及生产条件、运行经验、经技术经济比较来综合确定。

（2）建筑物内部宜以厂房为单位划定爆炸危险区域的范围。但也应根据生产的具体情况调整，当厂房内空间大、释放源释放的易燃物质质量少时，可按厂房内部分空间划定爆炸危险区域的范围。

（3）当易燃物质可能大量释放并扩散到15m以外时，爆炸危险区域的范围应划分为附加2区（以释放源为中心，半径为15～30m，地坪上的高度为0.6m，且在2区以外的范围划分为附加2区）。

（4）在物料操作温度高于可燃液体闪点的情况下，可燃液体可能泄漏时，其爆炸危险区域的范围可适当缩小。

2. 爆炸性粉尘环境和危险区域划分

爆炸性粉尘环境是指在一定条件下，粉尘、纤维或飞絮的可燃性物质与空气形成的混合物被点燃后，能够保持燃烧自行传播的环境。

根据粉尘、纤维或飞絮的可燃性物质与空气形成的混合物出现的频率和持续时间及粉尘层厚度进行分类，将爆炸性粉尘环境分为20区、21区和22区。

（1）20区：在正常运行工程中，可燃性粉尘连续出现或经常出现，其数量足以形成可燃性粉尘与空气混合物，可能形成在无法控制和极厚的粉尘层的场所及容器内部。

（2）21区：在正常运行过程中，可能出现粉尘数量足以形成可燃性粉尘与空气混合物，但未划入20区的场所。该区域包括：与充入或排放粉尘点直接相邻的场所、出现粉尘层和正常操作情况下可能产生可燃浓度的可燃性粉尘与空气混合物的场所。

（3）22区：在异常情况下，可燃性粉尘云偶尔出现并且只是短时间存在，或可燃性粉尘偶尔出现堆积或可能存在粉尘层并且产生可燃性粉尘空气混合物的场所。如果不能保证排除可燃性粉尘堆积成粉尘层时，则应划为21区。

3. 火灾危险环境

火灾危险环境按下列规定分为21区、22区和23区。

（1）21区：具有闪点高于环境温度的可燃液体，在数量和配置上能引起火灾危险的环境。

（2）22区：具有悬浮状、堆积状的可燃粉尘或纤维，虽不可能形成爆炸混合物，但在数量和配置上能引起火灾危险的环境。

（3）23区：具有固体状可燃物质，在数量和配置上能引起火灾危险的环境。

6.2　防爆电气设备和防爆电气线路

防爆电气设备的种类很多，应当根据安装地点的危险等级、危险物质的组别和级别、设备的种类和使用条件选用适合的电气设备。在爆炸环境和火灾环境，防爆电气线路有不同于普通的电气线路，它有着特殊的安装、敷设、防火、防爆及相应的区域和等级要求。

6.2.1　防爆电气设备

根据我国现行的在爆炸危险环境使用防爆电气设备的相关规定和要求，对防爆电气设备的使用在类型、等级、结构和标志上有明确的规范。

1. 防爆电气设备类型

爆炸性危险环境用电气设备与爆炸危险物质的分类相对应，分为Ⅰ类、Ⅱ类和Ⅲ类。

1）Ⅰ类电气设备

Ⅰ类电气设备适用于煤矿瓦斯气体环境。Ⅰ类防爆电气设备类型式须考虑瓦斯和煤粉的点燃以及地下用设备应增加的物理保护措施。

用于煤矿的电气设备，当其环境中除甲烷外还可能含有其他爆炸性气体时，应按照Ⅰ类和Ⅱ类相应可燃性气体的要求进行制造和试验。

2）Ⅱ类电气设备

Ⅱ类电气设备适用于除煤矿瓦斯气体之外的其他爆炸性气体环境。Ⅱ类电气设备按照其拟使用的爆炸性环境可进一步分类：ⅡA类代表性气体是丙烷；ⅡB类代表性气体是乙烯；ⅡC类代表性气体是氢气。

标志ⅡB的设备也适用于ⅡA设备的使用条件，标志ⅡC类的设备也适用于ⅡA和ⅡB类设备的使用条件。

值得注意的是：以上分类依据，对于隔爆外壳型电气设备是最大试验安全间隙（maximum experimentd safe gap，MESG），对于本质安全型电气设备则是最小点燃电流比（minimum lgnition current ration，MICR）。

3）Ⅲ类电气设备

Ⅲ类电气设备适用于除煤矿以外的爆炸性粉尘环境。Ⅲ类电气设备按照其拟使用的爆炸性粉尘环境的特性可进一步分类：ⅢA类适用于可燃性飞絮环境；ⅢB类适用于非导电性粉尘环境；ⅢC类适用于导电性粉尘环境。

标志ⅢB的设备也适用于ⅢA设备的使用条件，标志ⅢC类的设备也适用于ⅢA或ⅢB类设备的使用条件。

2. 设备保护级别（EPL）

设备保护级别（equipment protection level，EPL）是根据国家标准GB 3836.1—2010爆炸性环境用设备成为点燃源的可能性和爆炸性气态环境、爆炸性粉尘环境及煤矿甲烷爆炸性环境所具有的不同特性而对设备规定的保护等级。

用于煤矿有甲烷的爆炸性环境中的Ⅰ类设备的EPL分为Ma、Mb两级。

用于爆炸性气体环境的Ⅱ类设备的EPL分为Ga、Gb、Gc三级。

用于爆炸性粉尘环境的Ⅲ类设备的EPL分为Da、Db、Dc三级。

其中，Ma、Ga、Da级的设备具有"很高"的保护级别，有足够的安全程度，使设备在正常运行过程中、在预期的故障条件下或者在罕见的故障条件下不会成为点燃源。对Ma级来说，甚至在气体突出时设备带电的情况下也不可能成为点燃源。

Mb、Gb、Db级的设备具有"高"的保护级别，在正常运行过程中、在预期的故障条件下不会成为点燃源。对Mb级来说，在从气体突出到设备断电的时间范围内预期的故障条件下不可能成为点燃源。

Gc、Dc级的设备是爆炸性气体环境用设备，具有"加强"的保护级别，在正常运行过程中不会成为点燃源；也可采取附加保护，保证在点燃源有规律预期出现的情况下（如灯具的故障），不会点燃。

3. 防爆电气设备结构型式

1）爆炸性气体环境防爆电气设备结构型式及符号

用于爆炸性气体环境的防爆电气设备结构型式及符号分别是：隔爆型（d）、增安型（e）、本质安全型（i，对应不同的保护等级分别为ia、ib、ic）、浇封型（m，对应不同的保护等级分别为ma、mb、mc）、无火花型（nA）、火花保护（nC）、限制呼吸型（nR）、限能型（nL）、油浸型（o）、正压型（P，对应不同的保护等级分别为

Px、Py、Pz）、充砂型（q）设备。各种防爆型式及符号的防爆电气设备有其各自对应的保护等级，供电气防爆设计时选用，Ⅰ类、Ⅱ类防爆电气设备结构型式与设备保护等级对应关系见表6-2。

表6-2 Ⅰ类、Ⅱ类防爆电气设备结构型式与设备保护等级对应关系

型式	d	e	ia	ib	ic	ma	mb	mc	nA	nC	nR	nL	o	Px	Py	Pz	q
EPL	Gb 或 Mb	Gb 或 Mb	Ga 或 Ma	Gb 或 Mb	Gc	Ga 或 Ma	Gb 或 Mb	Gc	Gc	Gc	Gc	Gc	Gb	Gb 或 Mb	Gb	Gc	Gb 或 Mb

2）爆炸性粉尘环境防爆电气设备结构型式及符号

用于爆炸性粉尘环境的防爆电气设备结构型式及符号分别是：隔爆型（t，对应不同的保护等级分别为ta、tb、tc）、本质安全型（i，对应不同的保护等级分别为ia、ib、ic）、浇封型（m，对应不同的保护等级分别为ma、mb、mc）、正压型（P）等设备。Ⅲ类防爆电气设备结构型式与设备保护等级对应关系见表6-3。

表6-3 Ⅲ类防爆电气设备结构型式与设备保护等级对应关系

型式	ta	tb	tc	ia	ib	ic	ma	mb	mc	p
EPL	Da	Db	Dc	Da	Db	Dc	Da	Db	Dc	Db 或 Dc

4. 防爆电气设备的标志

防爆电气设备的标志应设置在设备外部主体部分的明显地方，且应设置在设备安装之后能看到的位置。标志应包含：制造商的名称或注册商标、制造商规定的型号标识、产品编号或批号、颁发防爆合格证的检验机构名称或代码、防爆合格证号、Ex标志、防爆结构型式符号、类别符号、表示温度组别的符号T1～T6（对于Ⅱ类电气设备）、最高表面温度在温度，前面加符号T（对于Ⅲ类电气设备）、设备保护等级（EPL）、防护等级（仅对于Ⅲ类防爆电气设备才标防护等级，如IP54）。

表示Ex标志、防爆结构型式符号、类别符号、温度组别或最高表面温度、保护等级、防护等级的示例：

（1）Exd Ⅱ.T3 Gb，表示该设备为隔爆型"d"，保护等级（EPL）为Gb，用于1B类T3组爆炸性气体环境的防爆电气设备；

（2）Exp Ⅲ C T120℃ DbIP65，表示该设备为正压型"p"，保护等级（EPL）为Db，用于有用导电性粉尘的爆炸性粉尘环境的防爆电气设备，其最高表面温度低于120℃，外壳防护等级为IP65。

用于煤矿的电气设备，其环境中除了甲烷外还可能含有其他爆炸性气体时，应按照Ⅰ类和Ⅱ类相应可燃性气体的要求进行制造和检验。该类电气设备应有相应的标志，如"Exd Ⅰ / Ⅱ B T3"或者"（Exd Ⅰ / Ⅱ （NH$_3$））"。

6.2.2　防爆电气线路

在爆炸环境和火灾环境中，电气线路的安装位置、敷设方式、导线材质、连接方法等均应与区域危险等级相适应。

1. Ⅱ、Ⅲ类爆炸性物质的进一步分类（级）

Ⅱ、Ⅲ类爆炸性物质的进一步分类（级）如下。

（1）对于Ⅱ类爆炸性气体，按最大试验安全间隙和最小引燃电流比进一步划分为ⅡA、ⅡB和ⅡC三类。ⅡA、ⅡB和ⅡC各类对应的典型气体分别是丙烷、乙烯和氢气。其中，ⅡB类危险性大于ⅡA类，ⅡC类危险性大于前两者，最为危险。

（2）对于Ⅲ类爆炸性粉尘、纤维或飞絮，划分为ⅢA、ⅢB和ⅢC三类。ⅢA类为可燃性飞絮，指正常规格大于 $500\mu m$ 的固体颗粒（包括纤维），可悬浮在空气中，也可依靠自身质量沉淀下来。飞絮的实例包括人造纤维、棉花（包括棉绒纤维、棉纱头）、剑麻、黄麻、麻屑、可可纤维、麻絮、废打包木丝绵等ⅢB类为非导电粉尘，指电阻系数大于 $103\Omega\cdot m$ 的可燃性粉尘。ⅢC类为导电粉尘，指电阻系数小于或等于 $103\Omega\cdot m$ 的可燃性粉尘。

ⅢB类粉尘危险性大于ⅢA类，而ⅢC类导电粉尘一旦进入电气装置外壳可直接产生电火花形成引燃源，其危险性又大于ⅢB类，是最为危险的粉尘。

2. 线路敷设方式

电气线路应当考虑在爆炸危险性较小或距释放源较远的位置敷设。

爆炸危险环境中电气线路主要有防焊钢管配线和电缆配线。固定敷设的电力电缆应采用铠装电缆；固定敷设的照明、通信、信号和控制电缆可采用塑料护套电缆；非固定敷设的电缆应采用非燃性橡胶护套电缆。爆炸危险环境不得明敷绝缘导体。

不同用途的电缆应分开敷设。火灾危险环境可采用非铠装电缆配线、明设钢管配线、非燃性护套线配线、明设硬塑料管配线；远离可燃物时可采用瓷绝缘子明设配线。

3. 隔离密封

敷设电气线路的沟道以及保护管、电缆或钢管在穿过爆炸危险环境等级不同的区域之间的隔墙或楼板时，应用非燃性材料严密堵塞。

4. 导线材料

爆炸危险环境应优先采用铜芯电缆。在有剧烈振动处应选用多股铜芯软线或多股铜芯电缆。煤矿井下不得采用铝芯电力电缆。在爆炸危险环境，低压电力、照明线路所用电线和电缆的额定电压不得低于工作电压，且不得低于 500V。中性线应与相线有同样的绝缘能力，并应在同一护套内。

5. 允许载流量

爆炸危险环境导线允许载流量不应高于非爆炸危险环境的允许载流量。用于1区、2区导体允许载流量不应小于熔断器熔体额定电流和断路器长延时过电流脱扣器整定电流的1.25倍，也不应小于电动机额定电流的1.25倍。

6. 电气线路的连接

爆炸危险环境的电气线路不允许有非防爆型中间接头。电缆线路不应有中间接头。导线的连接或封端应采用压接、熔焊或钎焊，而不允许使用简单的机械绑扎或螺旋缠绕的连接方式。

6.3 电气防火防爆措施

电气设备在人们工作和日常生活中应用极为广泛，但是在电气设备的使用过程中，由于许多原因，可能会发生火灾和爆炸事故，从而造成损失。因此，必须采取相应的措施，预防火灾和爆炸等事故的发生，保证仪器设备及人身安全，保证系统正常安全运行。

6.3.1 消除或减少爆炸性混合物

消除或减少爆炸性混合物的一般性防火防爆措施包括：防止爆炸性混合物泄露；清理现场积尘，防止爆炸性混合物积累；设置正压室，防止爆炸性混合物侵入；采取开放式作业或通风措施，稀释爆炸性混合物；在危险空间充填惰性气体或不活泼气体，防止形成爆炸性混合物；安装报警装置，当混合物中危险物品的浓度达到其爆炸下限的10%时报警等。

在爆炸危险环境，如有良好的通风装置，能降低爆炸性混合物的浓度，从而降低环境的危险等级。

蓄电池可能有氢气排出，因此应有良好的通风。变压器室一般采用自然通风，若采用机械通风时，其送风系统不应与爆炸危险环境的送风系统相连，且供给的空气不应含有爆炸性混合物或其他有害物质。几间变压器室共用一套送风系统时，每个送风支管上应装防火阀，其排风系统应独立装设。排风口不应设在窗口的正下方。

通风系统应用非燃烧性材料制作，结构应坚固，连接应紧密。通风系统内不应有阻碍气流的死角。电气设备应与通风系统联锁，运行前必须先通风，通过的气流量不小于该系统容积的5倍时才能接通电气设备的电源；进入电气设备和通风系统内的气体不应含有爆炸危险物质或其他有害物质。在运行中，通风系统内的正压不应低于266.64Pa，当低于133.32Pa时，就自动断开电气设备的主电源或发出信号。通风系统排出的废气，一般不应排入爆炸危险环境。对于闭路通风的防爆通风型电气设备及其通风系统，应供给清洁气体以补充漏损，保持系统内的正压。电气设备外壳及其通风、充气系统内的门或盖子上，应有警告标志或联锁装置，防止运行中被错误打开。爆炸危险环境内的事故排风用电动机的控制设备应设在事故情况下便于操作的地方。

6.3.2　隔离和间距

隔离是指将电气设备分室安装，并在隔墙上采取封堵措施，以防止爆炸性混合物进入。电动机隔墙传动时，在轴与轴孔之间采取适当的密封措施、将工作时产生火花的开关设备装于危险环境范围以外（如墙外）、采用室外灯具通过玻璃窗给室内照明等都属于隔离措施。将普通拉线开关浸泡在绝缘油内运行，并使油面有一定高度，保持油的清洁；将普通日光灯装入高强度玻璃管内，并用橡皮塞严密堵塞两端等都属于简单的隔离措施。后者只用作临时性或爆炸危险性不大的环境的安全措施。

室内电压为 10kV 以上、总油量为 60kg 以下的充油设备，可安装在两侧有隔板的隔间内；总油量为 60～600kg 者，应安装在有防爆隔墙的隔间内；总油量为 600 kg 以上者，应安装在单独的防爆隔间内。

10kV 及其以下的变、配电室不得设在爆炸危险环境的正上方或正下方，变电室与各级爆炸危险环境毗连，以及配电室与 1 区或 10 区爆炸危险环境毗连时，最多只能有两面相连的墙与危险环境共用。配电室与 2 区或 11 区爆炸危险环境毗连时，最多只能有三面相连的墙与危险环境共用。10kV 及其以下的变、配电室也不宜设在火灾危险环境的正上方或正下方，但可以与火灾危险环境隔墙毗连。配电室允许通过走廊或套间与火灾危险环境相通，但走廊或套间应由非燃性材料制成；而且除 23 区火灾危险环境外，门应有自动关闭装置。1000V 以下的配电室可以通过难燃材料制成的门与 2 区爆炸危险环境和火灾危险环境相通。

变、配电室与爆炸危险环境或火灾危险环境毗连时，隔墙应用非燃性材料制成。与 1 区和 10 区环境共用的隔墙上，不应有任何管子、沟道穿过；与 2 区或 11 区环境共用的隔墙上，只允许穿过与变、配电室有关的管子和沟道，孔洞、沟道应用非燃性材料严密堵塞。毗连变、配电室的门及窗应向外开，并通向无爆炸或火灾危险的环境。

变、配电站是工业企业的动力枢纽，电气设备较多，而且有些设备工作时会产生火花和较高温度，其防火、防爆要求比较严格。室外变、配电站与建筑物、堆场、储罐应保持规定的防火间距，且变压器油量越大，建筑物耐火等级越低及危险物品储量越大者，所要求的间距也越大，必要时可加防火墙。还应当注意，露天变、配电装置不应设置在易于沉积可燃粉尘或可燃纤维的地方。

为了防止电火花或危险温度引起火灾，开关、插销、熔断器、电热器具、照明器具、电焊设备和电动机等均应根据需要，适当避开易燃物或易燃建筑构件。起重机滑触线的下方不应堆放易燃物品。

10kV 及其以下架空线路，严禁跨越火灾和爆炸危险环境；当线路与火灾和爆炸危险环境接近时，其间水平距离一般不应小于杆柱高度的 1.5 倍；在特殊情况下，采取有效措施后允许适当减小距离。

6.3.3 消除引燃源

为了防止出现电气引燃源，应根据爆炸危险环境的特征和危险物的级别和组别选用电气设备和电气线路，并保持电气设备和电气线路安全运行。安全运行包括电流、电压、温升和温度等参数不超过允许范围；还包括绝缘良好，连接和接触良好，整体完好无损、清洁，标志清晰等。

保持设备清洁有利于防火。设备脏污或灰尘堆积既降低设备的绝缘又妨碍通风和冷却，特别是正常工作时有火花产生的电气设备，很可能由于污垢过多而引起火灾。因此，从防火角度，也要求定期或经常地清扫电气设备，以保持清洁。

在爆炸危险环境，应尽量少用携带式电气设备，少装插销座和局部照明灯。为了避免产生火花，在爆炸危险环境更换灯泡时应停电操作。基于同样理由，在爆炸危险环境内一般不应进行测量操作。

6.3.4 爆炸危险环境接地和接零

爆炸危险环境的接地、接零比一般环境要求高。

1. 接地、接零实施范围

除生产上有特殊要求的以外，一般环境不要求接地（或接零）的部分仍应接地（或接零）。例如，在不良导电地面处，交流 380V 及其以下、直流 440V 及其以下的电气设备正常时不带电的金属外壳，交流 127V 及其以下、直流 110V 及其以下的电气设备正常时不带电的金属外壳，还有安装在已接地金属结构上的电气设备，以及敷设有金属包皮且两端已接地的电缆用的金属构架均应接地（或接零）。

2. 整体性连接

在爆炸危险环境，必须将所有设备的金属部分、金属管道以及建筑物的金属结构全部接地（或接零）并连接成连续整体，以保持电流途径不中断。接地（或接零）干线宜在爆炸危险环境的不同方向且不少于两处与接地体相连，连接要牢固以提高可靠性。

3. 保护导线

单相设备的工作零线应与保护零线分开，相线和工作零线均应装有短路保护元件，并装设双极开关同时操作相线和工作零线。1 区和 10 区的所有电气设备和 2 区除照明灯具以外的电气设备应使用专门接地（或接零）线，而金属管线、电缆的金属包皮等只能作为辅助接地（或接零）。除输送爆炸危险物质的管道以外，2区的照明器具和20区的所有电气设备，允许利用连接可靠的金属管线或金属桁架作为接地（或接零）线。保护导线的最小截面积，铜导体不得小于4mm²，钢导体不得小于6mm²。

4. 保护方式

在不接地配电网中，必须装设一相接地时或严重漏电时能自动切断电源的保护装置或能发出声、光双重信号的报警装置。在变压器中性点直接接地的配电网中，为了提高可靠性，缩短短路故障持续时间，系统单相短路电流应当大一些。其最小单相短路电流不得小于该段线路熔断器额定电流的5倍或低压断路器瞬时（或短延时）动作电流脱扣器整定电流的1.5倍。

6.3.5 消防供电

为了保证消防设备不间断供电，应考虑建筑物的性质、火灾危险性、疏散和火灾扑救难度等因素。

高度超过24m的医院、百货楼、展览楼、财政金融楼、电信楼、省级邮政楼和高度超过50m的可燃物品厂房、库房，以及超过4000个座位的体育馆，超过2500个座位的会堂等大型公共建筑，其消防设备（如消防控制室、消防水泵、消防电梯、消防排烟设备、火灾报警装置、火灾事故照明、疏散指示标志和电动防火门窗、卷帘、阀门等）均应采用一级负荷供电。

户外消防用水量大于0.03m³/s的工厂、仓库或户外消防用水量大于0.035m³/s的易燃材料堆物、油罐或油罐区、可燃气体储罐或储罐区，以及室外消防用水量大于0.025m³/s的公共建筑物，应采用6kV以上专线供电，并应有两回线路。超过1500个座位的影剧院，户外消防用水量大于0.03m³/s的工厂、仓库等，宜采用由终端变电所两台不同变压器供电，且应有两回线路，最末一级配电箱处应自动切换。

对某些电厂、仓库、民用建筑、储罐和堆物，如仅有消防水泵，而采用双电源或双回路供电确有困难，可采用内燃机作为带动消防水泵的动力。

鉴于消防水泵、消防电梯、火灾事故照明、防烟、排烟等消防用电设备在火灾时必须确保运行，而平时使用的工作电源发生火灾时又必须停电，从保障安全和方便使用出发，消防用电设备配电线路应设置单独的供电回路，即要求消防用电设备配电线路与其他动力、照明线路（从低压配电室至最末一级配电箱）分开单独设置，以保证消防设备用电。为避免在紧急情况下操作失误，消防配电设备应有明显标志。

为了便于安全疏散和火灾扑救，在有众多人员聚集的大厅及疏散出口处、高层建筑的疏散走道和出口处、建筑物内封闭楼梯间、防烟楼梯间及其前室，以及消防控制室、消防水泵房等处应设置应急照明。

6.3.6　电气灭火

火灾发生后，电气设备和电气线路可能是带电的，如不注意，可能引起触电事故。根据现场条件，可以断电的应断电灭火；无法断电的则带电灭火。电力变压器、多油断路器等电气设备充有大量的油，着火后可能发生喷油甚至爆炸事故，造成火焰蔓延，扩大火灾范围，这是必须加以注意的。

1. 触电危险和断电

电气设备或电气线路发生火灾，如果没有及时切断电源，扑救人员身体或所持器械可能接触带电部分而造成触电事故。使用导电的灭火剂，如水枪射出的直流水柱、泡沫灭火器射出的泡沫等射至带电部分，也可能造成触电事故。火灾发生后，电气设备可能因绝缘损坏而碰壳短路；电气线路可能因电线断落而接地短路，使正常时不带电的金属构架、地面等部位带电，也可能导致接触电压或跨步电压触电危险。因此，发现起火后，首先要设法切断电源。切断电源应注意以下4点。

（1）火灾发生后，由于受潮和烟熏，开关设备绝缘能力降低，因此，拉闸时最好用绝缘工具操作。

（2）高压线路应先操作断路器而不应先操作隔离开关来切断电源，低压线路应先操作电磁起动器而不应先操作刀开关来切断电源，以免引起弧光短路。

（3）切断电源的地点要选择适当，防止切断电源后影响灭火工作。

（4）剪断电线时，不同相的电线应在不同的部位剪断，以免造成短路。剪断空中的电线时，剪断位置应选择在电源方向的支持物附近，以防止电线剪后断落下来，造成接地短路和触电事故。

2. 带电灭火安全要求

有时为了争取灭火时间防止火灾扩大，来不及断电或因灭火生产等需要不能断电，则需要带电灭火。带电灭火必须注意以下4点。

（1）应按现场特点选择适当的灭火器。二氧化碳灭火器、干粉灭火器的灭火剂都是不导电的，可用于带电灭火。泡沫灭火器的灭火剂（水溶液）有一定的导电性，而且对电气设备的绝缘有影响，不宜用于带电灭火。

（2）用水枪灭火时宜采用喷雾水枪，这种水枪流过水柱的泄漏电流小，带电灭火比较安全。用普通直流水枪灭火时，为防止通过水柱的泄漏电流通过人体，可以将水枪喷嘴接地；或者灭火人员戴绝缘手套、穿绝缘靴、均压服操作。

（3）人体与带电体之间保持必要的安全距离。用水灭火时，水枪喷嘴至带电体的距离：电压为 10 kV 及其以下者不应小于 3m，电压为 220kV 及其以上者不应小于 5m。用二氧化碳等有不导电灭火剂的灭火器灭火时，机体、喷嘴至带电体的最小距离：电压为 10kV 者不应小于 0.4 m，电压为 35kV 者不应小于 0.6m 等。

（4）对架空线路等空中设备进行灭火时，人体位置与带电体之间的仰角不应超过 45°。

3. 充油电气设备的灭火

充油电气设备的油，其闪点多在 130 ~ 140℃，有较大的危险性。如果只在该设备外部起火，可用二氧化碳、干粉灭火器带电灭火。如火势较大，应切断电源并可用水灭火。如油箱破坏喷油燃烧火势很大时，除切断电源外，有事故储油坑的应设法将油放进储油坑，坑内和地面上的油火可用泡沫扑灭，但要防止燃烧着的油流入电缆沟而顺沟蔓延，电缆沟内的油火只能用泡沫覆盖扑灭。

发电机和电动机等旋转电机起火时，为防止轴和轴承变形，可令其慢慢转动，用喷雾水灭火，并使其均匀冷却；也可用二氧化碳或蒸气灭火，但不宜用干粉、砂子或泥土灭火，以免损伤电气设备的绝缘。

第 7 章　防雷和防静电

雷击有很强的破坏作用，建筑物、构筑物受雷击后将会遭到毁灭性破坏，发生倒塌、崩裂；雷电的高压电可使电气设备或线路的绝缘击穿，造成停电、短路和爆炸；人受到雷击后也将会出现生命危险等。静电和雷电虽然性质不一样但造成的破坏性却很强，影响到人们的正常工作和生活，因此，为避免雷电和静电带给人们的危害需要做好防范措施。

7.1　防雷

防雷是指通过组成拦截、疏导最后泄放入地的一体化系统方式，以防止由直击雷或雷电电磁脉冲对建筑物本身或其内部设备造成损害的防护技术。

7.1.1　雷电的形成和种类

雷电是一种大气中的放电现象，产生于积雨云中。积雨云在形成过程中，一些云团带正电荷，一些云团带负电荷，它们对大地的静电感应，使地面或建（构）筑物表面产生异性电荷，当电荷积聚到一定程度时，不同电荷云团之间，或云与大地之间的电场强度可以击穿空气（一般为 $25 \sim 30 \mathrm{kV/cm}$），开始游离放电，我们称之为"先导放电"。云对地的先导放电是云向地面跳跃式逐渐发展的，当到达地面时（地面上的建筑物、架空输电线等），便会产生由地面向云团的逆导主放电。在主放电阶段里，由于异性电荷的剧烈中和，会出现很大的雷电流（一般为几十千安至几百千安），并随之发生强烈的闪电和巨响，这就形成了雷电。

雷电分直击雷、球形雷、感应雷、雷电侵入波 4 种。

1. 直击雷

雷云与大地目标之间的一次或多次放电称为对地闪击。闪击直接击于建筑物、其他物体、大地或外部防雷装置上，产生电效应、热效应和机械力者称为直击雷。直击雷的每次放电过程包括先导放电、主放电、光三个阶段。大约50%的直击雷有重复放电特征。每次雷击有三、四个冲击至数十个冲击。一次直击雷的全部放电时间一般不超过500ms。

2. 球形雷

球形雷是一种球形、发红光或极亮白光的火球,运动速度大约为2m/s,从电学角度考虑,球形雷应当是一团处在特殊状态下的带电气体。球形雷能从门、窗、烟囱等通道侵入室内,极其危险。

3. 感应雷

静电感应雷是雷云接近地面时,使邻近的金属设施特别是较长的金属设施(如架空线路)上,感应产生与雷云相反的大量束缚电荷。在雷云对其他部位或其他雷云放电后,这些金属设施上的电荷失去束缚,以雷电波的形式高速传播,形成静电感应。静电感应电压的幅值可达到几万到几十万伏,往往造成建筑物内的导线、接地不良的金属导体和大型的金属设备放电而引起电火花,从而引起电击、火灾、爆炸,危及人身安全或对供电系统造成危害。

电磁感应雷是由于雷电放电时,巨大的冲击雷电流在周围空间产生迅速变化的强电磁场,使周围的金属导体产生很高的感应电压。电磁感应雷会对建筑物内的电子设备造成干扰、破坏,或者使周围的金属构件感应出电流,产生大量的热而引发火灾。

4. 雷电侵入波

雷电侵入波是由于带电积云在架空线路导线或其他高大导体上感应出大量与积雨云所带电极性相反的电荷,在带电积云于其他客体放电后,感应电荷失去束缚,如没有就近泄入大地就会以大电流、高电压冲击波的形式,在架空线路上或空中金属管道上产生冲击电压,沿线或管道迅速传播(其传播速度为3×10^8m/s),使附近导体上感应出很高的电动势,破坏电气设备的绝缘,造成严重的触电事故。例如,雷雨天、室内电气设备突然爆炸起火或损坏,人在屋内使用电器或打电话时突然遭电击身亡都属于这类事故。

7.1.2　雷电危害的事故后果

雷电是大气中的一种放电现象,具有电流幅值大、陡度大,冲击性强,冲击过电压高的特点,因此,雷电能量释放所形成的破坏力可带来极为严重的后果。

雷电造成的严重后果主要体现在以下4个方面。

火灾和爆炸。直击雷放电的高温电弧、二次放电、巨大的雷电流、球形雷侵入可直接引起火灾和爆炸,冲击电压击穿电气设备的绝缘等可间接引起火灾和爆炸。

触电。积云直接对人体放电、二次放电、球形雷打击、雷电流产生的接触电压和跨步电压可直接使人触电；电气设备绝缘因雷击而损坏，也可使人遭到电击。

设备和设施毁坏。雷击产生的高电压、大电流伴随的汽化力、静电力、电磁力，可毁坏重要电气装置和建筑物及其他设施。

大规模停电。电力设备或电力线路破坏后可能导致大规模停电。

7.2 防雷技术

防雷技术主要是通过防雷装置，针对不同性质、不同类别的雷电所采取的一些技术措施。

7.2.1 防雷技术的分类

防雷技术主要包括以下 3 部分。

外部防雷：针对直击雷的防护，不包括防止外部防雷装置受到直接雷击时向其他物体的反击。

内部防雷：包括防雷电感应、防反击以及防雷击电涌侵入和防生命危险。

防雷电电磁脉冲：对建筑物内电气系统和电子系统防雷电流引发的电磁效应，包含防经导体传导的闪电电涌和防辐射脉冲电磁场效应。

7.2.2 防雷装置

防雷装置是指用于对建筑物进行雷电防护的整套装置，由外部防雷装置和内部防雷装置及避雷器组成。

1. 外部防雷装置

外部防雷装置指用于防直击雷的防雷装置，由接闪器、引下线和接地装置组成。

1）接闪器

接闪杆（以前称避雷针）、接闪带（以前称避雷带）、接闪线（以前称避雷线）、接闪网（以前称避雷网）以及金属屋面、金属构件等均为常用的接闪器。

接闪器原理：利用其高出被保护物的标高，把雷电引向自身，起到拦截闪击的作用，通过引下线和接地装置，把雷电流泄入大地，保护被保护物免受雷击。

保护范围：按滚球法确定。假设以一定半径的球体，沿需要防直击雷的部位滚动，当球体只触及接闪器和地面，而不触及需要保护的部位时，则该部分就得到接闪器的保护。此时对应的球面线即是保护范围的轮廓线。滚球的半径按建筑物防雷类别确定，一类为30m、二类为45m、三类为60m。

2）引下线

引下线是连接接闪器与接地装置的圆钢或扁铁等金属导体，用于将雷电流从接闪器传导至接地装置。引下线应满足机械强度、耐腐蚀和热稳定的要求。防直击雷的专设引下线距建筑物出入口或人行道边沿不宜小于3m。

3）接地装置

接地装置是接地体和接地线的总和，用于传导雷电流并将其流散入大地。防雷接地电阻通常指冲击接地电阻，它一般小于工频接地电阻（这是因为极大的雷电流自接地体流入土壤时，接地体附近产生强大的磁场，击穿土壤并产生火花，相当于增大了接地体的泄放电流面积，减小了接地电阻）。土壤电阻率越高，雷电流越大，以及接地体和接地线越短，则冲击接地电阻减小越多。独立接闪杆的冲击接地电阻不宜大于10Ω，附设接闪器每根引下线的冲击接地电阻不应大于10Ω。为了防止跨步电压伤人，防直击雷的人工接地体距建筑物出入口和人行道不应小于3m。

2. 内部防雷装置

内部防雷装置主要由屏蔽导体、等电位联结件和电涌保护器等组成。对于变配电设备，常采用避雷器作为防止雷电波侵入的装置。

1）屏蔽导体

屏蔽导体通常用电阻率小的良导体材料制成，如建筑物的钢筋及金属构件，电气设备及电子装置金属外壳，电气及信号线路的外设金属管、线槽、外皮、网、膜等。

由屏蔽导体可构成屏蔽层，当空间干扰电磁波入射到屏蔽层金属体表面时，会产生反射和吸收，电磁能量被衰减，从而起到屏蔽作用。

2）等电位联结件

等电位联结件是利用其将分开的装置、诸导电物体连接起来以减小雷电流在它们之间产生的电位差。

3）电涌保护器

电涌保护器指用于限制瞬态过电压和分泄电涌电流的器件。其作用是：把窜入电力线、信号传输线的瞬态过电压限制在设备或系统所能承受的电压范围内，或将强大的雷电流泄流入地，防止设备或系统遭受闪电电涌冲击而损坏。

电涌保护器的类型和结构按不同用途有所不同，但至少包含一个非线性元件。电涌保护器主要类型有电压开关型（克罗巴型）、限压型（箝压型）、组合型。

3. 避雷器

避雷器是用来防止雷电产生的过电压沿线路侵入变配电所或建筑物内，危及被保护电气设备的绝缘设备。按其结构，避雷器主要分为阀型避雷器和氧化锌避雷器等。

阀型避雷器上端接在架空线路上，下端接地。正常时，避雷器对地保持绝缘状态；

当雷电冲击波到来时，避雷器被击穿，将雷电引入大地；冲击波过去后，避雷器自动恢复绝缘状态。

氧化锌避雷器利用了氧化锌阀片理想的非线性伏安特性，即在正常工频电压下呈高电阻特性，而在大电流时呈低电阻特性，限制了避雷器上的电压。

7.2.3　防雷措施

雷电种类、建筑物的防雷类别等直接决定了所采取的防雷措施及防雷性能参数要求。防雷措施主要包括以下4项。

1. 直击雷防护

直击雷防护是防止雷闪直击在建筑物、构筑物、电气网络或电气装置上的措施。直击雷防护技术主要是保护建筑物本身不受雷电损害，以及减弱雷击时巨大的雷电流沿着建筑物泄入大地的过程中对建筑物内部空间产生影响，是防雷体系的第一部分。

直击雷防护技术以避雷针、避雷带、避雷网、避雷线为主，其中避雷针是最常见的直击雷防护装置。当积雨云放电接近地面时它使地面电场发生畸变，在避雷针的顶端，形成局部电场强度集中的空间，以影响雷电先导放电的发展方向，引导雷电向避雷针放电，再通过接地引下线和接地装置将雷电流引入大地，从而使被保护物体免遭雷击。避雷针冠以"避雷"二字，仅仅是指其能使被保护物体避免雷害的意思，而其本身恰恰相反，是"引雷"上身，因此，接地装置应当单设。

目前，主要使用的避雷针包括常规避雷针、提前放电避雷针、主动优化避雷针、限流型避雷针和预防典型避雷针。

2. 感应雷防护

感应雷是电力系统上方有积雨云时，线路中会感应出大量与积雨云极性相反的电荷（称束缚电荷），当积雨云对其他物体放电后，线路中的束缚电荷迅速向两端扩散，产生较高的过电压，对变电所及电气设备造成危害。

为防感应雷的危害，应采取以下措施：

（1）防静电感应雷的危害。建筑物内所有较大的金属物体和构件，以及突出屋面的金属物体，均应可靠接地。通常，金属屋面周边每隔18～24m应使用引下线接地一次。浇制的或由预制构件组成的钢筋混凝土屋面，其钢筋须绑扎或焊接成电气闭合回路，且有一处引下线接地。

（2）防电磁感应雷的危害。平行管道相距不到100mm时，每隔20～30m需要用金属线跨接；交叉管道相距不到100mm时，交叉处也应使用金属线跨接。此外，管道接头、弯头等接触不可靠的部位也应使用金属线跨接。

（3）防感应雷的接地装置的接地电阻不应大于10Ω，一般应与电气设备接地共用接地装置。室内接地干线与防感应雷的接地装置的连接不应少于两处。

必须指出，防感应雷的措施主要是针对有爆炸危险的建筑物和构筑物而采取的，对其他建筑物和构筑物一般不考虑防感应雷害。

3. 雷电侵入波防护

雷电侵入造成的事故很多。在低压系统，这种事故占总事故的70%以上。就雷电侵入波的防护而言，随防雷建筑物类别和线路的形式不同，措施要求也不一样。主要措施有：低压线路全线采用电缆直接埋地敷设，在入户端应将电缆的金属外皮、钢管接到防雷电感应的接地装置上；架空金属管道在进出建筑物处与防雷电感应的接地装置相连；当采用架空线路供电时，在进户处装设低压阀型避雷器并与绝缘子铁脚、金具连在一起接到电气设备的接地装置上等。

4. 人身防雷

遇到雷雨天气时为保护人身安全，人们应从以下几个方面做好个人防护。

1）防止直击雷伤人

雷雨天气尽量避免在野外逗留，远离山丘、海滨、河边、池旁，不要暴露于室外空旷区域；不要骑在牲畜上或骑自行车行走；不要用金属杆的雨伞，不要把带有金属杆的工具如铁锹、锄头扛在肩上；避开铁丝网、金属晒衣绳；如有条件应进入有防雷设施的建筑物内或金属壳的汽车和船只内。

2）防止二次放电（雷电反击）和跨步电压伤人

雷雨天气尽量远离建筑物的接闪杆及其接地引下线；远离各种天线、电线杆、高塔、烟囱、旗杆、孤立的树木和没有防雷装置的孤立小建筑等。

3）室内人身防震

雷雨天气情况下，室内人身防雷还应注意：

（1）人体应离开可能侵入雷电波的照明线、动力线、电话线、广播线、收音机和电视机电源线、收音机和电视机天线等1.5m以上，尽量暂时不用电器，最好拔掉电源插头。

（2）不要靠近室内的金属管线，如暖气片、自来水管、下水管等，以防止这些导体对人体的二次放电。

（3）关好门窗，防止球形雷窜入室内造成危害。

7.3　防静电

所谓静电，就是一种处于静止状态的电荷或者说不流动的电荷（流动的电荷就形成了电流）。当电荷聚集在某个物体或物体表面上时就形成了静电。当带静电物体接触零电位物体（接地物体）或与其有电位差的物体时都会发生电荷转移。我们日常见到的火花放电现象就是静电造成的。

静电并不是静止的电，而是宏观上暂时停留在某处的电。例如，北方冬天天气干燥，人体容易带上静电，当接触他人或金属导电体时就会出现放电现象。

7.3.1 静电的产生

物质都是由分子构成的，分子是由原子构成，原子由带负电荷的电子和带正电荷的质子构成。在正常状况下，一个原子的质子数与电子数量相同，正负平衡，所以对外表现出不带电现象。但是电子环绕于原子核周围，一经外力即脱离轨道，离开原来的原子A而侵入其他的原子B。A原子因减少电子而呈正电现象，称为阳离子；B原子因增加电子而呈负电现象，称为阴离子。

通常，当两个不同的物体相互接触时会使一个物体失去一些电荷而带正电，另一个物体得到一些电荷而带负电。若在分离的过程中电荷难以中和，电荷就会积累使物体带上静电，这就是静电产生的过程。

在日常生活中，我们都知道摩擦起电而很少听说接触起电，实质上摩擦是一个物体不断接触与分离的过程，因此摩擦起电实质上是接触分离起电。

7.3.2 静电的危害

静电的危害方式主要有以下3种类型。

1．火灾或爆炸

火灾和爆炸是静电最大的危害。静电电量虽然不大，但因其电压很高而容易发生放电，产生静电火花。在具有可燃液体的作业场所，如油品装运场所等，可能由静电火花引起火灾；在具有爆炸性粉尘或爆炸性气体、蒸气的场所，如煤粉、面粉、铝粉、氢气等，可能由静电火花引起爆炸。

2．电击

静电造成的电击可能发生在人体接近带静电物质的时候，也可能发生在带静电荷的人体接近接地体的时候，此刻人体所带静电可高达上万伏。静电电击的严重程度与带静电体储存的能量有关，能量越大，电击越严重。带静电体的电容越大或电压越高，则电击程度越严重。在生产工艺过程中产生的静电能量很小，所以由此引起的电击不会直接使人致命。但人体可能因电击坠落、摔倒，引起二次事故。此外，电击还能引起工作人员精神紧张，影响工作。

3．妨碍生产

静电会妨碍生产或降低产品质量。在纺织行业，静电使纤维缠结、吸附尘土，降低纺织品质量；在印刷行业，静电使纸线不齐、不能分开，影响印刷速度和印刷质量；在感光胶片行业，静电火花使胶片感光，降低胶片质量；在粉体加工行业，静电使粉体吸附于设备上，影响粉体的过滤和输送；静电还可能引起电子元件的误动作，干扰无线电通信等。

7.3.3 消除静电危害的措施

消除静电危害的措施大致有：接地法、泄漏法和中和法。

1．接地法

接地是消除静电危害最简单的方法。接地主要用来消除导电体上的静电，不宜用来消除绝缘体上的静电。单纯为了消除导体上的静电，接地电阻有 100Ω 即可；如果是绝缘体上带有静电，将绝缘体直接接地反而容易发生火花放电，这时宜在绝缘体与大地之间保持 $10^6 \sim 10^9\Omega$ 的电阻。在有火灾和爆炸危险的场所，为了避免静电火花造成事故，应采取下列接地措施。

（1）凡用来加工、储存、运输各种易燃液体、气体和粉末物体的设备、储存池、储存缸以及产品输送设备、封闭的运输装置、排注设备、混合器、过滤器、干燥器、升华器、吸附器等都必须接地。如果袋形过滤器由类纺织品制成，可以用金属丝穿缝并予以接地。

（2）厂区及车间的氧气、乙炔等管道必须连接成一个连续的整体并予以接地。其他所有能产生静电的管道和设备，如空气压缩机、通风装置和空气管道，特别是局部排风的空气管道，都必须连接成连续整体，并予以接地。如管道由非导电材料制成，应在管外或管内绕以金属丝，并将金属丝接地，非导电管道上的金属接头也必须接地。

（3）注油漏斗、浮动缸顶、工作站台等辅助设备或工具均应接地。

（4）汽车油槽应带金属链条，链条的上端和油槽车底盘相连，另一端与大地接触。

（5）某些危险性较大的场所，为了使转轴可靠接地，可采用导电性润滑油或滑环、碳刷接地的方法。

（6）静电接地装置应当连接牢靠，并有足够的机械强度，可以同其他目的接地使用一套接地装置。

2．泄漏法

泄漏法是指采取增湿措施、加入抗静电添加剂、导电材料或纸绝缘材料，促使静电电荷从绝缘体上自行消散的方法。

（1）增湿：增湿就是提高空气的湿度。湿度对于静电泄漏的影响很大。湿度增加，绝缘体表面电阻大大降低，导电性增强，加速静电泄漏。空气相对湿度如果保持在70%左右，可以防止静电的大量积累。

（2）加抗静电添加剂：抗静电添加剂是特制的辅助剂，有的添加剂加入产生静电的绝缘材料以后，能增加材料的吸湿性或离子性，从而增强导电性能，加速静电泄漏；有的添加剂本身具有较好的导电性。

（3）采用导电材料或纸绝缘材料：对于易产生静电的机械零件尽可能采用导电材料制作，在绝缘材料制成的容器内层，衬以导电层或金属网络，并予以接地；采用导电橡胶代替普通橡胶等，都会加速静电电荷的泄漏。

3. 中和法

中和法是消除静电危害的重要措施。静电中和法是在静电电荷密集的地方设法产生带电离子，将该处静电电荷中和掉。静电中和法可用来消除绝缘体上的静电。可运用感应中和器、高压中和器、放射线中和器等装置消除静电危害。

第8章　常用电气仪表及测量

用来测量电流、电压、电阻、功率、功率因素等参数的仪器与仪表统称为电气仪表。电力系统中各种电气设备、元器件的运行状态的监视，故障的检查与排除都离不开电气仪表。

8.1　常用电气仪表概述

常用电气仪表按照电压等级和用途的不同，仪表的结构、使用范围和性能也会随之变化，因此，不同类型的电气仪表根据电气仪表的不同技术特性，在仪表的面板或刻度盘上贴上相应的符号标示，为从事电气工作的人员在安装、选择和运维中提供方便。

8.1.1　常用电气仪表的分类

常用电气仪表按结构与用途的不同，主要分为以下 4 大类。

指示仪表：能将被测量转换为仪表可动部分的机械偏转角，并通过指示器直接指示出被测量的大小，故又称为直读式仪表。

比较仪表：在测量过程中，通过被测量与同类标准量进行比较，然后根据比较结果才能确定被测量的大小。例如直流比较仪表和交流比较仪表。直流电桥和电位差计属于直流比较仪表，交流电桥属于交流比较仪表。

数字仪表：采用数字测量技术，并以数码的形式直接显示出被测量的大小。常用的有数字式电压表、数字式万用表、数字式频率表等。

智能仪表：利用微处理器的控制和计算功能直接显示出被测量的大小，这种仪器可实现程控、记忆、自动校正、自诊断故障、数据处理和分析运算等功能。

8.1.2　常用电气仪表的标示

不同类型的电气仪表具有不同的技术特性。为了便于选择和使用仪表，通常把这些技术特性用不同的符号标示在仪表的刻度盘或面板上。根据国家标准的规定，每只仪表应有测量对象单位、准确度等级、工作原理系别、使用条件组别、工作位置、绝缘强度试验电压和各类仪表的标示。使用仪表时，必须首先看清各种标示，以确定该仪表是否符合测量要求。

常用电气仪表测量单位符号如表 8-1 所示，常用电气测量仪表按工作原理分组的名称及符号如表 8-2 所示，常用电器测量仪表按外界条件分组的名称及符号如表 8-3 所示，准确度等级及工作位置符号如表 8-4 所示，各类电源端钮及调零器的符号如表 8-5 所示。

表 8-1　常用电气仪表测量单位符号

量的名称	单 位	符 号	量的名称	单 位	符 号
电 流	千安	kA	频 率	兆赫	MHz
	安培	A		千赫	kHz
	毫安	mA		赫 [兹]	Hz
	微安	μA	电 阻	兆欧	MΩ
电 压	千伏	kV		千欧	kΩ
	伏	V		欧 [姆]	Ω
	毫伏	mV		毫欧	MΩ
	微伏	μV	相 位	度	°
功 率	兆瓦	MW	功率因数	中	1
	千瓦	kW	电 容	法 [拉]	F
	瓦特	W		微法	μF
无功功率	兆乏	Mvar		皮法	pF
	千乏	kvar	电 感	亨	H
	乏	var		毫亨	mH
				微亨	μH

表 8-2　常用电气测量仪表按工作原理分组的名称及符号

名 称	符 号	名 称	符 号
磁电系仪表		铁磁电动系仪表	
磁电系比率表		铁磁电动系比率表	
电磁系仪表		感应系仪表	
电磁系比率表		静电系仪表	
电动系仪表		整流系仪表	
电动系比率表		热电系仪表	

表 8-3 常用电器测量仪表按外界条件分组的名称及符号

名　称	符　号	名　称	符　号
Ⅰ级防外磁场（例如磁电系）	⌐⎯⌐	A 组仪表	△A
Ⅰ级防外电场（例如静电系）		A1 组仪表	△A1
Ⅱ级防外磁场及电场	Ⅱ　Ⅱ	B 组仪表	△B
Ⅲ级防外磁场及电场	Ⅲ　Ⅲ	B1 组仪表	△B1
Ⅳ级防外磁场及电场	Ⅳ　Ⅳ	C 组仪表	△C

表 8-4 准确度等级及工作位置符号

名　称	符　号	名　称	符　号
以标度尺上量程百分数表示的准确度等级，例如 1.5 级	1.5	标度尺位置为垂直的	⊥
以标度长度百分数表示的准确度等级，例如 1.5 级	╲1.5╱	标度尺位置为水平的	⊓
以指示值的百分数表示的准确度等级，例如 1.5 级	⓵⋅⑤	标度尺位置与水平面倾斜成一角度，例如 60°	∠60°

表 8-5 电源、端钮及调零器的符号

名　称	符　号	名　称	符　号
直　流　电	▭▭▭	与屏蔽相连接的端钮	◌
交流电（单相）	∼	接地端钮	⏚
直流电和交流电	≂	注意事项。遵照使用说明书及质量合格证明书规定	△!
具有单元件的三相平衡负载的交流	≋	与外壳相连接的端钮	⟂⏚
公共端钮（多量程仪表）	✳	与仪表可动线圈连接的端钮	⋀⋁
电源端钮（功率表、无功功率表、相位表）	✳	调零器	⤻

8.2 常用便携式电气仪表

便携式电气仪表是指从事电气工作的人员在工作中便于携带和使用的仪表。常用的便携式电气仪表有电压表、电流表、万用表、钳形表、兆欧表（摇表）、接地电阻测量仪表等。

8.2.1 电压表

电压表用来测量电源或负载两端的电压，是最常用的电气仪表之一。电压表可分为交流电压表和直流电压表，分别用来测量交流电压和直流电压。

1. 电压表的接线

交流电压表上有两个接线端，分别与被测量的两端连接。测量电源电压时与电源并联，测量负载两端电压时与被测量负载并联，如图 8-1 所示。

直流电压表两个接线端有"+""－"符号（表示极性），测量时"+"端接电路的高电位端，"－"端接电路的低电位端，如图 8-2 所示。

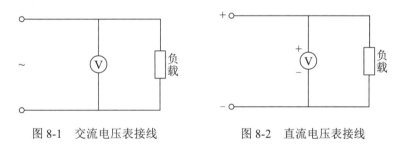

图 8-1　交流电压表接线　　　　图 8-2　直流电压表接线

由于电压表是与电源并联，因此电压表的内阻越大越好，以减小测量时对电路的影响。

2. 电压表的正确使用

电压表的正确使用要注意以下 3 个方面。

（1）正确选择电压表的量程，尽量使指针偏转至满刻度的 2/3 左右。量程过大，可能无法准确读数，误差会加大；量程过小，指针可能冲过满刻度，损坏仪表。

（2）测量直流电压时，若事先不知道电压的极性，可用最大量程并将电压表的"－"端先接电源"－"，用"+"端轻点电源的另一端，如指针正向偏转，则说明接线正确；如指针反向偏转，则接线错误。

（3）测量电压时，应注意人体不能触及测试系统中导体的任何裸露部位，防止发生触电。

8.2.2 电流表

电流表用来测量电路的电流，也是最常用的电工仪表之一。同电压表一样，电流表也分为直流电流表和交流电流表。

电流表必须串联在被测电路中，以使电流表流过被测电路的电流，因此电流表的两个接线端必须串接在被测断开电路两端。

直流电流表的两个接线端也标有"+"和"-"符号，测量时电流应从"+"极流入、"-"极流出，否则指针会反向偏转。

交流电流表不分极性，只要串入电路即可。电流表的接线如图8-3和图8-4所示。

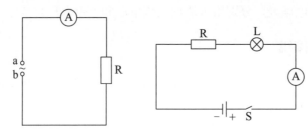

图 8-3　交流电流表接线　　图 8-4　直流电流表接线

由于电流表是串联在电路中，因此电流表的内阻越小越好。

除接线不同外，电流表在使用时量程的选择、极性的确定等均可参照电压表的正确使用方法。

8.2.3 万用表

万用表不仅可以用来测量被测量对象的电阻、交流电压，还可以测量直流电压，甚至有的万用表还可以测晶体管的主要参数以及电容器的电容量等。

常见的万用表有模拟式指针式，万用表和数字式万用表。模拟式万用表是以表头为核心部件的多功能测量仪表，测量值由表头指针指示，如图8-5和图8-6所示。数字式万用表的测量值由液晶显示屏直接以数字的形式显示，为读取方便，有些还带有语音提示功能。

图 8-5　500 型万用表实物图

图 8-6 500 型万用表刻度盘

1. 模拟式（指针式）万用表

1）模拟式万用表的组成

模拟式万用表由万用表表头、测量线路、转换开关等组成。

（1）万用表表头是一只高灵敏度的磁电式直流电流表，万用表的主要性能指标基本上取决于表头的性能。表头的灵敏度是指表头指针满刻度偏转时流过表头的直流电流值，这个值越小，表头的灵敏度越高。测电压时的内阻越大，其性能就越好。表头上有4 条刻度线，它们的功能如下（从上到下）。第 1 条标有 R 或 Ω，指示的是电阻值，转换开关在欧姆挡时，即读此条刻度线。第 2 条标有 ≃ 或 VA，指示的是交、直流电压和直流电流值，当转换开关在交、直流电压或直流电流挡，量程在除交流 10V 以外的其他位置时，即读此条刻度线。第 3 条刻度线标有 10V，指示的是 10V 的交流电压值，当转换开关在交、直流电压挡，量程在交流 10V 时，即读此条刻度线。第 4 条刻度线标有 dB，指示的是音频电平。

（2）测量线路是用来把各种被测量转换到适合表头测量的微小直流电流的电路，它由电阻、半导体元件及电池组成。它能将各种不同的被测量（如电流、电压、电阻等）、不同的量程，经过一系列的处理（如整流、分流、分压等）统一变成一定量限的微小直流电流送入表头进行测量。

（3）转换开关的作用是选择各种不同的测量线路，以满足不同种类和不同量程的测量要求。转换开关一般有两个，分别标有不同的挡位和量程。

刻度盘上编辑的符号含义如下。

（1）≃ 表示交、直流。

（2）V-2.5kV4000Ω /V 表示对于交流电压及 2.5kV 的直流电压挡，其灵敏度为4000Ω /V。

（3）A-V-Ω 表示可测量电流、电压及电阻。

（4）45-65-1000Hz 表示使用频率范围为 1000Hz 以下，标准工频范围为45 ～ 65Hz。

（5）2000Ω /VDC 表示直流挡的灵敏度为 2000Ω /V。

2）模拟式（指针式）万用表的正确使用

正确使用模拟式（指针式）万用表的要求如下。

（1）熟悉表盘上各符号的意义及各个旋钮和选择开关的作用。

（2）进行机械调零。

（3）根据被测量的种类及大小，选择转换开关的挡位及量程，找出对应的刻度线。

（4）选择表笔插孔的位置。

（5）测量电压（或电流）时要选择好量程，如果用小量程去测量大电压，则会有烧表的危险；如果用大量程去测量小电压，那么指针偏转太小，无法读数。量程的选择应尽量使指针偏转到满刻度的 2/3 左右。如果事先不清楚被测电压的大小时，应先选择最高量程挡，然后逐渐减小到合适的量程。

3）交流电压的测量

将万用表的一个转换开关置于交、直流电压挡，另一个转换开关置于交流电压的合适量程上，万用表两表笔和被测电路或负载并联即可。

4）直流电压的测量

将万用表的一个转换开关置于交、直流电压挡，另一个转换开关置于直流电压的合适量程上，且"+"表笔（红表笔）接到高电位处，"−"表笔（黑表笔）接到低电位处，即让电流从"+"表笔流入，从"−"表笔流出。若表笔接反，表头指针会反方向偏转，容易撞弯指针。

5）测电流

测量直流电流时，将万用表的一个转换开关置于直流电流挡，另一个转换开关置于 50uA ～ 500mA 量程的合适挡位上，电流的量程选择和读数方法与电压一样。测量时必须先断开电路，然后按照电流从"+"到"−"的方向，将万用表串联到被测电路中，即电流从红表笔流入，从黑表笔流出。如果误将万用表与负载并联，则因表头的内阻很小，会造成短路烧毁仪表。万用表的读数方法如下。

$$实际值 = 指示值 \times 量程 / 满偏刻度$$

6）测电阻

用万用表测量电阻时，应按下列方法操作。

（1）机械调零。在使用之前，应该先调节指针定位螺钉使电流示数为零，避免不必要的误差。

（2）选择合适的倍率挡。万用表欧姆挡的刻度线是不均匀的，所以倍率挡的选择应使指针停留在刻度线较稀的部分为宜，且指针越接近刻度尺的中间，读数越准确。一般情况下，应使指针指在刻度尺的 1/3 至 2/3 间。

（3）欧姆调零。测量电阻之前，应将两个表笔短接，同时调节"欧姆（电气）调零旋钮"，使指针刚好指在欧姆刻度线右边的零位。如果指针不能调到零位，说明电池电压不足或仪表内部有问题。并且每换一次倍率挡，都要再次进行欧姆调零，以保证测量准确。

（4）读数。表头的读数乘以倍率，就是所测电阻的电阻值。

（5）注意事项。在测电流、电压时，不能带电换量程。选择量程时，要先选大的，后选小的，尽量使被测值接近于量程。测电阻时，不能带电测量，因为测量电阻时，万用表由内部电池供电，如果带电测量则相当于接入一个额外的电源，可能损坏表头。用毕，应使转换开关在交流电压最大挡位或空挡上。注意在欧姆表改换量程时，需要进行欧姆调零，无须机械调零。

2. 数字式万用表

数字万用表采用大规模集成电路 A/D 转换器和液晶数字显示技术，将被测电量的数值直接以数字形式显示出来的一种电子测量仪表（图 8-7）。具有结构简单、测量精度高、输入阻抗高、显示直观、过载能力强、功能全、耗电小、自动量程转换等优点，许多数字万用表还带有测电容、频率、温度等功能。

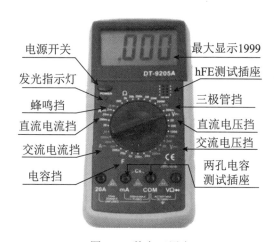

图 8-7　数字万用表

1）数字万用表的组成

数字万用表是在直流数字电压表的基础上扩展而成的。为了能测量交流电压、电流、电阻、电容、二极管正向压降、晶体管放大系数等电量，必须增加相应的转换器，将被测电量转换成直流电压信号，再由 A/D 转换器转换成数字量，并以数字形式显示出来。它由功能转换器、A/D 转换器、液晶显示屏、电源和功能 / 量程转换开关等构成。

常用的数字万用表显示数字位数有三位半、四位半和五位半之分，对应的数字显示最大值分别为 1999、19999 和 199999，并由此构成不同型号的数字万用表。

2）数字万用表的面板

数字万用表面板的组成如下。

（1）液晶显示屏：显示位数为四位，最大显示数为 ±19999，若超过此数值，则显示 1 或 -1。

（2）量程开关：用来转换测量种类和量程。

（3）电源开关：开关拨至"ON"时，表内电源接通，可以正常工作；拨至"OFF"时则关闭电源。

（4）输入插座：黑表笔始终插在"COM"孔内。红表笔可以根据测量种类和测量范围分别插入"V·Ω""mA""10A"插孔中。

3）数字万用表的使用

数字万用表的使用注意事项如下。

（1）测电压时，必须把黑表笔插于COM孔，红表笔插于V孔，如图8-8红色框所示。若测直流电压时，则将量程开关打到如图8-9所示的直流挡位上；若测交流电压时，要将量程开关打到如图8-10所示的交流挡位上。

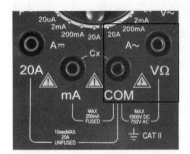　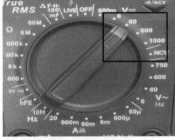　

图8-8　测量电压表笔位置图　　　图8-9　直流电压挡位图　　　图8-10　交流电压挡位图

（2）如果不知道被测电压范围，先将功能开关置于大量程测量，再逐渐降低量程至合适挡位（不能在测量中改变量程）。

（3）如果显示"1"，表示过量程，功能开关应置于更高的量程。

（4）⚠表示不要输入高于万用表要求的电压，显示更高的电压值是可能的，但有损坏内部线路的危险。

（5）当测高压时，应特别注意避免触电。

（6）数字表电压挡的内阻很大，至少在兆欧级，对被测电路影响很小。但极高的输出阻抗使其易受感应电压的影响，在一些电磁干扰比较强的场合测出的数据可能是不准确的。要注意避免外界磁场对万用表的影响（比如有大功率用电器件在使用时）。

（7）在使用万用表过程中，不能用手去接触表笔的金属部分，这样一方面可以保证测量的准确，另一方面也可以保证人身安全。

（8）其他功能的使用同样必须要注意挡位的变换。

8.2.4　钳形电流表

钳形电流表由电流互感器和电流表组合而成。它的特点是可以在不切断电路的情况下测量流过电路的电流。

1. 钳形电流表的组成

常用的钳形电流表由电流互感器、整流系电流表及测量线路、转换开关等组成。测量时置于钳口铁心中的被测电路导线相当于电流互感器的一次线圈，当有电流流过一次线圈时，则接于电流互感器二次线圈电流就会通过磁感应在二次线圈中感应出电流，从而使与二次线圈相连接的电流表有指示——测出被测线路的电流。钳形表可以通过转换开关的拨挡，改换不同的量程，注意拨挡时不允许带电操作。这种钳形电流表又称为互感器式钳形电流表，一般只能测量工频交流电流。

2. 钳形电流表的正确使用

钳形电流表使用方便，只要握紧把手使钳口张开，将被测导线置于钳口之内即可，如图 8-11 所示。

钳形电流表的使用注意事项如下。

（1）正确选择钳型电流表的电压等级，检查其外观绝缘是否良好，有无破损，指针是否摆动灵活，钳口有无锈蚀等。根据电动机功率估计额定电流，以选择表的量程。

（2）在使用钳形电流表前应仔细阅读说明书，弄清是交流还是交、直流两用钳形电流表。

（3）正常情况下钳形电流表每次只能测量一相导线的电流，被测导线应置于钳口中央，不可以将多相导线都夹入钳口测量，如图 8-11（a）所示。

（4）由于钳形电流表本身精度较低，在测量小电流时，可采用下述方法：先将被测电路的导线绕几圈，再放进钳形表的钳口内进行测量，如图 8-12 所示。此时钳形表所指示的电流值并非被测量的实际值，实际电流应当为钳形表的读数除以导线缠绕的圈数。

（5）钳形电流表的钳口在测量时闭合要紧密。闭合后如有杂音，可打开钳口重闭合一次，若杂音仍不能消除时，应检查磁路上各接合面是否光洁，有尘污时要擦拭干净。

（6）被测电路电压不能超过钳形表上所标明的数值，否则容易造成接地事故，或者引起触电危险。

（7）测量运行中笼型异步电动机工作电流。根据电流大小，可以检查判断电动机工作情况是否正常，以保证电动机安全运行，延长使用寿命。

（8）测量时，可以每相测一次，也可以三相测一次，此时表上数字应为零（因为三相电流相量和为零）。当钳口内有两根相线时，表上显示数值为第三相的电流值。通过测量各相电流可以判断电动机是否有过载现象（所测电流超过额定电流值）、电动机内部或（把其他形式的能转换成电能的装置叫作电源）电源电压是否有问题，即三相电流不平衡是否超过 10% 的限度，如图 8-13 所示。

（9）钳形电流表测量前应先估计被测电流的大小，再决定用哪一量程。若无法估计，可先用最大量程挡然后适当换小些，以准确读数。不能使用小电流挡去测量大电流，以防损坏仪表。

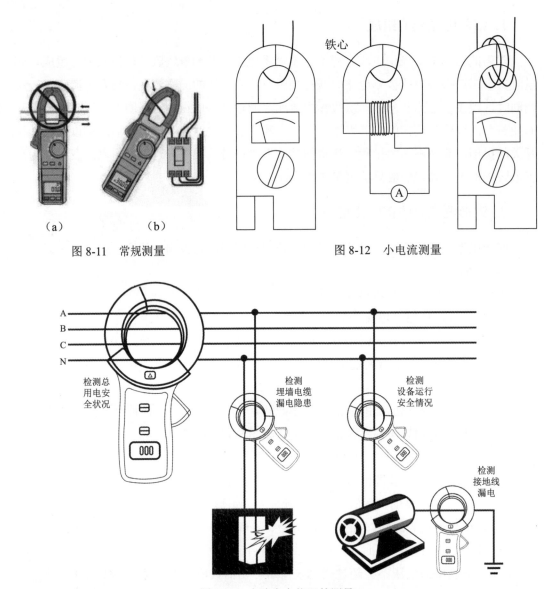

图 8-11　常规测量　　　　　　　　　　　　　图 8-12　小电流测量

图 8-13　电路安全状况的测量

8.2.5　兆欧表

机械式兆欧表（megger）俗称摇表，兆欧表大多采用手摇发电机供电，故又称摇表。它的刻度是以兆欧（MΩ）为单位的。

兆欧表主要用来检查电气设备、家用电器或电气线路对地及相间的绝缘电阻，以保证这些设备、电器和线路工作在正常状态，避免发生触电伤亡及设备损坏等事故。

1. 兆欧表的组成

兆欧表由一个手摇直流发电机、磁电系流比计、测量线路、表盘和 3 个接线柱（即

L：线路端；E：接地端；G：屏蔽端）组成。此表输出功率大，短路电流值高，输出电压等级多（每种机型有4个电压等级）。

兆欧表的工作原理如图8-14所示。与兆欧表表针相连的有两个可动线圈，可动线圈 L_1 与表内的附加电阻 R_1 串联后再与被测电阻 R_x 串联；可动线圈 L_2 与表内的附加电阻 $R2$ 串联。当被测电阻 R_x 接在L（线）和E（地）两个端子上并用手摇动发电机，两个线圈中同时有电流通过，这就形成了两个回路，一个是电流回路，一个是电压回路。电流回路从电源正端经可动线圈 L_1、限流电阻 R_1、被测电阻 R_x 回到电源负端；电压回路从电源正端经可动线圈 L_2、限压电阻 R_2 回到电源负端。由于两个可动线圈 L_1 与 L_2 的空气气隙中的磁感应强度不均匀，因此在两个可动线圈中产生两个方向相反的转矩 M_1 和 M_2，表针就随着两个转矩的合成转矩的大小而偏转某一角度 α，这个偏转角度取决于两个电流的比值。

两个可动线圈 L_1 与 L_2 产生的转矩 M_1 和 M_2 不仅与流过线圈的电流 I_1、I_2 有关，还与两个可动线圈的偏转角 α 有关。又由于限流电阻 R_1、限压电阻 R_2 为固定值，在发电机电压不变时，电压回路的电流 I_2 为常数，电流回路电流 I_1 的大小与被测电阻 R_x 的大小成反比，所以流比计指针的偏转角 α 能直接反映被测电阻 R_x 的大小。

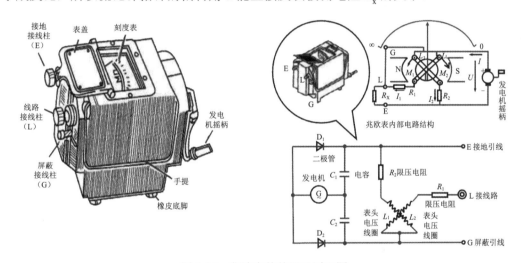

图8-14　兆欧表的外形及原理图

2. 兆欧表的选用和正确使用

1）兆欧表的选用和被测设备对应的绝缘阻值

兆欧表的选用和被测设备对应的绝缘阻值应符合如下要求。

（1）一般规定在测量额定电压10 000V以上电气设备的绝缘电阻时，必须选用5000V的兆欧表；测量额定电压500V以上的电气设备的绝缘电阻时，必须选用1000～2500V兆欧表；测量500V以下额定电压的电气设备，则以选用500V兆欧表为宜。

（2）额定电压为1000V以下的电动机，常温下绝缘电阻值不应低于0.5MΩ；额定电压为 1000V 及以上的电动机，在运行温度时的绝缘电阻值，定子绕组不应低于 1MΩ/kV，转子绕组不应低于 0.5MΩ/kV。

（3）1000V 及以上的电动机应测量吸收比。吸收比不应低于 1.2，中性点可拆开的应分相测量。

（4）新投入运行的变压器，其绝缘电阻应不低于出厂试验数值的 70%。

（5）高压侧的 3 ～ 10kV 的变压器，不同温度下的绝缘电阻应不低于下列值：100℃时 450MΩ，20℃时 300MΩ，30℃时 200MΩ，40℃时 130MΩ，50℃时 90MΩ，60℃时 60MΩ，70℃时 40MΩ，80℃时 35MΩ。

（6）测定变压器的绝缘电阻时，如果发现绝缘电阻较上次同一温度下的绝缘电阻下降 30% ～ 50% 时，应对绝缘油做耐压试验和其他试验，判断其能否继续使用。

（7）一般低压电力线路和照明线路，要求绝缘电阻不低于 0.5MΩ。

（8）高压架空电力线路，要求每个绝缘子的绝缘电阻不低于 300MΩ。

（9）新装、大修和更换二次接线时，二次回路的每一支路、操作机构和电源回路，其绝缘电阻均不应低于 1MΩ，在潮湿环境中可降至 0.5MΩ。

（10）运行中的 6 ～ 10kV 电缆线路，其绝缘电阻不应低于 400 ～ 1000MΩ（干燥季节取较大值，潮湿季节取较小值）。

（11）35kV 电缆线路的绝缘电阻应不低于 600 ～ 1500MΩ。

（12）手持电动工具，根据防触电保护等级，可分为Ⅰ、Ⅱ、Ⅲ 三类。对手持电动工具的带电零件与外壳之间的绝缘电阻应不低于以下阻值：Ⅰ 类手持电动工具 2MΩ，Ⅱ 类手持电动工具 7MΩ，Ⅲ 类手持电动工具 10MΩ。

（13）多绕组设备进行绝缘试验时，非被试绕组均应短路接地。

（14）路灯地埋电缆线路敷设，电缆敷设前后必须用 500V 兆欧表测量绝缘电阻，一般不低于 10 MΩ。

（15）不能全部停电的双回路架空线路和母线，在被测回路的感应电压超过 12V 时禁止测量。

（16）禁止在雷电时或在邻近有高压导体的设备处使用兆欧表进行测量，只有在设备不带电又不可能受其他电源感应而带电时才能进行测量。

2）兆欧表使用前的检查

兆欧表使用前应按如下步骤进行检查。

（1）放置要求：应放置在平稳的地方，以免在摇动手柄时，因表身抖动和倾斜产生较大的测量误差。

（2）开路试验：先将兆欧表的两接线端分开，如图 8-15 所示，再摇动手柄，正常时兆欧表指针应指向"∞"值。

（3）短路试验：将兆欧表的两接线端接触，如图 8-16 所示，再摇动手柄，正常时兆欧表指针应指向"0"值。

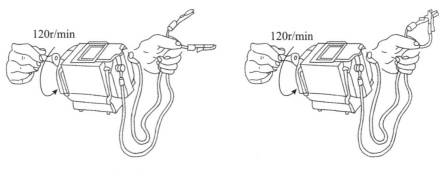

图 8-15 开路试验　　　　　　　　图 8-16 短路试验

3）使用兆欧表进行测量时的要求

将兆欧表的 L 线与 E 线分别接于被测设备的两接线端，逐渐加速摇动手柄至 120r/min，并持续 1min，此时兆欧表的指示值即为被测设备的绝缘电阻值。

使用兆欧表测量时必须断开被测设备的电源，而且测量不同性质的设备操作方法也有所区别。

4）兆欧表使用后的要求

兆欧表在使用后应将"L""E"两导线短接，对兆欧表做放电工作，以免发生触电事故。

8.2.6　接地电阻测量仪

接地电阻测量仪适用于测量各种电力系统、电气设备、避雷针等接地装置的电阻值，亦可测量低电阻导体的电阻值和土壤电阻率。

1. 接地电阻测量仪的组成

接地电阻测量仪由手摇发电机、电流互感器、滑线电阻及检流计等组成，全部机构装在塑料壳内，外有皮壳便于携带。附件有辅助探棒导线 3 根（导线长度为 5m 的用于接地极，长度为 20m 的用于电位探棒，长度为 40m 的用于电流探棒），辅助接地棒 2 根（电位探棒和电压探棒），其工作原理采用基准电压比较式。

接地电阻测量仪分三接线端子和四接线端子两种，它们的使用方法基本相同。三接线端子的测量仪的端子名称分别是 C、P、E，如图 8-17（b）所示；四接线端子的测量仪端子名称分别是 P_1、C_1、P_2、C_2，如图 8-17（a）所示。图 8-18 是四接线端子接地电阻测量仪 ZC-8 型的实物图。

2. 接地电阻测量仪的正确使用

接地电阻测量仪的正确使用步骤如下。

（1）检查测量仪外观，确认无缺陷，将仪器水平放置；检查检流计的指针是否指在零位上，如果有偏差可调节校零钮。

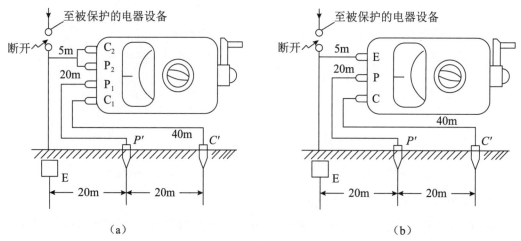

图 8-17　接地电阻测量仪接线

（2）三接线端子的接地电阻测量仪的接线方式如图 8-17（b）所示，两金属探棒与接地装置成一直线并彼此相距 20m。仪表上的 E 端钮接 5m 导线，P 端钮接 20m 导线，C 端钮接 40m 导线，导线的另一端分别接被测物接地极 E'、电位探棒 P' 和电流探棒 C'，且 E'、P'、C' 应保持直线；四接线端子的接地电阻测量仪接线如图 8-17（a）所示，正常测量时应将 C_2、P_2 两端钮用电阻测量仪端钮上自带的连接片连接起来，成为一个端钮，此端钮的要求和用法与三接线端钮电阻测量仪的 E 端钮相同；其余的 P_1 端钮、C_1 端钮的用法对应于三接线端钮电阻测量仪的 P 端钮、C 端钮。

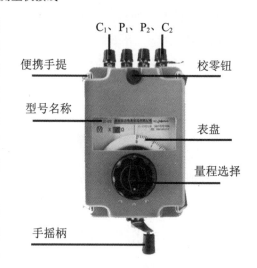

图 8-18　ZC-8 型四接线端子接地电阻测量仪实物图

（3）将倍率选择旋钮置于最大的倍数，摇动手柄同时转动测量标度盘，使检流计指针指向基准线。此时指针所指刻度盘的数值乘以倍率旋钮开关的倍率即为接地装置的接地电阻值，即：接地电阻 = 倍率 × 测量标度盘读数。

（4）如果测量标度盘的读数小于 1Ω 时，应将倍率挡换置于较小的倍数挡，并重新调整测量标度盘以得到正确的读数。

8.3　电压和电流的测量

电压和电流的数值是电气维护人员在检查和维护电路中经常要获取的测量数据。针对不同的电路怎样准确取得这些数值并为我们提供判断的依据呢？这就需要我们掌握测量工具的性能和正确的测量方法。

8.3.1　电流的测量

电路中各用电器的电流大小须选择合适的仪表测量。

1．仪表和量程的选择

仪表和量程的选择方法如下。

（1）测量直流电流时，可使用磁电式、电磁式或电动式仪表。由于磁电式的仪表灵敏度和准确度最高，所以应用最为普遍。

（2）测量交流电流时，可使用电磁式、电动式等仪表。

（3）要根据待测电流的大小来选择适当的仪表，例如安培表、毫安表或微安表。应使被测的电流处于该电表的量程之内，因为如被测的电流大于所选电流表的最大量程，电流表就有因过载而被烧坏的危险。因此，在测量之前，要对被测电流的大小有个估计，或先使用较大量程的电流表来试测，如电流太小，再换用个适当量程的仪表。

2．测量电流的接线

测量电流的接线主要有以下两种。

1）直流电流的测量接线

测量直流电流时，要注意仪表的极性和量程（见图8-19）。在用带有分流器的仪表测量时，应将分流器的电流端钮（外侧2个端钮）串接入电路中（见图8-20），电流表的表头引出的外附定值导线，接在分流器的电位端钮上。

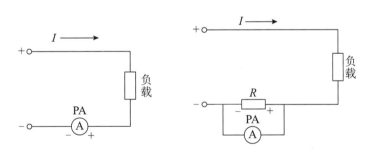

图 8-19　测直流电流直接接入法　　　图 8-20　带有分流器的接入法

2）交流电流的测量

测量单相交流电流的接线如图8-21所示。在测量大容量的交流电流时，常借助于电流互感器来扩大电表的量程，其接线方式如图8-22所示。电流表的内阻越小，测出的结果越准确。例如 C30-A 型 0.1 级船用仪表，量程为 $0 \sim 3A$ 挡的内阻只有 0.025Ω。

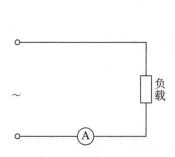

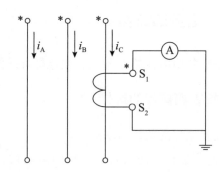

图 8-21　测交流电流直接接入图　　　　　图 8-22　交流互感器测量接线图

8.3.2　电压的测量

电路中各用电器的电压大小须选择合适的仪表测量。

1. 电压表的型式和量程的选择

电压表的选择方式与电流表的选择方式相同，根据被测电压的大小，选用伏特表或毫伏表。工厂内低压配电装置的电压一般为 220V 或 380V，所以，在进行测量时，应使用量程大于 450V 的仪表，如选用量程低于被测电压的仪表，就可能使仪表损坏。

2. 接线方式

测量电路的电压时，应将电压表并联在被测负载或电源电压的两端，如图 8-23 所示。使用磁电式仪表测量直流电压时，要注意仪表接线钮上的"+""–"极性，不可接错。

测量 600V 以上的交流电压，一般不直接接入电压表。工厂中变压系统的高压电压，均要通过电压互感器，将二次测的电压变换到 100V，再进行测量，其接线法如图 8-24 所示。电压表的内阻越大，所产生的误差越小，准确度越高。例如 C50-V 型 0.1 级直流电压表的内阻约为 $1\text{k}\Omega/\text{V}$。

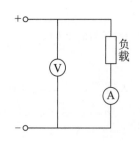

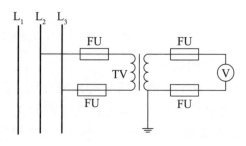

图 8-23　电压表的接线图　　　　　图 8-24　电压互感器测量接线图

8.4　功率因数表与有功电能表的接线及读表

功率因数表是指测量交流电路中有功功率与视在功率的比值，或测量电压、电流间相位角余弦的电表。常见的有电动系、铁磁电动系、电磁系和变换器式功率因数表。功率因数表的接线方法分单相功率因数表接线和三相有功功率因数表接线。有功电能表是用来测量转换成其他能量时所消耗电能的仪表。有功电能表有单相有功电能表和三相有功电能表之分，电能表的接线方法也有单相有功电能表接线和三相有功电能表接线之分。

8.4.1　用单相功率因数表测量三相功率的接线

用单相功率因数表测量三相电路功率的接线方法如下。

1. 测量三相四线负荷对称的三相电路功率的接线

三相四线负荷对称的三相电路功率可用 1 台单相功率表测出，此时功率因数表的电流线圈通过一相电流，电压线圈接入相电压，读数是一相的有功功率。只要将这个读数乘以 3，即为三相负荷的总功率。接线如图 8-25 所示。

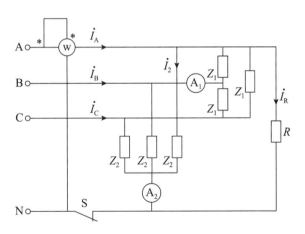

图 8-25　用 1 台功率因数表测量三相电路功率的接线图

2. 测量三相负荷不对称的三相四线制电路功率的接线

需要用 3 台单相功率因数表来测量三相电路的总功率，接线如图 8-26 所示。每台功率因数表分别测出每相的有功功率，将 3 台功率因数表的读数相加，就是三相负荷的总功率。

$$P = P_1 + P_2 + P_3$$

3. 测量三相三线制电路中的功率接线方法

不论负荷是否对称，用 2 台单相功率因数表便可测量三相总功率。

2台表的电流线圈分别串联接入任意两相电流，2台表的电压线圈的一端分别接在2台功率因数表电流线圈所在的相，另一端接在没有接功率因数表的第三相，则2台功率因数表的读数之和就是三相负荷的总功率，即：$P = P_1 + P_2$。接线如图8-27所示。

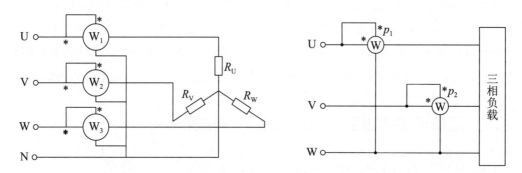

图8-26 用3台功率因数表测量三相电路功率的接线图 图8-27 用2台功率因数表测量三相电路功率的接线方法

8.4.2 功率因数表的选用及注意事项

功率因数表的选用要根据实际情况，按照使用环境、要求及量程大小与被测电路匹配。

1. 功率因数表的选用

功率因数表的选用应符合如下要求。

（1）功率因数表的电压、电流量程要与被测电路的电压、电流相匹配。功率因数表的接线与功率表相似。被测线路的频率要符合功率因数表的使用频率范围，并注意电源的相序。

（2）功率因数表常应用于电容补偿配电屏上。当功率因数滞后时投入补偿电容，当功率因数超前即过补偿时切除电容，从而使功率因数控制在合理范围内。

（3）功率因数表和电压表、电流表的指示刻度不同的是，它的表盘上没有0位指示数值，而且表针经常指示在中间位置1的左右。

2. 选用功率因数表的注意事项

选用功率因数表的注意事项如下。

（1）选择功率因数表时，要注意应在额定电流和电压量程内。

（2）必须在规定频率范围内使用。

（3）功率因数表的接线要注意极性，其端子标有特殊符号，它与功率表一样，必须接到电源侧。

（4）三相功率因数表的接线还要注意不能接错相位。

（5）因流比计不用弹簧、游丝等机构产生反作用力矩，故在不通电的情况下或负载电流较小时，指针可停留在任意位置。

8.4.3　用三相有功功率表测量三相有功功率的接线方法

用三相有功功率表测量三相有功功率的接线方法如下。

（1）三相三线制电路中，可采用三相二元件有功功率表测量。它实质上是将 2 台单相功率表组装在一起的仪表，测量机构装在一个壳内，2 个可动线圈共同作用于 1 个转轴，内部接线就是 2 台单相功率表测量有功功率的接线。

（2）三相四线制电路中，可采用三相三元件有功功率表测量。它实质上是将 3 台单相功率表的测量机构放在一个壳内，3 个可动线圈作用于 1 个转轴，其指针读数为三相总功率。

三相二元件和三元件有功功率表有 7 个接线柱，其中 3 个为电压接线柱，4 个为电流接线柱，接线时应注意同名端及相序。

8.4.4　有功电能表

有功电能表是用来测量电能转换成其他能量时所耗电能的仪表。它是用来测量交流电能的感应系仪表，可分为单相有功电能表、三相有功电能表以及目前用得比较普遍的智能有功电能表。

1．单相有功电能表

单相有功电能表由电压元件、电流元件、铝盘、转轴、永磁铁等元件组成。当负载用电时，铝盘在电压线圈和电流线圈中电流的作用下感生涡流并在铁心磁场中受到作用力产生转矩而旋转，带动计数装置计量一段时间内的用电量。铝盘侧面装一块永磁铁，其作用是产生制动力矩，以使铝盘能在负载功率一定时匀速转动。负载电流越大，铝盘转动越快。在电源电压不变时，铝盘转速与负载电流成正比。

单相有功电能表的接线原理如图 8-28 所示。接线时，电压线圈与电源并联，电流线圈与负载串联，电压线圈与电流线圈的同名端应接电源的同一极性。如负载电流过大，可采用电流互感器扩大单相有功电能表的量程，如图 8-29 所示。

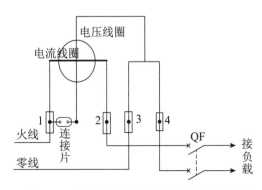

图 8-28　单相有功电能表直入式接线原理图

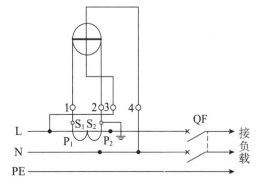

图 8-29　单相有功电能表经互感器接线原理图

2. 三相有功电能表

三相有功电能表可分为三相三线有功电能表和三相四线有功电能表，分别用来测量三相三线系统和三相四线系统电能。

三相三线有功电能表有 2 组测量机构，三相三线有功电能表的接线如图 8-30 和图 8-31 所示。三相四线电能表有 3 组测量机构（其中 2 组测量机构共用 1 个铝盘），每组测量机构测量一相电能。可视为 3 个单相电能表位于一个壳内。三相四线电能表的接线如图 8-32 和图 8-33 所示。

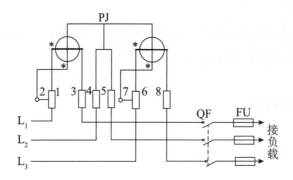

图 8-30　三相三线有功电能表的接线图

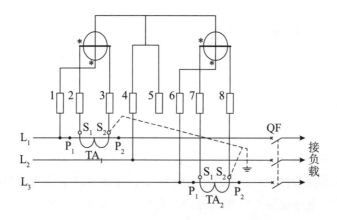

图 8-31　三相三线有功电能表配电流互感器的接线图

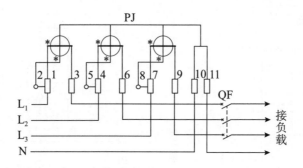

图 8-32　三相四线有功电能表直入式接线图

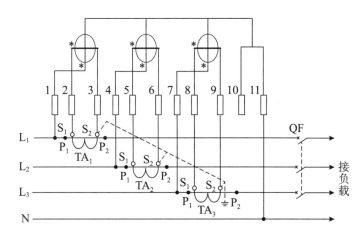

图 8-33　三相四线有功电能表配电流互感器的接线图

3. 电能表的选用

电能表的选用应考虑以下 4 个方面。

（1）根据电力系统的相数和线数选择单相电能表、三相三线有功电能表或三相四线有功电能表。

（2）电能表的额定电压应与电力系统电压一致。

（3）电能表的额定电流应不小于被测电路的最大负荷电流。电能表铭牌上的额定电流通常标有两个数值，应以括号外的数值为准。

（4）使用电能表时要注意，在低电压（不超过 500V）和小电流（几十安）的情况下，电能表可直接接入电路进行测量；在高电压或大电流的情况下，电能表不能直接接入线路，须配合电压互感器或电流互感器使用。

4. 智能电能表

与以往电能表相比，智能电能表新增了计量信息管理、用电信息管理、电费记账、用电量监控等新功能。

1）智能有功电能表的工作原理

智能有功电能表主要由电子元器件构成，其工作原理是，先对用户供电电压和电流进行实时采样；再采用专用的电能表集成电路对采样电压和电流信号进行处理，将其转换成与电能成正比的脉冲信号输出；最后通过单片机进行处理、控制，把脉冲显示为用电量并输出。其构成原理如图 8-34 所示。

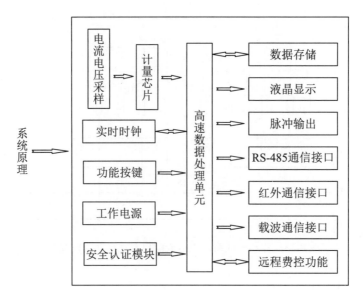

图 8-34 单相远程费控智能有功电能表构成原理图

2）智能有功电能表的功能

智能有功电能表与管理中心计算机进行联网，计算机通过相应的智能有功电能表管理软件可对电表中的信息进行计算、统计、打印、参数设定及断送电等功能控制。这样，供电部门通过网络便可足不出户对用户进行抄表、断送电操作等，实现高效率、现代化的用电管理。图 8-35 为 DDZY71-Z 型单相费控智能有功电能表实物图。

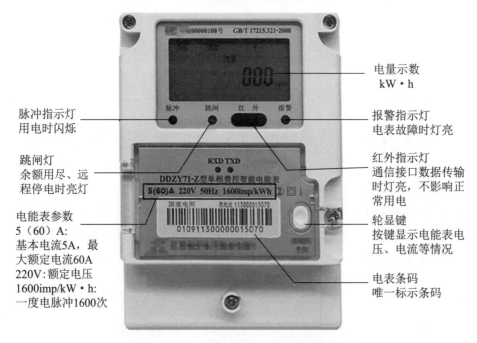

图 8-35 DDZY71-Z 型单相费控智能有功电能表实物图

第9章　电工安全用具与安全标志

电工安全用具是保证操作者安全地进行电气工作必不可少的工具。安全标志指的是安全色与警示牌等。

9.1　电工安全用具

电工安全用具是电工作业人员在安装、运行、维修等作业中用以防止触电、灼伤、坠落等危险事故的专用工具和用具。电工安全用具分为一般安全用具和绝缘安全用具两大类。

9.1.1　电工安全用具的种类及作用

电工安全用具可分为绝缘安全用具和一般安全防护用具两大类。

1. 绝缘安全用具

绝缘安全用具可分为基本绝缘安全用具和辅助绝缘安全用具两类。

基本绝缘安全工具是指绝缘强度足以抵抗电气设备工作电压的安全工具，能直接接触带电体用来操作电气设备。

低压基本绝缘安全工具主要有绝缘手套、有绝缘柄的工具、低压验电器(试电笔、电笔)等。

验电器分为高压验电器和低压验电器两类，是检验电气设备、电器、导线上是否有电的专用工具。低压验电器主要用来测验低压电气设备、电器、导线上是否有电。低压验电器的显示有氖管发光显示和液晶显示两种。

辅助绝缘安全工具的绝缘强度不足以承受电气设备的工作电压，只能用于加强基本绝缘安全用具的作用。

低压设备的辅助绝缘安全工具主要有绝缘台、绝缘垫、绝缘鞋（靴）等。

绝缘手套、绝缘靴用橡胶制成，二者都属于辅助绝缘安全用具，但绝缘手套在低压带电作业中可作为基本安全用具，而在高压作业中只能作为辅助安全用具。

绝缘垫和绝缘站台只作为辅助安全用具。

2. 一般安全防护用具

一般安全防护用具是保证电气维修和电气工作人员安全防护用的，一般不具备绝缘性能，故不能直接接触带电体。

属于一般安全防护用具的有安全帽、安全腰带、防毒面具、护目眼镜、临时遮栏、标示牌和安全照明灯等。此外还有登高安全用具。

1）临时遮栏

临时遮栏主要用来防止工作人员无意碰到或过于接近带电体，也用作检修安全距离不够时的安全隔离装置。临时遮栏用干燥的木材或其他绝缘材料制成。在过道和入口等处可使用栅栏。遮栏和栅栏必须安装牢固，并且不得影响工作。临时遮栏高度及其与带电体的距离应符合屏护的安全要求。

2）标示牌

标示牌用绝缘材料制成。其作用是警告工作人员不得过于接近带电部分，指明工作人员准确的工作地点，提醒工作人员应当注意的问题，以及禁止向某段线路送电等。标示牌种类很多，标示牌的式样和悬挂位置如表 9-1 所示。

表 9-1　标示牌

名　称	悬挂位置	式样和要求		
		尺寸/ mm × mm	底色	字色
禁止合闸 有人工作！	一经合闸即可送电到施工设备的开关和刀闸操作手柄上	200×100 和 80×50	白色	红字
禁止合闸 线路有人工作！	一经合闸即可送电到施工线路的线路开关和刀闸操作手柄上	200×100 和 80×50	红色	白字
禁止攀登， 高压危险！	工作人员上下铁架临近的工作地点和可能误上的铁架上；运行中变压器的梯子上	250×200	白底红边	黑字
在此工作！	室外或室内工作地点或施工设备上	250×250	绿底，中有直径210mm 的白圆圈	黑字，写于白圆圈中
从此上下！	工作人员上下的铁架、梯子上	250×250	绿底，中有直径210mm 的白圆圈	黑字，写于白圆圈中
已接地！	悬挂在已接地线设备、线路的开关和刀闸操作手柄上	200×100	绿底	黑字
止步，高压危险！	施工地点邻近带电设备的遮栏上；禁止通行的过道上；工作地点邻近带电设备的横梁上	250×200	白底红边	黑字，有红色箭头

3）登高安全用具

登高安全用具包括梯子、高凳、脚扣、登高板、安全腰带等专用用具。

（1）梯子和高凳。梯子和高凳应坚固可靠，应能承受工作人员及其所携带工具的总重量。

梯子分人字梯和靠梯两种。为了避免靠梯翻倒，靠梯梯脚与墙之间的距离不应小于梯长的 1/4；为避免滑落，其间距离不得大于梯长的 1/2。为了限制人字梯的开度，其两侧之间应加拉链或拉绳。为了防滑，在光滑地面上使用的梯子，梯脚应加绝缘套或橡胶垫；在泥土地面上使用的梯子，梯脚应加铁尖。

（2）脚扣和安全腰带。脚扣是登杆用具，其主要部分为钢。木杆用脚扣的半圆环和根部均有突出的小齿，以刺入木杆起防滑作用。水泥杆用脚扣的半圆环和根部装有橡胶套或橡胶垫，起防滑作用。脚扣有大小号之分，以适应电杆粗细不同的需要。

登高板也是登高安全用具，主要由坚硬的木板和结实、柔软的绳子组成。

安全腰带是防止坠落的安全用具，它是用皮革、帆布或化纤材料制成的。安全腰带有两根带子，大的绕在电杆或其他牢固的构件上起防止坠落的作用，小的系在腰部偏下部位，起人体固定及保护作用。安全腰带的宽度不应小于 60mm。绕电杆的单根带拉力不应小于 2206N。

4）安全帽

安全帽用于空中作业以及其他有碰撞、砸伤危险的作业场合，可保护人员头部。

5）护目眼镜

护目眼镜用于更换熔丝、室外操作、更换蓄电池液等工作的个体防护。

6）防毒面具

防毒面具用于进入有毒有害气体的场所进行作业，保护人的呼吸器官及面部，防止毒气、粉尘、细菌等有毒物质伤害个体的防护用具。

9.1.2　电工安全用具试验

防止触电的安全用具的试验包括耐压试验和泄漏电流试验。除几种辅助安全用具要求做两种试验外，一般只要求做耐压试验。使用中安全用具的试验内容、标准、周期如表 9-2 所示。

表 9-2　安全用具试验标准

用具名称	电压 /kV	试验标准			试验周期 / 年
		耐压试验 /kV	耐压试验持续时间 /s	泄漏电流 /mA	
绝缘手套	低压	2.5	60	≤ 2.5	0.5
绝缘鞋	≤ 1	3.5	60	≤ 2	0.5
绝缘垫	≤ 1	5	以 2 ～ 3cm/s 的速度拉过	≤ 5	2
绝缘站台	各种电压	45	120		3
绝缘柄工具	低压	3	60		0.5

登高作业安全用具的试验主要是拉力试验，其试验标准如表 9-3 所示，试验周期均为半年。

表 9-3　登高作业安全用具试验标准

用具名称	安全腰带		安全绳	登高板	脚扣	梯子
	大带	小带				
试验静拉力 /N	2206	1471	2206	2206	1471	1765（荷重）

9.2　绝缘安全用具使用的基本方法

绝缘安全用具分为两种：一种是基本绝缘安全用具；一种是辅助绝缘安全用具。低压设备的基本绝缘安全用具有绝缘手套、装有绝缘柄的工具和低压验电器等；低压设备的辅助绝缘安全用具有绝缘台、绝缘垫及绝缘鞋（靴）等。

9.2.1　验电器

为能直观地确定设备、线路是否带电，使用验电器检测是一种既方便又简单的方法。验电器按电压分为高压验电器和低压验电器两种。

低压验电器俗称电笔，常见的电笔有螺钉旋具式和钢笔式两种，其外形与结构如图 9-1 所示。低压验电器主要由弹簧、观察窗、笔身、氖管、电阻、笔尖探头、金属笔挂、金属螺帽、绝缘套及刀体探头等构成，测电笔的测试范围为 60 ～ 500V。

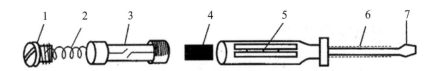

1.金属螺帽　2.弹簧　3.氖管　4.电阻　5.观察窗　6.绝缘套　7.刀体探头

（a）螺钉旋具

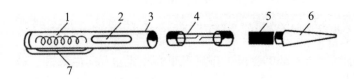

1.弹簧　2.观察窗　3.笔身　4.氖管　5.电阻　6.笔尖探头　7.金属笔挂

（b）钢笔式

图 9-1　低压验电器结构图

此外，电笔还有两种常见形式，分别是可以进行断点测量的数显式电笔和可以测量线路通断的由发光二极管和内置电池组成的感应式电笔，结构如图9-2所示。

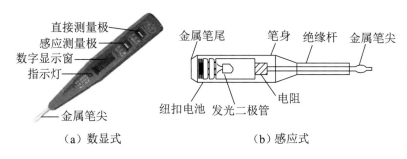

（a）数显式　　　　　　（b）感应式

图9-2　数显式、感应式电笔结构图

验电原理：当使用电笔时，被测带电体通过电笔、人体与大地之间形成电位差（被测物体与大地之间的电位差超过60V），产生电场，电笔中的氖管在电场作用下便可发光。测火线时，照明电路、火线与地线之间有电压220V左右。人体电阻一般很小，通常只有几百欧到几千欧，而电笔内部的电阻值通常有几兆欧，通过电笔的电流（也就是通过人体的电流）很小，通常不到1mA，这样小的电流通过人体时，对人没有伤害，而这样小的电流通过电笔的氖泡时，氖泡会发光，如图9-3所示。

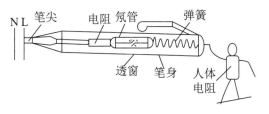

图9-3　验电原理图

电笔的几种用法。

（1）相线与中性线的区别：在交流电路里，当电笔触及导线（或带电体）时，发亮的是相线，正常情况下，中性线不发亮。

（2）交流电与直流电的区别：交流电通过电笔时，氖管里的两个极同时发亮；直流电通过电笔时，氖管里只有一个极发亮。

（3）直流电正负极的区别：把电笔连接在直流电极上，发亮的一端（氖灯电极）为负极。

（4）正负极接地的区别：发电厂和电网的直流系统是对地绝缘的。人站在地上，用电笔去触及系统的正极或负极，氖管是不应该发亮的。如果发亮，说明系统有接地现象。如果亮点在靠近笔尖一端，则表明正极有接地现象；如果亮点在靠近手的一端，则表明负极有接地现象。若接地现象微弱，不能达到氖管的启辉电压时，虽有接地现象，氖管仍不会发亮。

（5）电压高低的区别：一支自己经常使用的电笔，可以根据氖管发亮的强弱来估计电压的大约数值，因为在电笔的使用电压内，电压越高，氖管越亮。

（6）相线碰壳：用电笔触及电气设备的外壳（如电动机、变压器外壳等），若氖管发亮，表明相线与壳体相接触或绝缘不良，说明该设备有漏电现象。如果壳体上有良好的接地装置，氖管不会发亮。

（7）相线接地：用电笔触及三相三线制星形连接的交流电路，有两根测得氖管比通常稍亮，而另一根暗一些，说明较暗的相线有接地现象；如果两根测得氖管很亮，而另一根几乎看不出亮或不亮，说明这一相有金属接地。在三相四线制电路中，当单相接地后，中性线用电笔测量时，也会发亮。

（8）设备（电动机、变压器等）各相负荷不平衡或内部匝间、相间短路或三相交流电路中性点位移时，用电笔测量中性点，氖管就会发亮。这说明该设备的各相负荷不平衡，或者内部有匝间或相间短路。上述现象，只在故障较为严重时才能反映出来，因为电笔要达到一定程度的电压以后，才能启辉。

（9）线路接触不良或不同电气系统互相干扰时，电笔触及带电体氖泡闪亮，可能是线头接触不良，也可能是两个不同的电气系统互相干扰。这种闪亮现象，在照明灯上能很明显地看出来。

9.2.2　绝缘手套和绝缘靴

1. 绝缘手套

绝缘手套是用绝缘性能良好的特种橡胶制成的，要求薄、柔软，有足够的绝缘强度和机械性能。绝缘手套可以使人的两手与带电体绝缘，防止人手触及同一电位带电体或同时触及不同电位带电体而触电。按所用的原料可分为橡胶和乳胶绝缘手套两大类，如图 9-4 和图 9-5 所示。

图 9-4　橡胶绝缘手套　　　　　　图 9-5　乳胶绝缘手套

绝缘手套的规格有 12kV 和 5kV 两种。12kV 绝缘手套在 1kV 以下电压区作业时，可用作基本安全用具，即戴手套后，可以接触 1kV 以下的有电设备（人体其他部分除外）。5kV 绝缘手套适用于电力工业、工矿企业和农村中一般低压电气设备作业。在电压表 1kV 以下的电压区域作业时，用作辅助安全用具；在对地电压互感 250V 以下电压区域作业时，可作为基本安全用具。

2. 绝缘靴（鞋）

绝缘靴（鞋）的作用是使人体与地面绝缘，可用于防止跨步电压触电。绝缘靴（鞋）只能作为辅助安全用具。

绝缘靴（鞋）有 20kV 绝缘短靴、6kV 矿用绝缘长筒靴和 5kV 绝缘鞋多种，如图 9-6、图 9-7 和图 9-8 所示。20kV 绝缘靴的绝缘性能强，但不能作为基本安全用具，穿靴后仍不能用手触及带电体。6kV 矿用绝缘长筒靴适于井下采矿作业，在操作 380V 及以下电压的电气设备时，可作为辅助安全用具，特别是在低压电缆交错复杂、作业面潮湿或有积水、电气设备容易漏电的情况下，可用绝缘长筒靴防止脚下意外触电事故。5kV 绝缘鞋也称电工鞋，单鞋有高腰式（同农田鞋）和低腰式（同解放鞋）两种；棉鞋有胶鞋式和活帮式两种。5kV 绝缘鞋在电压 1kV 以下为辅助安全用具，1kV 以上高压操作禁止使用（应使用绝缘靴）。在 5kV 以下的户外变电所，绝缘靴可用于防跨步电压（即当电气设备碰壳或线路一相接地时，人的两脚站立处之间呈现的电位差）对人体的危害。

图 9-6 35kV 绝缘短靴 　图 9-7 6kV 矿用绝缘长筒靴 　图 9-8 5kV 绝缘鞋

各种绝缘靴（鞋）的外观、色泽应与其他防护靴（鞋）或日常生活靴（鞋）有显著的区别，并应在明显处标出"绝缘"标志和耐压等级（试验电压和使用电压），以利识别，防止错用。

9.2.3 绝缘垫和绝缘台

1. 绝缘垫

绝缘垫是一种辅助安全用具，一般铺在配电室的地面上，以便在带电操作断路器或隔离开关时增强操作人员的对地绝缘，防止接触电压与跨步电压对人体的伤害。绝缘垫应定期进行绝缘试验。

2. 绝缘台

绝缘台是一种辅助安全用具，可用来代替绝缘垫或绝缘靴。绝缘台的台面一般用干燥、木纹直而且无节的木板拼成，板间留有一定的缝隙（不大于 2.5cm），以便于检查绝缘脚（支持瓷瓶）是否有短路或损坏，同时也可节省木料，减轻重量。台面尺寸一般不小于 75cm×75cm，不大于 150cm×100cm。台面用 4 个绝缘瓷瓶支持。为了防止在台上操作时造成颠覆或倾倒，要求台面部分的边缘不应伸出绝缘脚外。绝缘脚的长度不小于 10cm。

绝缘台可用于室内或室外的一切电气设备。当在室外使用时，应将其放在坚硬的地面上，附近不应有杂草，以防绝缘瓷瓶陷入泥中或草中，降低绝缘性能。绝缘台的试验电压为 40kV，加压时间为 2min。定期试验一般每 3 年进行一次。

9.2.4　电工安全用具的使用注意事项

电工安全用具的使用要注意以下事项。

（1）应根据工作条件选用适当的安全用具。如高处作业时，应使用合格的登高用具、安全腰带，并戴上安全帽。

（2）每次使用安全用具前必须认真检查，使用前应将安全用具擦拭干净。绝缘垫和绝缘台应经常保持清洁无损伤，电笔每次使用前都应先在有电部位验试其是否完好，以免测试时给出错误指示。

（3）安全用具使用完毕也应擦拭干净。安全用具不能任意作其他用途，也不能用其他工具代替安全用具。

（4）安全用具使用完毕后，应存放在干燥、通风的处所。安全用具应妥善保管，防止受潮、脏污或损坏。绝缘手套、绝缘靴、绝缘鞋应放在箱、柜内，而不应放在过冷、过热、阳光曝晒或有酸、碱、油的地方，以防胶质老化，并不应与坚硬、带刺或脏污物件放在一起或压以重物；电笔应放在盒内，并置于干燥处。

（5）安全用具应定期进行试验，定期试验合格后应加帖标志。

9.3　安全标志

安全标志是用以表达特定的安全信息的颜色、图形和符号，用于生产检修人员迅速、准确地判断自己所处的工作环境，实现安全生产的有效措施。

9.3.1 安全色

安全色是表达安全信息含义的颜色，表示禁止、警告、指令、提示等。国家规定的安全色有红、蓝、黄、绿四种颜色。红色表示禁止、停止；蓝色表示指令、必须遵守的规定；黄色表示警告、注意；绿色表示指示、安全状态、通行。

为使安全色更加醒目的反衬色叫对比色。国家规定的对比色是黑白两种颜色。

安全色与其对应的对比色是：红—白、黄—黑、蓝—白、绿—白。

黑色用于安全标志的文字、图形符号和警告标志的几何图形。白色作为安全标志红、蓝、绿色的背景色，也可用于安全标志的文字和图形符号。

在电气上用黄、绿、红三色分别代表 L_1、L_2、L_3 三个相序。涂成红色的电器外壳表示其外壳有电；灰色的电器外壳表示其外壳接地或接保护线；明敷接地扁钢或圆钢涂黑色。线路中的淡蓝色代表中性线；用黄绿双色绝缘导线代表保护线。直流电中红色代表正极，蓝色代表负极，信号和警告回路用白色。保护中性线（PEN）为竖条间隔的淡蓝色线。

9.3.2 警示牌

警示牌是提醒人员注意或按警示牌上注明的要求去执行，保障人身和设施安全的重要措施。警示牌一般设置在光线充足、醒目、稍高于视线的地方。

对于隐蔽工程（如埋地电缆）在地面上要有标志桩或依靠永久性建筑挂警示牌，注明工程位置。对于容易被人忽视的电气部位，如封闭的架线槽、设备上的电气盒，要用红漆画上电气箭头。另外，在电气工作中还常用警示牌提醒工作人员不得接近带电部分、不得随意改变刀闸的位置等。移动使用的警示牌要用硬质绝缘材料制成，上面有明显标志，均应根据规定使用。

第 10 章　电工常用工具

电工常用工具就是一般专业电工经常使用的工具，对电气操作人员而言能否熟练地掌握电工工具的结构、性能、使用方法和规范操作，将直接影响工作效率、工作质量以及自己和他人的生命安全。电工常用工具分为通用电工工具、手持电动工具及移动式电气设备等。

10.1　通用电工工具

通用电工工具包括验电器、钢丝钳、电工刀、扭矩扳手、扳手、电烙铁、压接钳、电钻、喷灯、游标卡尺等工具。电工应能安全、熟练地使用各种电工工具，使用各种工具前均应检查其是否完好。

10.1.1　电工用钳

电工用钳有钢丝钳、尖嘴钳、偏口钳、剥线钳等多种。电工用钳是手柄带有绝缘护套的钳，由钳头和钳柄组成，手柄绝缘耐压为 500V。

（1）电工用钢丝钳。电工用钢丝钳的规格以其全长表示，常用的规格有 150mm、175mm、200mm 三种，电工钢丝钳的主要工作部分是钳头的钳口、齿口、刀口和侧口。

（2）尖嘴钳。电工用尖嘴钳的规格以全长表示，常用的规格有 140mm 和 180mm 两种。尖嘴钳主要用来剪断较细的导线和金属丝。弯绞导线线头，将单股导线弯成一定圆弧的接线鼻子，并可用来夹持、安装较小的螺钉、垫圈等。

（3）偏口钳。偏口钳主要用来切断单股或多股导线。

（4）剥线钳。剥线钳的钳口有 0.5 ～ 3mm 多个不同孔径的刃口，使用时，将导线放入剥线钳相应的刃口内，用力握钳柄，导线的绝缘层即被割断、弹出。所选的刃口应略大于芯线直径，以免剪断线芯。

10.1.2　电工刀

电工刀主要用来剖削电线、电缆绝缘层,切割木台缺口、削制木桩,以及切削软金属。

使用电工刀时应将刀口朝外剖削。剖削导线绝缘层时,为防止割伤导线,刀面与导线的角度不得过大,切入时约 45°,推削时约 25°。

电工刀刀柄没有绝缘保护,不能在带电导线或器材上剖削;使用时应注意防止伤手,用毕应及时将刀刃折进刀柄内。

10.1.3　电工扭矩扳手

扭矩扳手是用来紧固、拆卸螺钉的工具。按头部形状分为一字形扭矩扳手和十字形扭矩扳手。电工扭矩扳手与木工扭矩扳手及其他扭矩扳手不同的是,电工扭矩扳手的手柄与金属工作部分是绝缘的。有的扭矩扳手还具有电笔功能。

为了不损坏螺钉及相关部件,应根据螺钉的大小选用合适规格的扭矩扳手。使用扭矩扳手时,手指不得触及金属工作部分。电工扭矩扳手的金属工作部分宜套上绝缘管。

10.1.4　扳手

扳手是用来紧固、拆卸螺栓纹连接的工具。扳手种类很多,有活扳手、呆扳手、梅花扳手、套筒扳手、内六角扳手等。

为防止打滑,所选用扳手的扳口应与螺钉或螺母良好配合;应收紧活扳手的活扳唇。扳动大螺母时,手应握在手柄尾部;扳动较小螺母时,为防止滑扣,手应握在近手柄中部或头部。活扳手不可反用,不可用钢管接长手柄来加大扳拧力矩。活扳手不得代替撬棒或手锤使用。

10.1.5　凿

电工用凿主要用来在建筑物上打孔,以便安装电线管或电器的支座,电工用凿有麻线凿、小扁凿、大扁凿、长凿等。

10.1.6　冲击电钻和电锤

冲击电钻有两种功能:调整到"钻"的位置时用作普通电钻;调整到"锤"的位置时具有冲击锤的作用,用来在砖结构或混凝土结构建筑物上钻孔、凿眼。在混凝土、砖结构建筑物上打孔时须用冲击钻头。一般的冲击电钻都装有辅助手柄,其最大钻头一般不超过 20mm。有的冲击电钻可调节转速。

电锤是一种具有旋转、冲击复合运动机构的电动工具。电锤冲击力比冲击电钻的大，工效高，可用来在混凝土、砖石结构建筑物上钻孔、凿眼、开槽，且不受方向限制。常用电锤钻头直径为 16mm、22mm、30mm 等。

长期未使用的冲击电钻和电锤，使用前应测量绝缘电阻。冲击电钻和电锤的电源线必须是橡皮套软电缆，电源线不应被挤压、缠绕，必须在断电状态下调节冲击电钻转速。在建筑物钻孔时应间隙把钻头从钻孔中抽出以排除灰沙碎石；使用冲击电钻钻孔遇到坚硬物体时，不能施加过大压力，以防钻头退火或冲击钻因过载而损坏。操作中冲击电钻和电锤因故突然堵转时，应立即切断电源。使用电锤时，应握住两个手柄，垂直向下钻孔无须用力；向其他方向钻孔也不能用力过大，操作时应注意防止建筑材料的碎屑伤害眼睛。

用冲击在砖石建筑物上钻孔时要戴护目镜，防止砂石灰尘溅入眼睛，冲击电钻和电锤的高速运动部件之间应保持润滑良好。

10.1.7　压接钳

压接钳是用于导线连接的工具。几种压接钳的外形如图 10-1 所示。

阻尼式压接钳　　　　　　　手动压接钳　　　　　　　手提式液压钳

图 10-1　几种压接钳外形图

手动阻尼式压接钳利用两级杠杆原理工作，适用于单芯铜、铝导线用压线帽的压接。压模应与导线和压线帽的规格相符。为了便于压实导线，压线帽内应用同材质、同线径的线芯插入填实。

手动导线压接钳也利用杠杆原理工作，多用于截面积 35mm² 以下的导线接头的钳接管压接。手提式液压钳用于截面积 16mm² 及以上的导线的钳接管压接。

压接接头如图 10-2 所示。导线的压接，不论手动压接还是其他方式压接，除了选择合适的压模外，还应按照一定的顺序施压，且压力适当。图 10-2 中，1 ~ 6 表示钳压顺序。

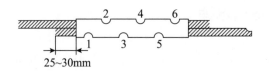

图 10-2　压接接头

10.1.8 电烙铁

电烙铁是钎焊（锡焊）工具，用于钢、铜合金、薄钢板等材料的焊接。电烙铁由手柄电热元件和钢头等组成，按钢头加热方式分为内热式电烙铁和外热式电烙铁，内热式电烙铁的热效率较高。

电烙铁的规格用所消耗的电功率表示，通常在 20 ～ 300W。焊接电子线路宜选用 20 ～ 40W 电烙铁；焊接较大截面的铜导线宜选用 75 ～ 150W 电烙铁；对面积较大的工件进行搪锡处理须选用 300W 电烙铁。钎焊所用的材料是焊锡和焊剂，常用的焊剂有松香液、焊锡膏、氧化锌溶液。

电烙铁必须接保护线；电源线、保护线应保持完好；使用中的电烙铁不能放在可燃物上；使用中较长时间不焊接的电烙铁应断开电源；使用中应注意防止电烙铁的钢头及所粘的焊锡烫伤人。

10.1.9 游标卡尺

游标卡尺是中等精度的量具，用来测量工件的内、外尺寸，如测量导线的直径。

使用游标卡尺测量前应先校准零位。测量时，先将固定卡脚贴靠工件，后轻轻用力将活动卡脚贴靠工件，两卡脚的测量面与被测工件表面垂直，拧紧制动螺钉后读数。主尺上副尺中性线左边的第一条刻线是整数的毫米值；副尺上与主尺对齐的一条刻线是小数的毫米值；二者相加是测量值，如图 10-3 所示。图中测量值是 30.7mm。

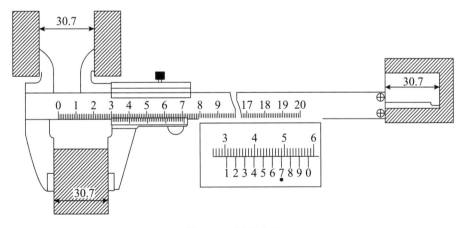

图 10-3　游标卡尺

10.2　手持式电动工具和移动式电气设备

手持式电动工具和移动式电气设备的种类繁多，结构各异，它们的选用条件、性能、要求以及安全注意事项是电气工作人员应该了解和掌握的，这样才能达到事半功倍的效果。

10.2.1　手持式电动工具的基本分类

1. 根据手持式电动工具的应用范围分类

根据手持式电动工具的应用范围，可将其分为以下9类。

（1）金属切削类：电钻、磁座钻、电绞刀、电动刮刀、电剪刀、电冲剪、电动曲线锯、电动锯管机、电动往复锯、电动型材切割机、电动型攻丝机、多用电动工具。

（2）砂磨类：电动砂轮机、电动砂光机、电动抛光机。

（3）装配类：电扳手、电动扭矩扳手、电动脱管机。

（4）林木类：电刨、电动开槽机、电插、电动带锯、电动木工砂光机、电链锯、电圆锯、电动木钻、电动木铣、电动打枝机、电动木工刃具砂轮机。

（5）农牧类：电动剪毛机、电动采茶机、电动剪枝机、电动粮食插秧机、电动喷油机。

（6）建筑道路类：电动混凝土振动器、冲击电钻、电锤、电镐、电动地板刨光机、电动打夯机、电动地板砂光机、电动水磨石机、电动砖瓦铣沟机、电动钢筋切断机、电动混凝土钻机。

（7）铁道类：铁道螺栓电扳手、枕木电钻、枕木电镐。

（8）矿山类：电动凿岩机、岩石电钻。

（9）其他类：电动骨钻、电动胸骨钻、石膏电钻、电动卷花机、电动地毯剪、电动裁布机、电动雕刻机、电动除锈机、电喷枪、电动锅炉去垢机。

2. 根据电击防护特性分类

按电击防护条件，电气设备分为0类、0Ⅰ类、Ⅰ类、Ⅱ类和Ⅲ类。

（1）0类、0Ⅰ类、Ⅰ类设备都是仅有工作绝缘（基本绝缘）的设备，所不同的是0类设备外壳上和内部不带电导体上都没有接地端子（保护导体接线端子）；0Ⅰ类设备的外壳上有接地端子；Ⅰ类设备外壳上没有接地端子，但内部有接地端子，自设备内引出带有保护插头的电源线。

（2）Ⅱ类设备是带有双重绝缘或加强绝缘的设备，Ⅲ类设备是特低电压的设备；Ⅱ类设备和Ⅲ类设备都无须采取接地或接保护线措施。

手持电动工具没有0类和0Ⅰ类产品。移动式电气设备大部分是0Ⅰ类和Ⅰ类设备。市售手持电动工具绝大多数都是Ⅱ类设备。Ⅰ类手持电动工具安全性能差，已经停止生产，但是，直到现在为止，仍然有很多以前生产的Ⅰ类手持电动工具尚在使用。

10.2.2　手持式电动工具的合理选用

各类手持式电动工具的触电保护特性不同，在不同的场所应选用不同类型的工具，并配备相应的保护装置，以保证使用者的安全。

1. 各类手持式电动工具的特点

目前，Ⅰ、Ⅱ类工具的电压一般是 220V 或 380V，Ⅲ类工具过去都采用 36V，现国标规定为 42V，需要专用变压器，此类工具较少使用。根据国内外情况来看，Ⅱ类工具是主流，使用起来安全可靠，略加必要的安全措施还能代替Ⅲ类工具要求。

据统计，工具造成的触电死亡事故几乎都是由Ⅰ类工具引起的。Ⅰ类工具的接地保护线虽能抑制危险电压，但它的触电保护还是不完善的。此类工具的安全使用除依靠工具本身的绝缘强度及接地装置的完整外，还依靠使用场所的接地接保护线系统来保证，而目前许多工厂企业的接地装置的维护还不够完备，有的接地电阻太大，有的接地不良，有的甚至还没有接地装置。因此，今后在使用Ⅰ类工具时还必须采用其他附加安全保护措施，如剩余电流动作保护装置、安全隔离变压器等。

Ⅱ类工具比Ⅰ类工具安全可靠，表现为工具本身除基本绝缘外，还有一层独立的附加绝缘，当基本绝缘损坏时，操作者仍能与带电体隔离，不致触电。

Ⅲ类工具（即 42V 以下特低电压工具）由于用安全隔离变压器作为独立电源，在使用时，即使外壳漏电，也因流过人体的电流很小，一般不会发生触电事故。

2. 手持式电动选用原则

手持式电动选用原则一般包括以下 3 点。

（1）在一般场所，为保证使用的安全，应选用Ⅱ类工具，装设剩余电流动作保护装置、安全隔离变压器等。否则，使用者必须戴绝缘手套、穿绝缘鞋或站在绝缘垫上。

（2）在潮湿的场所或金属构架等导电性能良好的作业场所，必须使用Ⅱ类或Ⅲ类工具。

如果使用Ⅰ类工具，必须装设额定漏电动作电流不大于 30mA、动作时间不大于 0.1s 的剩余电流动作保护装置。

（3）在狭窄场所如锅炉、金属容器、管道等应使用Ⅲ类工具。如果使用Ⅲ类工具，必须装设额定漏电动作电流不大于 15mA、动作时间不大于 0.1s 的剩余电流动作保护装置。

Ⅲ类工具的安全隔离变压器，Ⅱ类工具的剩余电流动作保护装置及Ⅱ、Ⅲ类工具的控制箱和电源连接器等必须放在锅炉、金属容器，管道等危险工作区域的外面，同时应有人在外监护。

在特殊环境如湿热、雨雪以及存在爆炸性或腐蚀性气体的场所，使用的工具必须符合相应防护等级的安全技术要求。

10.2.3　手持式电动工具的安全要求

使用手持式电动工具应当注意以下安全要求。

（1）辨认铭牌，检查工具或设备的性能是否与使用条件相适应。

（2）检查其防护罩、防护盖、手柄防护装置等有无损伤、变形或松动。

（3）检查电源开关是否失灵、是否破损、是否牢固、接线有无松动。

（4）电源线应采用橡皮绝缘软电缆。单相用三芯电缆、三相用四芯电缆。电缆不得有破损或龟裂，中间不得有接头。

（5）Ⅰ类设备应有良好的接保护线或接地措施，且保护导体应与中性线分开。保护线（或地线）应采用截面积 1.5mm^2 以上的多股软铜线，且保护线（地线）最好与相线、中性线在同一护套内。

（6）使用Ⅰ类手持电动工具应配合绝缘用具，并根据用电特征安装剩余电流动保护装置或采取电气隔离及其他安全措施。

（7）绝缘电阻合格，带电部分与可触及导体之间的绝缘电阻Ⅰ类设备不低于 2MΩ、Ⅱ类设备不低于 7MΩ。

（8）装设合格的短路保护装置。

（9）Ⅱ类和Ⅲ类手持电动工具修理后不得降低原设计确定的安全技术指标。

（10）用毕及时切断电源，并妥善保管。

上述手持式电动工具的使用要求对于一般移动式设备也是适用的。

10.2.4　手持式电动工具的机械防护装置

手持式电动工具，无论是切割（削）工具还是研磨工具，在高速旋转、往复运行或振动时，会带来意外危险，因此，必须按有关标准安装防护装置，如防护罩、保护盖等。没有防护装置或防护装置不齐全的，严禁使用。

1. 手持式电动砂轮机防护装置

手持式电动砂轮机是一种常用的打磨工具，安装防护装置的要求如下。

（1）由于砂轮在工作时有飞屑并可能造成破裂伤人，必须加有防护罩及防护罩挡板。

（2）防护罩要有足够的强度，以挡住碎块的飞出。

（3）防护罩与砂轮要有合理的间隙。

（4）砂轮防护罩的开口角不大于 125°，其夹角 β 应不大于 65°。

（5）防护罩应牢固地安装在砂轮机头部相应的位置上，不得松动。

（6）端部挡板应牢固地安装在防护罩上，工作时，不得将端部挡板卸下。

（7）在防护罩端部挡板上，应用红色油漆绘制箭头（要求漆色鲜明、图形美观，大小适中），标示砂轮旋转方向。

（8）砂轮的转向应与防护罩上箭头标示方向一致。否则，工作时紧固螺母和砂轮将会脱落，造成事故。

2. 角向磨光机机械防护装置

角向磨光机机械防护装置安装要求如下。

（1）砂轮必须有防护罩，并有足够的强度。

（2）操作时应根据具体情况，将防护罩转动到合适的位置上锁紧，不得松动。

（3）其他安全防护要求参见手持式电动砂轮机的有关要求。

3. 手持式电动圆锯的机械防护装置

手持式电动圆锯的机械防护装置安装要求如下。圆锯防护装置的下部应装在弹簧枢轴上，锯切时露出锯齿；锯子离开工件时，保护装置就弹回原位，锯子的上部亦应当加以保护。

其他手持式电动工具应根据不同种类的特点，采用相应的机械防护装置，做到安全使用。

第11章 低压电器及其成套开关设备

低压电器及其成套开关设备种类繁多，广泛应用于发电厂、变电站、企业及各类电力用户的低压配电系统中，用于照明、配电和电动机控制中心、无功补偿等的电能转换、分配、控制、保护和检测。

11.1 低压电器

低压电器是一种能根据外界的信号和要求，手动或自动地接通、断开电路，以实现对电路或非电对象的切换、控制、保护、检测、变换和调节的元件或设备。控制电器按其工作电压的高低，以交流 1200V、直流 1500V 为界，划分为高压控制电器和低压控制电器两大类。

常用低压控制电器的分类方法很多，按用途或控制对象可分为：

（1）配电电器：主要用于低压配电系统中。要求系统发生故障时准确动作、可靠工作，在规定条件下具有相应的动稳定性与热稳定性，使电器不会被损坏。常用的配电电器有刀开关、转换开关、熔断器和断路器等。

（2）控制电器：主要用于电气传动系统中。要求寿命长、体积小、重量轻且动作迅速、准确、可靠。常用的控制电器有接触器、继电器、起动器、主令电器和电磁铁等。

11.1.1 低压电器常用名词术语

额定工作电压：用电器在额定的电压范围内正常工作时的电压值。

额定电压：电器正常工作时的电压。为了方便指明某一电气设备或系统的电压级别（设备应该在额定电压下工作）而设定的标称值。通常，额定电压也称为标称电压。

注意：不能把额定电压和额定工作电压简单地等同起来。例如，家用计算机的额定工作电压一般是 210 ～ 240V，在此范围内都可以正常工作，但额定电压是 220V。

额定电流：用电设备在额定电压下，按照额定功率运行时的电流。也可定义为电气设备在额定环境条件（温度、日照、海拔、安装条件等）下可以长期连续工作的电流。

用电器正常工作时的电流不应超过它的额定电流。

短路分断能力：在一定的试验参数（电压、短路电流和功率因数）条件下，经一定的试验程序，能够接通、分断的短路电流，经此通断后，还要继续承载其额定电流的分断能力。

不间断工作制（长期工作制）：没有空载期的工作制。电器的导电电路通以一稳定电流，通电时间超过 8h 也不分断。

短时工作制：有载时间和空载时间相互交替且前者比后者较短的工作制。电器的导电电路通以一稳定电流，通电时间不足以使电器达到热平衡，而在二次通电时间间隔内足以使电器的温度恢复到等于周围空气温度。

11.1.2　低压电器产品基本使用环境条件

低压电器产品基本使用环境条件主要包括：

（1）海拔不超过 2000m。

（2）周围空气温度最高不超过 40℃且 24h 平均值不超过 35℃，下限为 -5℃。

（3）相对湿度根据使用环境条件的不同分湿热带型和干热带型两类。湿热带型在温度为 25℃时，最湿月平均最大相对湿度不大于 95%；干热带型在温度为 40℃时，最干月平均最小相对湿度不小于 10%。

（4）低压电器应按制造厂的说明书安装。一般安装在无显著摇动和冲击振动、没有雨雪侵袭的地方，无爆炸危险的介质中，且介质中无足以腐蚀金属和破坏绝缘的气体与尘埃。

（5）方位有规定的或动作性能受重力影响的电器，其安装倾斜度不大于 5°。

（6）低压电器的选用原则是安全可靠和经济合理。

11.2　常用低压控制电器和保护电器

常用低压控制电器和保护电器主要包括各种开关、熔断器、接触器、继电器和起动器等。

11.2.1　常用低压手动开关电器

常用低压手动开关电器有低压隔离器、低压隔离开关及低压熔断器组合电器等。

1. 低压隔离器

低压隔离器是指在断开位置能符合规定的隔离功能要求的低压机械开关电器。

图 11-1 所示为开启式的低压隔离器 HD 系列单投刀开关和 HS 系列双投刀开关，

适用于交流 50Hz、额定电压 380V 或直流 440V、额定电流至 1500A 的成套配电装置中，用来不频繁地手动接通和分断交、直流电路。

带有杠杆操作机构的刀开关，用来切断电流的部分应装有灭弧罩，以保证分断时的安全可靠，操作机构应具有明显的分合指示和可靠的定位装置。

双投刀开关在用于双电源的切换时应注意以下几点。

■ 中央手柄式的单投和双投刀开关主要用于动力站，不切断带有电流的电路，作为隔离开关使用。

■ 侧面操作手柄式刀开关，主要用于动力箱中。

■ 中央正面杆杠操作机构刀开关主要用于正面操作、后面维修的开关柜中，操作机构装在正前方。

■ 正面操作侧方机械式刀开关主要用于正面两侧操作、在前面维修的开关柜中，操作机构可以在柜的两侧安装。

■ 装有灭弧室的刀开关可以切断电流负荷，其他系列刀开关只作隔离开关使用。

 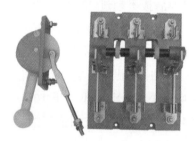

（a）单投刀开关　　　　　　　　（b）双投刀开关

图 11-1　HS13 型低压刀开关实物图

2. 低压隔离开关

低压隔离开关是指在断开位置能满足隔离要求的开关。其主要用途是隔离电源，保证工作人员维护检修作业时的人身安全。

低压隔离开关主要有 QA 和 QP 两种系列，此两种系列的隔离开关主要使用在具有高短路电流的配电电路和电动机电路中，作为手动不频繁操作的主开关或总开关，当配有熔断体时可作电路保护之用。低压隔离开关可直接开闭电动机等高电感负载，尤其适合于安装在较高级的抽出式低压成套装置中。QA（HH15A）和 QP（HH15P）隔离开关的区别在于触头结构不同。QA（HH15A）隔离开关为串联结构，QP（HH15P）隔离开关为并联结构，使其分断能力、出线位置有所不同。图 11-2 为 QA（HH15A）隔离开关实物图。

图 11-2　QA（HH15A）隔离开关实物图

3. 低压熔断器组合电器

熔断器组合电器是机械开关电器与一个或数个熔断器组装在同一个单元之内的组合电器。

低压熔断器组合电器主要有：

（1）QSA（HH15）系列开关熔断器组：有 63A 至 630A 七种规格，适用于交流 50Hz、额定电压 660V 的低压配电系统中，作为隔离开关、电源开关和应急开关以及电路短路保护，并具有承载短路和过载功能。

（2）熔断器式隔离开关：用熔断体或带有熔断体载熔体作为动触头的一种隔离开关，这一类电器有 HR5、HR6 等。

HR5 熔断器式刀开关，适用于交流 50Hz、额定电压 600V、额定工作电流至 630A 的具有高短路电流的配电电路和电动机电路中，作为电源开关、隔离开关、应急开关，并作电路保护、装 NT 型熔断器，还可加装辅助开关，发出指示分合状态信号。

HR6 熔断器式刀开关结构和性能与 HR5 熔断器式刀开关基本相近，当装配带撞针的熔断体时，如某极熔断体熔断，则撞击器弹出，通过一根传动轴触动辅助开关，发出信号用作断相保护。

4. 隔离开关与隔离器的安装及使用

隔离开关、隔离器的安装及使用注意事项如下。

（1）开关应垂直安装，（非旋转操作机构的）在合闸状态时，操作手柄应向上，动触头与固定触头的接触应良好，大电流的触头或刀片宜涂电力复合脂。

（2）双投刀开关在分断位置时，动触头应可靠定位，不得自行合闸。

（3）带熔断器或灭弧装置的开关接线完毕后，检查熔断器须无损伤，灭弧栅应完好且固定可靠，电弧通道应畅通，三相触头动作应一致。

（4）低压隔离开关的主要作用是检修时实现电气设备与电源隔离。

（5）低压隔离器和低压隔离开关与低压断路器串联安装的线路中，送电时应先合上电源侧隔离开关，再合上负荷侧隔离开关，最后接通断路器；停电时顺序相反。

11.2.2　常用低压断路器

低压断路器过去又称自动开关、空气开关，是既能接通、承载和分断正常情况下的电流，也能在规定的非正常条件下接通、承载一定时间和分断短路电流的一种机械开关电器。它能对电路实施控制与保护。

1. 低压断路器分类

低压断路器可按设计结构、安装方式及操作形式分类。

（1）按设计结构分为万能式、塑料外壳式。

（2）按安装方式分为固定式、插入式、抽出式。

（3）按操作方式分为手动操作、电动操作和弹簧储能操作。

2. 低压断路器的组成

低压断路器主要由触头系统、灭弧装置、操作机构和保护装置组成。

3. 低压断路器中脱扣器的分类与作用

低压断路器中脱扣器的分类与作用如下。

（1）热脱扣器：亦称过载脱扣器，与被保护电路串联，起过载保护作用。

（2）电磁脱扣器：亦称短路脱扣器，与被保护电路串联，起短路保护作用。

（3）分励脱扣器：可用于断路器远距离分闸，其线圈电压应与电路控制电压一致。

（4）失压脱扣器：亦称欠电压脱扣器，起欠电压和失压保护作用，其线圈电压应与主电路电源电压一致。有的失电压脱扣器还具有延时释放功能，主要防止因冲击负荷及电网电压瞬间波动而造成的断路器无故障跳闸，延时一般为 1～3s。

以上几种脱扣器应根据使用需求选配。

4. 低压断路器技术数据及性能

按国家标准规定，在低压断路器本体或铭牌上应标出：额定电流、是否用作隔离、断开和闭合位置指示。

在低压断路器外壳上还应标明使用类别，A 类为非选择型，只装有过载长延时、短路瞬时的二段保护；B 类为选择型，具有过载长延时、短路短延时和短路瞬时的三段保护特性。此外，还应标出额定工作电压、额定频率、额定运行短路分断能力、额定极限分断能力等。

5. 万能式低压断路器

万能式断路器是指可以有多种脱扣器的组合方式且合闸操作方法多样的断路器。因其具有带绝缘衬垫的框架结构底座，又称为框架自动开关，如图 11-3 所示。

国产万能式断路器有 DW15、DW16、DW45 等，引进技术国产化产品有 ME（DW917）、AH（DW914）、3WE、MT 系列等，额定电流为 630～4000A。

各种产品的基本结构、功能相似，只是在保护特性、技术参数、应用范围方面小有区别。

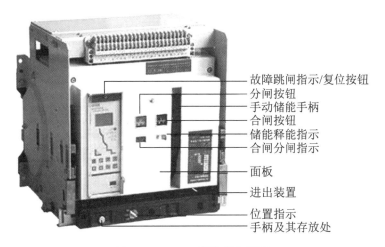

故障跳闸指示/复位按钮
分闸按钮
手动储能手柄
合闸按钮
储能释能指示
合闸分闸指示
面板
进出装置
位置指示
手柄及其存放处

图 11-3 DW15 断路器外形图

6. 塑料外壳式低压断路器

塑料外壳式低压断路器是用模压绝缘材料制成的外壳将所有构件组装成一整体的断路器，曾称塑料外壳式自动开关，也叫过装置式低压断路器，如图 11-4 所示。

塑料外壳式低压断路器的特点是它的触头系统、灭弧室、机构及脱扣器等元件均装在一个塑料壳体内。此类断路器多采用短路保护为瞬时动作的电磁脱扣器，过载保护为带延时的热脱扣器。一般额定电流在 630 A 以下且短路电流不大时，可选用塑料壳开关作为电路保护使用。

常用塑料外壳式低压断路器有限流性断路器、剩余电流动作保护断路器、微形断路器和智能化断路器等。其中某些系列的低压断路器的性能如下。

图 11-4 DZ 系列塑料外壳低压断路器外形图

（1） DZ20 系列塑料外壳式低压断路器。其按极限短路分断能力高低（触头系统有所不同），可分为 Y 型（一般型）、J 型（较高型）、C 型（经济型）、G 型（最高型）；按用途，可分为配电断路器用和保护电动机用。其操作有手动、电动两种方式。

（2）DZ20L 系列剩余电流动作保护断路器。剩余电流动作保护断路器是在塑料外壳断路器中加一个能检测剩余电流动作保护电流的零序电流互感器和剩余电流动作保护脱扣器。当出现漏电或人身触及相线时，零序电流互感器的二次边感应出信号电流，使剩余电流动作保护脱扣器动作，断路器快速断开。

（3）微型断路器。一般把额定电流63A 及以下的塑料外壳式低压断路器称为小型断路器，又称微型断路器。这一类断路器常用的有 C65、DZ47、DPN 等。这些小型断路器由高强度、高阻燃性塑料外壳，过电流脱扣器，操动机构，触头及灭弧系统组成。它的主要用途是保护线路末端的电线（或电缆）和用电设备。采用导轨安装方式，其产品宽度都选取 9mm 的倍数，故称为模数化终端电器。其中，iC65 系列标准型产品分断能力有 6kA（N）、10kA（H）、15kA（L）三种；额定电流为 1A～63A；极数有 1P、2P、3P、4P；根据需要可配装剩余电流动作保护附件、分励脱扣器、欠电压脱扣器、报警与辅助接点等。

iDPN 标准型产品分断能力有 4.5kA（a）、6kA（N）、10kA（H）；额定电流为 2A～40A；根据需要可配装剩余电流动作保护附件、分励脱扣、欠电压脱扣和报警与辅助接点等。

iC65 系列手柄绿色条纹显示触头处于切实分断状态，断开位置可锁定。将剩余电流动作保护附件与 iC65 拼装使用，可实现对间接接触提供人身保护，对直接接触提供补充人身保护，对电器设备的绝缘故障提供保护。

（4）智能化断路器。智能化断路器由实时检测、微处理器、外用接口与执行元件组成，具有以下 4 个特点：

①可提供多种保护功能供选择，如断路器过载长延时、短路短延时、特大短路瞬时动作；还可提供过电压、欠电压、断相、反相、三相不平衡、接地保护及屏内火灾检测报警等。

②选择性好，可按需选用保护功能和动作特性。

③具有通信功能，除了直接显示各种运行参数与故障信息外，还可实现通测、遥测、遥控。

④具有事件记录功能，除自动记录断路器动作时间、分断次数外，还可将故障数据保存，并据此查出故障类型、故障电压和电流等。

7. 低压断路器的安全使用与维护

断路器由于使用不当或选用不当造成的事故经常发生。特别是 DZ 型断路器，大部分不带失电压脱扣器，当发生故障停电时不能使其控制的电气设备和线路与电源脱离，若供电线路突然恢复供电，所带负荷会立即投入运行。而如果是不允许自行起动的设备，一旦其自行起动，就有可能造成设备损坏或较大的经济损失，甚至可能造成人身伤亡。

1）低压断路器安全使用注意事项

在选用低压断路器时，断路器的额定电压应与线路额定电压相符，其额定电流和热脱扣器的整定电流应满足最大负荷电流的需要。而配电保护型的瞬动整定电流为 $10 \times I_n$（I_n 为额定电流，误差为 ±20%），I_n 为 400A 及以上规格，可以在 $5I_n$ 和 $10I_n$ 中任选一种（由用户提出，制造厂整定）；电动机保护型的瞬动整定电流为 $12I_n$。低压断路器的最大分断电流远大于其额定电流。

断路器的选用应适合线路工作特点，如果选择不当就有可能使设备或线路无法正常工作。例如为满足整个系统的维护、测试和检修时的隔离需要，有双电源切换要求的系统必须选用四极断路器；为保证所保护的回路中的一切带电导线断开，对具有剩余电流动作保护要求的回路，均应选用带 N 极（如四极）的剩余电流动作保护断路器；住宅每户单相总开关应选用带 N 极的二极开关。

线路中有停电后恢复供电时禁止自行起动的设备，则应使用带有欠电压脱扣器的断路器控制，也可选用交流接触器与之配合使用。上级低压断路器的保护特性与下级低压断路器的保护特性应有选择性地配合使用。

2）低压断路器在使用中应定期检查与维护

低压断路器在使用中应定期检查与维护的内容包括：

（1）定期检查各部位的完整性和清洁程度，特别是触头表面应擦去污垢，被电弧烧伤严重时视触头材料进行处理或磨平打光，一般磨损厚度超过 1mm 应更换。

（2）检查触头弹簧的压力有无过热失效现象；各传动部件动作是否灵活、可靠，有无锈蚀和松动现象，各机构的摩擦部分应定期涂注润滑油。

（3）故障掉闸后，按厂家说明书要求检修触头及灭弧栅，清除内部灰尘和金属细末及炭质。

（4）故障掉闸后恢复送电时，手动操作的塑料外壳式低压断路器往往需要将开关柄向下扳至"再扣"位置后，方能再次合闸。

（5）断路器的分励脱扣器及失电压脱扣器，在线路电压为额定值 75% ～ 110% 时，应能可靠工作，当电压低于额定值的 35% 时，失电压脱扣器应能可靠释放。

（6）断路器每次检查完毕后应做 3 ～ 5 次操作试验，确认其工作正常。

（7）如断路器缺少部件或部件损坏，不得继续使用，以免在断开时无法有效地熄灭电弧而使事故扩大。

（8）带有位置指示线路，断路器的工作位置状态应与指示信号显示相符。

11.2.3　交流接触器

接触器是指仅有一个起始位置，能接通、承载和分断正常电路条件（包括过载运行条件）的一种非手动操作的机械开关电器。接触器按触头控制电流的种类可分为交流接触器和直流接触器两类。在此主要介绍交流接触器。

1. 交流接触器的用途及工作原理

交流接触器是用以接通和分断电路，并与热过载继电器组合以保护操作（运行）中可能发生过载的线路，适用于电气设备的频繁操作。交流接触器线圈是吸持线圈，又是失电压线圈，具有失电压保护功能，一般不另装失电压保护元件。交流接触器不能切断短路电流，但能在一定时间内承载一定的短路电流，其结构如图 11-5 所示。

交流接触器工作原理如图 11-6 所示。交流接触器具有一个套着线圈的静铁心，一个与触头固定在一起的动铁心（衔铁）。线圈通电后将静铁心磁化，产生电磁吸引力使动铁心与之对合在一起，动触点随动铁心的吸合与静触点闭合而接通电路。当线圈断电后或加在线圈上的电压低于额定值的 40% 时，动铁心就会因电磁吸引力过小而在弹簧的作用下释放，使动、静触点分开。

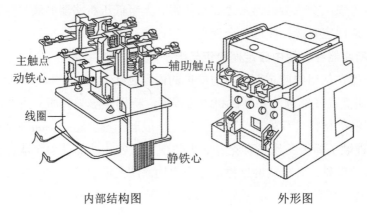

内部结构图　　　　　　　外形图

图 11-5　交流接触器结构图

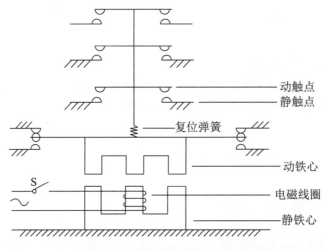

图 11-6　交流接触器工作原理

2. 交流接触器的主要结构

交流接触器的主要结构有以下 3 部分。

（1）电磁系统：交流接触器的关键部分，它由吸持线圈、动铁心和静铁心所组成。

（2）触头系统：根据功能不同，接触器装有主触头和辅助触头，主触头用于接通和断开主电路，能通过的电流大，在没通电的情况下处于常开状态（动合触头）。辅助触头用于控制回路，其额定电流一般为 5A，有常开（动合触头）和常闭（动断触头）两种状态。

（3）灭弧装置：熄灭电弧。电弧在电动力作用下被拉长并迅速进入陶土灭弧室，被灭弧室壁冷却而熄灭。

3. 交流接触器的主要参数

交流接触器的主要参数如下。

（1）额定电压：分为主触头的额定工作电压和辅助触头及吸持线圈的额定电压。吸持线圈的额定电压可能与触头额定电压不一致。

（2）额定电流：主触头在额定电压、额定工作制和操作频率下所允许通过的工作电流值。若改变使用条件，额定电流值也随之改变。

（3）动作值：当电源电压在额定值的 85%～105% 时，能保证接触器可靠吸合。

（4）额定工作制：接触器有长期工作制、间断长期工作制（即八小时工作制）、短时工作制、反复短时工作制 4 种。

（5）操作频率：接触器每小时的操作次数。接触器的允许操作频率一般在 300～1200 次／时。

（6）接通与分断能力：接触器的主触头在规定条件下能可靠地接通和分断的最大电流值。

（7）机械寿命与电气寿命。机械寿命是指接触器在需要维修或更换机械零件前所能承受的无负荷操作次数。电气寿命是指在正常操作条件下不需要修理或更换零件带负荷操作的次数。一般交流接触器的机械寿命为几十万次至几百万次，如 CJ20 型交流接触器的机械寿命不低于 300 万次。接触器的电气寿命大约是机械寿命的 5%～20%。

目前，生产的交流接触器型号很多，其中 CJ20 型交流接触器是全国统一设计产品，主要适用于交流频率为 50Hz，额定电压为 380V、660V 和 1140V，额定电流为 630A 及以下的电力线路中，供接通、分断电路和频繁起动、控制三相交流电动机用，它与热过载继电器或电子式保护装置组合成磁力起动器，以保护电路或交流电动机可能发生的过负载及断相。

交流接触器中较常用的还有 B 系列交流接触器和 K 型辅助接触器。B 系列交流接触器的额定工作电流从 9A 至 475A 有 14 个规格，有正装式和倒装式两种结构，吸引线圈分为交流和直流两种，安装方式分为卡轨式与螺钉固定式两种。

还有专用于切换电容的接触器，主要适用于交流 50Hz、额定工作电压至 660V 的电力线路中，供低压无功功率补偿设备投入或切换低压电力电容器之用。接触器附件有抑制涌流装置，不用加装限流电抗器就能有效抑制合闸涌流对电容器的冲击和降低开断瞬间的过电压。

4. 交流接触器的选用

交流接触器作为通断负载电源的设备，其选用应满足被控制设备的要求，除额定工作电压要与被控设备的额定工作电压相同外，被控设备的负载功率、使用类别、控制方式、操作频率、工作寿命、安装方式、安装尺寸以及经济性也是选择的依据。选用原则如下。

（1）交流接触器的电压等级要与负载相同，选用的接触器类型要与负载相适应。

（2）负载的计算电流要符合接触器的容量等级，即计算电流小于或等于接触器的额定工作电流；接触器的接通电流大于负载的起动电流，分断电流大于负载运行时分断需要的电流。负载的计算电流要考虑实际工作环境和工况，对于起动时间长的负载，半小时峰值电流不能超过约定发热电流。

（3）按短时的动、热稳定电流校验。线路的三相短路电流不应超过接触器允许的动、热稳定电流，当使用接触器断开短路电流时，还应校验接触器的分断能力。

（4）接触器吸引线圈的额定电压、电流及辅助触头的数量、电流容量应满足控制回路接线要求。要考虑接在接触器控制回路上的线路长度，一般推荐的操作电压值，接触器要能够在 85% ~ 110% 的额定电压值范围内工作。如果线路过长，由于电压下降太多，接触器线圈对合闸指令有可能没有反应；而由于线路电容太大，则可能对跳闸指令不起作用。

（5）根据操作次数校验接触器所允许的操作频率。如果操作频率超过规定值，额定电流应该加大 1 倍。

（6）短路保护元件参数应该和接触器参数配合选用。选用时可参考样本手册，样本手册一般给出的是接触器和熔断器的配合表。接触器和空气断路器的配合要根据空气断路器的过载系数和短路保护电流系数来决定。接触器的约定发热电流应小于空气断路器的过载电流，接触器的接通、断开电流应小于断路器的短路保护电流，这样断路器才能保护接触器。实际中接触器在一个电压等级下约定发热电流和额定工作电流比值在1 ~ 1.38，而断路器的反时限过载系数参数比较多，不同类型断路器不一样，所以两者间配合很难有一个标准，不能形成配合表，需要按实际核算。

（7）接触器和其他元器件的安装距离要符合相关国家标准和规范，要考虑维修和走线距离。

5. 交流接触器的安装使用要求

对于电气设备，是否能延长使用寿命，关键还在于安装时是否正确，使用过程是否得当，是否及时维护。因此，电气设备的安装使用方法和维护显得极其重要。下面分别针对接触器的安装和维护进行说明。

1）安装注意事项

交流接触器安装注意事项包括以下 6 点。

（1）在安装使用前，应检查线圈的额定电压是否和实际相符。

（2）在使用前，将铁心上面的防锈油脂和锈垢用汽油擦净，避免在使用过程中出现粘连现象，导致断电时不能释放。

（3）在安装时，一般垂直安装，倾斜角度不能太大，不得超过 5°，否则会影响接触器的动作性能。

（4）在安装时特别是连接导线时，要注意将细碎导线清理干净，避免掉入接触器内部，引起接触器卡阻，造成线圈烧毁。

（5）在连接导线时，一定不要将导线金属部位裸露在空气中，避免氧化。要将各个螺钉拧紧，避免因振动导致导线接触不良。

（6）在安装时，应使有孔的两面位于上下两方，有利于散热。

2）交流接触器的使用与维护

一般情况下，交流接触器的维护分为运行时维护和不运行时维护，下面分别说明。

（1）运行时维护。运行时维护应注意以下 5 点。

①在正常使用时，要检查负载电流是否在正常范围之内。

②观察相关指示灯是否和电路正常指示灯相符合。

③在运行中声音是否正常，有没有因接触不良造成的杂音。

④接触点是否有烧损现象。

⑤周围环境是否存在对接触器运行有不良影响的因素，比如潮湿、粉尘过多、振动过大等。

（2）不运行时维护。不运行时维护应注意以下 5 点。

①在停止使用时，对接触器进行定期清扫，保持接触器干净。特别是连接线是否牢靠，有无松动的地方，连线绝缘是否受损等。

②触头系统的维护。如动、静触点是否接触可靠，中间弹簧是否正常，有无卡阻现象；触头是否有松动，是否有烧损痕迹，按压触头是否灵活且可靠接触。

③严格测量交流接触器的相间绝缘电阻，且电阻值不低于 $10M\Omega$。

④接触器线圈的维护。如是否有开焊、烧损等现象，线圈周边的绝缘是否变色等。

⑤铁心的维护。可以拆卸检查，一般检查铁心的接触器，因为铁心会松散或生锈，是接触器发出异响的原因之一。同时也可以观察短路环是否损坏，如有，则需要及时更换。

总之，接触器的有些故障是逐渐积累形成的，如果经常巡视，认真检查，发现问题及时修理维护，就能避免事故的发生。我们只有在思想上提高认识，在日常工作中重视问题，积极采取有效措施，才能大大减少接触器的故障，保障设备的安全正常运行。

6. 交流接触器的巡视检查与维护

交流接触器的巡视检查与维护的主要内容包括：

（1）负荷电流应不大于接触器的额定电流。

（2）有分合信号指示时，其指示应与接触器实际状态相符合。

（3）周围环境应无不利于运行的情况。

（4）接触器与导线的连接点无过热变色。

（5）灭弧罩应无松动、缺损，罩内无嗞火声。

（6）辅助触头无烧蚀或打火现象。

（7）铁心应吸合良好，短路环不应脱出或开裂，铁心应无过大噪声。

（8）吸持线圈无异味。

（9）大容量交流接触器的绝缘连杆无裂损。

7. 接触器使用中的常见故障及处理

接触器使用中的常见故障有铁心或线圈过热、铁心噪声过大、触头烧蚀或熔焊在一起等。运行中发现以上故障应及时停电处理，修复或更新损坏的部件，更换部件或整体更换时应注意要与原型号规格一致。

11.2.4 主令电器

主令电器是用来接通和分断控制电路以发布命令，或对生产过程进行程序控制的开关电器。它包括控制按钮、行程开关、接近开关、万能转换开关和主令控制器等。

1. 控制按钮

控制按钮简称按钮，是一种结构简单使用广泛的手动主令电器。它在控制电路中作远距离手动控制电磁式电器用，也可以用来转换各种信号电路和电气联锁电路等。

控制按钮一般由按钮帽、复位弹簧、触头（接线柱）和外壳等部分组成。其外形如图 11-7 所示，图形符号和文字符号如图 11-8 所示。按钮中触头的形式和数量根据需要可以装配成 1 常开 1 常闭到 6 常开 6 常闭形式。接线时，也可以只接常开或常闭触头。为了标明各个按钮的作用，避免误操作，通常将按钮帽做成不同的颜色，以示区别，其颜色有红、绿、黑、黄、蓝、白等，如红色表示停止，绿色表示起动等。

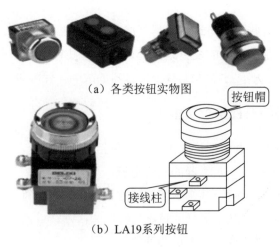

（a）各类按钮实物图

（b）LA19系列按钮

图 11-7 控制按钮

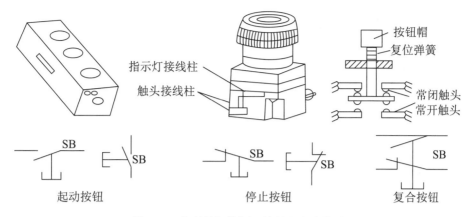

图 11-8　控制按钮的图形符号和文字符号

常 用 的 控 制 按 钮 有 LA2、LA4、LA10、LA18、LA19、LA20、LA25、LA32、LA38、LAY1、LAY3、LAY4、LAY6、LAY37 等系列产品。

1）LA10 系列控制按钮

LA10 系列控制按钮适用于交流频率 50Hz、电压 380V 或直流电压 220V、额定电流不大于 5A 的控制电路中，作为遥控接通或断开起动器、接触器、继电器及其他电气线路使用。

LA10 系列控制按钮的结构型式分为：开启式（K），适用于嵌装在控制柜、控制台的面板上，不能防止偶然触及其带电的部分；保护式（H），具有保护外壳，可以防止按钮元件受到外来的机械损伤和偶然触及带电部分；防水式（S），具有封闭的外壳，可以防止雨水的浸入；防腐式（F），能防止腐蚀性气体侵入。

2）LA20 系列控制按钮

LA20 系列由两个或三个按钮元件组合成按钮。它适用于交流频率 50Hz 或 60Hz、电压 380V 或直流电压 220V、额定电流不大于 5A 的控制电路中，作为磁力起动器、接触器的远距离控制使用。带有信号灯的按钮，其信号灯用于交、直流电压为 6V 的信号电路，作为各种灯光信号指示之用。

2. 万能转换开关和按动开关

万能转换开关是一种多挡位、多段式、控制多回路的主令电器，当操作手柄转动时，带动开关内部的凸轮转动，从而使触点按规定顺序闭合或断开。

1）LW 系列万能转换开关

LW 系列万能转换开关可装在配电柜、控制屏、控制台上，对各种开关设备作远距离控制及小型三相笼型异步电动机的直接起动，亦可作为部分电气仪表的转换开关触点，如图 11-9 所示，长期允许接通电流为 5 ～ 10A。其文字符号为 SA。

目前常用的万能转换开关有 LW2、LW5 系列等。LW5 系列

图 11-9　LW 系列万能
转换开关

万能转换开关适用于交流频率 50Hz、额定交流电压 500V 或直流电压 440V 的电路中，作为电气控制线路的转换使用，以及电压 380V、功率 5.5kW 及以下的三相笼型异步电动机的直接控制（起动、可逆转换、多速电动机变速）使用。

2）HY3-10 型按动开关

HY3-10 型按动开关适用于交流频率 50Hz、三相电压 380V、单相电压 220V 的线路中，作为接通和分断电路、控制小容量交流电动机使用。

HY3-10 型按动开关由动、静触头及来回摇摆的按动件、弹管组成，共同装在绝缘外壳内。当按下按动件带白点的一端时，触头闭合；当按下按动件另一端时，闭合的触头又打开。

3. 行程开关和微动开关

行程开关能将机械信号转换为电信号。一般用于交流频率 50Hz，额定电压 380V 及以下的电路中作为行程控制和限位之用。行程开关的型号有多种，多数用 L 表示主令电器，X 表示行程开关。微量动作的开关称作微动开关，它的型号中的字母 W 表示微动，例如 LXW 型是微量动作的行程开关的型号。常使用的型号有 JLXK1 型、LX2 型、LX19 型等。行程开关的图形符号及文字符号分别为——/——和 ST。

11.2.5　低压熔断器

低压熔断器是照明电路用作过载和短路保护及电动机控制线路中用作电路保护的电器。它串联在线路中，当线路或电气设备发生短路或严重过载时，熔断器中的熔体首先熔断，使线路或电气设备脱离电源，起到保护作用，是一种保护电器。熔断器具有结构简单、价格便宜、使用和维护方便、体积小巧等优点，如图 11-10 所示。熔断器最主要的零件是熔丝（或者熔片），将熔丝装入盒内或绝缘管内就成为熔断器，如图 11-11 所示。熔断器的规格以熔丝的额定电流值表示，但熔丝的额定电流并不是熔丝的熔断电流，一般熔断电流大于额定电流 1.3 ~ 2.1 倍。熔断器所能切断的最大电流，叫作熔断器的断流能力。如果电流大于这个数值，熔断时电弧不能熄灭，可能引起爆炸或其他事故。

图 11-10　熔断器实物

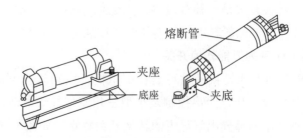

图 11-11　无填料封闭管式熔断器

1. 低压熔断器的分类

低压熔断器按结构可分为开启式、半封闭式和封闭式 3 种。封闭式又分为填料管式、无填料管式及有填料螺旋式等。熔断器按工作特性可分为一般用途熔断器、快速熔断器和有限流作用的自复熔断器。按熔体的材料不同可分为低熔点熔断器和高熔点熔断器。下面举例说明。

1）螺旋式熔断器（RL）

螺旋式熔断器主要由瓷帽、熔断管、瓷套、上接线端、下接线端及底座等部分组成。RL1 系列螺旋式熔断器的熔断管内，除了装有熔丝外，在熔丝周围还填满石英砂，作为熄灭电弧之用。熔断管的上端有一个小红点，熔丝熔断后红点自动脱落，表示熔丝已经熔断。使用时将熔断管有红点的一端插入瓷帽，瓷帽上有螺纹，将螺帽连同熔断管一起拧进瓷底座，熔丝便接通电路。在安装时，用电设备的连接线接到连接金属螺纹壳的上接线端，电源线接到底座上的下接线端，这样在更换熔丝时，旋出螺帽后，螺纹壳上不会带电。

2）有填料封闭管式熔断器（RTO）

有填料封闭管式熔断器主要由管体、指示器、石英砂填料和熔体组成。它的管体由滑石陶瓷制成，管体外表做成波浪形，既增加了表面的散热面积，又比较美观，管体内圆两端各有 4 个螺孔，以便用螺钉将盖板装在管体上。上盖装有明显红色指示器，指示熔断情况，当熔断时，指示器被弹起。熔体用薄紫铜片冲成筛孔，并围成笼形，中间焊以纯锡，熔体两端点焊于金属板上，从而保证熔体与导电插刀间很好地接触。管内充满经过特殊处理的石英砂，用来冷却和熄灭电弧。

3）快速熔断器

硅半导体元件日益广泛地应用于工业电力变换和电力驱动装置中，但 PN 结热容量低，硅半导体元件过载能力差，因此只能在极短时间内承受过载电流，否则半导体元件将迅速被烧坏。为此必须采用一种在过载时能迅速动作的快速熔断器。目前，快速熔断器主要有 RLS、RSO 及 RS3 三个系列。RLS 系列是螺旋式快速熔断器，用于小容量硅整流元件的短路保护和某些适当的过载保护；RSO 系列用于大容量硅整流元件；RS3 用于晶闸管元件的短路保护和某些适当过载保护。

2. 熔断器的选用和安全使用

1）熔断器的选用

熔断器选用的一般原则：

（1）根据使用条件确定熔断器的类型。

（2）选择熔断器的规格时，应首先选定熔体的规格，然后根据熔体选择熔断器的规格。

（3）熔断器的保护特性应与被保护对象的过载特性有良好的配合。

（4）在配电系统中，各级熔断器应相互匹配，一般上一级熔体的额定电流要比下一级熔体的额定电流大 2～3 倍。

（5）对于保护电动机的熔断器，应注意电动机起动电流的影响。熔断器一般只用于电动机的短路保护，过载保护应采用热过载继电器。

（6）熔断器的额定电流应不小于熔体的额定电流；额定分断能力应大于电路中可能出现的最大短路电流。

2）熔断器的安全使用

熔断器安全使用的注意事项：

（1）熔体熔断后，先排除故障再更换熔体。

（2）在更换熔体管时应停电操作。

（3）半导体器件构成的电路应采用快速熔断器。

（4）熔断器安装位置及相互间距离，应便于更换熔体。

（5）有熔断指示器的熔断器，其指示器应装在便于观察的一侧。

（6）瓷质熔断器在金属底板上安装时，其底座应垫软绝缘衬垫。

（7）安装具有多种规格的熔断器，应在底座旁标明规格。

（8）有触及带电部分危险的熔断器，应配齐绝缘抓手。

（9）带有接线标志的熔断器，电源线应按标志方向进行接线。

（10）螺旋式熔断器的安装，其底座严禁松动，电源应接在熔芯引出的端子上。

11.2.6 热过载继电器

热过载继电器是应用电流热效应原理，以电工热敏双金属片为敏感元件的过载继电器，又称热继电器。热过载继电器用于电动机及其他电气设备的过载保护，有多种型式。热过载继电器安装使用方便，功能较全且成本低廉，经实践证明能对电动机进行可靠保护，所以一直占重要地位。

1. 热过载继电器的结构

热过载继电器的结构如图 11-12 所示。热过载继电器由双金属片、加热元件、推杆、触头系统、电流整定值调整旋钮和手动复位按钮等几部分组成，如图 11-13 所示。热过载继电器各主要部件的作用如下。

（1）电工热敏双金属片是由两种热膨胀系数相差较大的合金加热轧制而成。受热时，双金属片由高膨胀层（主动层）向低膨胀层（被动层）弯曲。当电流过大（超过整定值）时，元件因"热"而动作，从而使其连动的动断触点切断所控电路及被保护设备的电源。

（2）热元件共有 2 片或 3 片，是热过载继电器的主要组成部分，是由双金属片及围绕在双金属片外面的电阻丝组成的。双金属片是由两种热膨胀系数不同的金属片轧制而成的，如铁镍铬合金和铁镍合金。电阻丝一般用铜、镍铬合金等材料做成，使用时，将电阻丝直接串联在异步电动机的电路中。

（3）动作机构利用推杆传递及弹簧跳跃式机构完成触头动作。触头多为单断点弹簧跳跃式动作，一般为一个触头动断、一个触头动合。

（4）复位机构有手动和自动两种形式，可根据使用要求自行选择调整。

（5）电流整定装置通过旋钮和偏心轮来调节整定电流值。

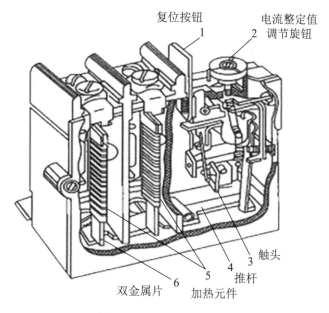

图 11-12　热继电器结构图

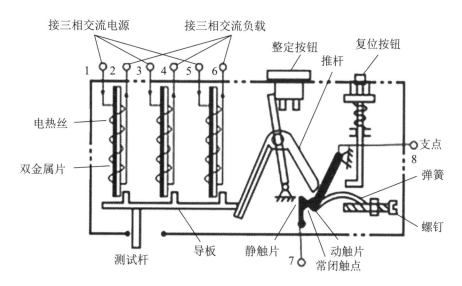

图 11-13　热继电器工作原理图

2. 热继电器的保护方式

热继电器的保护方式有单极式、两极式和三极式，常用的型号有 JR16、JR20、JR36、JRS2（3UA）、T 系列等。JR16 是三极式的，整定值可调，允许自动复位和手动复位，还可配装断相保护。有的产品配有电磁元件，具有过载和短路两种保护功能。JR36 外形尺寸和安装尺寸与 JR16B 系列完全一致，是新一代较为理想的产品。JRS2 可与 CJX1 系列交流接触器组合封装于封闭壳体内构成电磁起动器使用。JR20 采用立体布置式（又称二层式）结构和拉簧式结构，可获得良好瞬间跳跃特性。当主电路中电机过载或断相时，热继电器动作，同时脱扣器指示件弹出显示热继电器已动作。

3. 热继电器的选用和安全使用

热继电器的合理选用和正确使用直接影响到电气设备能否安全运行，因此，在选用和使用中应着重注意以下问题。

（1）热继电器额定电流应大于或等于热元件额定电流，应按产品系列选用。热元件的额定电流应略大于负荷电流，一般在负荷电流的 1.1 ~ 1.25 倍，整定值应在可调的范围之内，并据此确定热继电器的规格。通常热继电器的整定电流调节指示位置应调整到电动机的额定电流值；当电动机的起动时间较长（大于 5s），拖动冲击性负载或不允许停止时，热元件整定电流应调整到电动机额定电流的 1.1 ~ 1.15 倍。"角接"电动机应选用带缺相保护的热继电器。

（2）热继电器和热脱扣器的热容量较大，动作不快，不宜用于短路保护。

（3）与热继电器连接的导线截面积应满足最大负荷电流的要求，连接应紧密。

（4）热继电器在使用中，不能自行变动热元件的安装位置或随意更换热元件。

（5）运行中热继电器误动作的原因有：动作整定值偏小、环境温度过高或温度变化太大、操作频率过高、连接导线截面积不够或导线连接处接触不良、电动机起动时间过长、热元件本身质量不佳。

（6）运行中热继电器拒动作的原因有：整定值偏大、调节刻度误差太大、热元件损坏、动作触点粘连不能断开、动作机构卡住、导板变形脱位。

（7）热继电器因故障动作后，必须认真检查热元件及触点是否有烧坏现象，其他部件无损坏，才能再投入使用。

（8）热继电器动作后自动复位装置可在 5min 内复位，手动复位则在 2min 后，按复位键复位。

11.2.7 中间继电器

中间继电器通常用来传递信号和同时控制多个电路，也可用来直接控制小容量电动机或其他电气执行元件。中间继电器的结构和工作原理与交流接触器基本相同，与交流接触器的主要区别是触点数目多些，且触点容量小。在选用中间继电器时，主要考虑电压等级和触点数目。常用的型号有 JZ17、JDZ1、JZC1 等。

11.2.8 时间继电器

时间继电器是指当加入（或去掉）输入的动作信号后，其输出电路须经过规定的准确时间才产生跳跃式变化（或触头动作）的一种继电器，是一种使用在较低的电压或较小电流的电路上，用来接通或切断较高电压、较大电流的电路的电气元件。时间继电器有以下两种分类方式。

1. 按工作原理分类

时间继电器按其工作原理可分为：

（1）空气阻尼式时间继电器：利用空气通过小孔时产生阻尼的原理获得延时。其结构由电磁系统、延时机构和触头 3 部分组成。电磁机构为双口直动式，触头系统为微动开关，延时机构采用气囊式阻尼器，如图 11-14 所示。

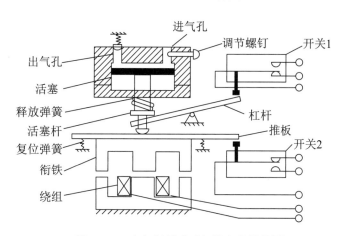

图 11-14　空气阻尼式时间继电器结构图

（2）电子式时间继电器：利用 RC 电路中电容电压不能跃变，只能按指数规律逐渐变化的原理，即电阻尼特性获得延时。它的特点是延时范围大，最长可达 3600s；精度高，一般为 5% 左右；体积小，耐冲击振动，调节方便。

（3）电动机式时间继电器：利用微型同步电动机带动减速齿轮系统获得延时。它的特点是延时范围大，可达 72h；延时准确度可达 1%；同时延时值不受电压波动和环境温度变化的影响。

电动机式时间继电器的延时范围与精度是其他类型时间继电器无法比拟的，其缺点是结构复杂、体积大、寿命低、价格贵，准确度受电源频率影响。

（4）电磁式时间继电器：利用电磁线圈断电后磁通缓慢衰减使磁系统的衔铁延时

释放而获得触点的延时动作原理制成。它的特点是触点容量大，故控制容量大；延时时间范围小；精度稍差；主要用于直流电路的控制中。

2. 按延时方式分类

时间继电器按延时方式可分为：

（1）通电延时型时间继电器：在获得输入信号后立即开始延时，需待延时完毕，其执行部分才输出信号以操纵控制电路；当输入信号消失后，继电器立即恢复到动作前的状态。

（2）断电延时型时间继电器：在获得输入信号后，执行部分立即输出信号；当输入信号消失后，继电器需要经过一定的延时，才能恢复到动作前的状态。

11.2.9　起动器

起动器是起动和停止电动机所需的所有的开关电器和与适当的过载保护电器组合的电器。交流电动机起动器用来起动电动机和将电动机加速到额定转速，保证电动机持续运行，对电动机及其有关电路的过载运行进行保护，以及人为地分断电动机的电源电路。起动器主要由接触器、按钮、热继电器组成，本身能实现失电压保护和过载保护，包括直接起动器、星形—三角形起动器、自耦减压起动器和转子变阻起动器等。

1. 起动器的类别

起动器分全压直接起动器和降压起动器两大类。全压直接起动器是在额定电压下直接起动电动机，直接起动时，电动机的起动电流和起动转矩都比较大。降压起动器是采用各种方法降低起动时的电压，以减小起动电流，待电动机运行正常后，再升至额定电压运行。

1）全压直接起动器

电动机全压直接起动器具有起动力矩大、转矩增加快的特点，但起动电流大。全压起动适用于农村电网及额定功率不大于 10kW 的笼型电动机。

2）降压起动器

为限制电动机的起动电流过大，电动机起动时通入较低的电压，待电动机运转后，再加至额定电压，称为降压起动。降压起动器有以下 4 种。

（1）星形—三角形起动器：通过起动器自动或手动将电动机定子三相绕组接线由星形变换为三角形，每相绕组的电压升为额定电压，电动机可正常工作，并具有过载及失电压保护。一般用于空载或轻载起动的中、小型三相笼型电动机，以减少起动电流及电动机起动时对输电网的影响。

（2）自耦减压起动器：由自耦变压器和交流接触器、热继电器等元件组成。在电动机的控制电路中，利用自耦变压器降低电源电压，以减少起动电流。自耦变压器输出侧有不同的电压抽头，可借以调节电动机起动电压来降低起动电流，电动机转动后可逐渐调节至额定电压；具有过载保护及失电压保护功能。一般用于不频繁起动和停止的惯性负载，如泵类、风机、压缩机等。

（3）电抗降压起动器：在电动机的电源电路中设一串接电抗线圈旁路，电动机起动时，通过电抗线圈降压以减小起动电流，电动机转动后，甩掉电抗线圈，切换为全电压运行。电抗降压起动器由电抗线圈、交流接触器、热继电器等部件组成，具有过载保护和失电压保护功能，并可变换电动机转向。一般用于恒转矩负载或重力负载的大中型电机，如卷扬机、升降机、传送带等。

（4）电阻降压起动器：工作原理与电抗降压起动器相似，其区别是在电源电路中串接电阻元件，电动机起动时，通过电阻元件降压以减小起动电流。电阻降压起动器的应用范围亦与电抗降压起动器相同。

2. 起动器的安装

可逆起动器或接触器，其电气连锁装置和机械连锁装置的动作均应正确、可靠。

（1）星形—三角形起动器的检查、调整应符合下列要求。

起动器的接线应正确；电动机定子绕组正常工作应为三角形接线。手动操作的星形—三角形起动器，应在电动机转速接近运行转速时进行切换；自动转换的起动器应按电动机负荷要求正确调节延时装置。它只适用于线圈额定电压为380V交流电动机轻载或空载起动。

（2）自耦减压起动器的安装、调整要求如下。

①起动器减压抽头在65% ～ 80%额定电压下，应按负荷要求进行调整；起动器是按短时通电考虑设计的，起动时间不得超过自耦减压起动器允许的起动时间。一般在起动后，转入全压运行方式时将自耦变压器从电路中断开。

②手动操作的起动器，触头压力应符合产品技术文件规定，操作应灵活。

③接触器或起动器均应进行通断检查；用于重要设备的接触器或起动器还应检查其起动值，并应符合产品技术文件的规定。

（3）软起动。

软起动指装置输出电压按指定要求上升，使被控电动机电压由零按指定斜率上升到全电压，转速相应地由零平滑加速至额定转速的过程。软起动方式既改善了电动机起动时对电网的影响，又降低了电动机自身所承受的较大结构冲击力。电动机电子软起动器，是在电力电子技术蓬蓬勃勃的发展中，悄然应运而生的。它是一种减压起动器，是继星形—三角形起动器、自耦减压起动器、磁控式软起动器之后，目前最先进、最流行的起动器，简称"软起动器"，一般采用16位单片机进行智能化控制，既能保证电动机在负载要求的起动特性下平滑起动，又能降低对电网的冲击，同时还能直接与计算机实现网络通信控制，为自动化智能控制打下良好基础。因此它的面市对于电动机起动技术来说具有划时代意义，受到各行各业的青睐。

JLC 系列中带节能功能的软起动器还能随负载率的变化而自动输出其所需电压值，从而达到节能运行目的。对风机、泵类及带负载起动的电动机，其起动性能极佳。

11.3　其他电器

在低压电器中还有一些低压供配电系统中使用的比较重要的电器，本节介绍自动转换开关电器（automatic transfer snitching equipment，ATSE）、电动机的电子保护器和机柜配电电源分配单元（PDU）。

11.3.1　自动转换开关电器

ATSE 是一种双电源切换开关，在工程中得到了广泛的应用。正确合理地选择 ATSE 可确保重要负荷的可靠供电，ATSE 在重要负荷的供电系统中是不可缺少和重要的一个环节。

ATSE 在我国经历了四个发展阶段，即两接触器型、两断路器型、励磁式专用转换开关和电动式专用转换开关。两接触器型转换开关为第一代，是我国最早生产的双电源转换开关，它是由两台接触器搭接而成的简易电源，这种装置有机械联锁不可靠、耗电大等缺点，因而在工程中越来越少采用。两断路器型转换开关为第二代，也就是我国国家标准和 IEC 标准中的 CB 级 ATSE，它是由两个断路器改造而成，另配机械联锁装置，具有短路或过电流保护功能，但是机械联锁不可靠。励磁式专用转换开关为第三代，它是由励磁式接触器外加控制器构成的一个整体装置，机械联锁可靠，转换由电磁线圈产生吸引力来驱动开关，速度快。电动式专用转换开关为第四代，是 PC 级 ATSE，其主体为负荷隔离开关，为机电一体式开关电器，转换由电机驱动，转换平稳且速度快，并且具有过 0 位功能。

1. 自动转换开关电器的功能

自动转换开关电器由一个或几个转换开关电器和其他必须的电器（转换控制器）组成，具用于监测电源电路，并将一个或几个负载电路从一个电源转换至另一个电源的开关电器，可用于消防负荷和其他重要负荷的末端互投装置。

自动转换开关电器的功能主要从两部分体现。其一是开关主体，它具备很高的抗冲击电流能力，并且可频繁转换；具有可靠的机械联锁装置，确保任何状态下两路电源不能并列运行；不允许带熔丝或脱跳装置，以防止双电源开关因过载而造成输出端无电现象；具备 0 位功能，并且隔离距离大，以便能够承受更高的冲击电压（8kV）以上；四级开关具备 N 级先合后分的功能，以防止 ATSE 在切换时，不同系统中 N 线上电位漂移，使电流走向不一致或分流，造成剩余电流保护装置误动作。其二是控制器，它是采用微处理器的智能化产品，检测模块应具有较高的检测精度和宽的参数设定范围，包括电压、频率、延时等；具备良好的电磁兼容性，应能承受主回路的电压波动、浪涌保护、谐波干扰、电磁干扰等；转换时间快，且延时时间可调；可为用户提供各种信号及消防联动接口和通信接口。

PC 级 ATSE 如果检测到常用电源出现偏差时，则自动将负载从常用电源转接至备用电源；当常用电源恢复正常时，再自动将负载转接回常用电源。

自动转换开关电器用于常用电源和备用电源之间的转换，操作机构不应使负载电路与常用电源或备用电源长期断开，并应提供指示所连接（常用或备用）电源位置的辅助触头。

在选用 PC 级 ATSE 时，除按照通用要求进行选择外，还要注意以下两方面。

（1）电气隔离："0"位及挂锁功能。从保证双电源系统长期稳定、安全供电和远程管理考虑，ATSE 的主体开关电气隔离特性非常重要，其输入和输出端承受两路电源电压。接触器、断路器和隔离开关的作用功能不同，在选择时要区别对待。隔离开关在断开位置应具有较大的开断距离，国标规定其线间及断开触头间必须承受 8kV 的额定冲击耐受电压。

建议选用隔离开关为主体开关的 ATSE。在非消防电源发生火灾及 ATSE 下端电器设备检修和维护时，ATSE 应具有"0"位；已经具有"0"位接口功能的，可接至消防控制中心。并且在"0"位检修时，应具备挂锁功能，以保证检修人员及设备的安全。

（2）延时设定及级数的选择。在常用电源转换至备用电源时，为防止备用电源在市电瞬态波动或失电压，ATSE 应具有延时检测功能，民规要求不大于 30s。很多产品设有转换延时，普遍设为 1～8s，一般设为 3s 较合适，它不会影响用电设备或照明等的正常使用。当备用电源转换至常用电源时，普遍出厂设置有 1～300s 的延时，以确认常用电源恢复正常而且稳定供电，一般 120s 比较合适。在延时时间内，ATSE 一直在向负载供电，不会影响电气设备使用。在选择 ATSE 时，应选用四级开关，N 线应当完全隔离，目的是防止 ATSE 切换时，不同系统中 N 线上电位漂移，使电流走向偏差，剩余电流保护装置误动作。

2. 机电一体智能式 ATSE

机电一体智能式自动转换开关电器具有自动化程度高、安全可靠性好等优点，已成为发展趋势。开关由开关主体和驱动控制部分组成，开关选用集成控制技术、过零及独特的触头分合技术。

机电一体智能式 ATSE 的构成及其作用如下。

（1）驱动控制部分：由逻辑控制电路和齿轮电机组成。电路控制核心采用 CPU 控制，电源部分采用开关电源稳压系统，供电可靠，电路具有良好的电磁兼容性；齿轮电机具有很强的耐湿热性和耐高温性，安全保护功能良好。

（2）机械联锁部分：多重的机械联锁，确保两路电源在任何情况下不能并列运行。

（3）开关保护功能：开关具有三相缺相、过欠电压、电机保护、频率检测功能。

（4）GLD 控制板性能：采用继承开关式电源，电路具有过载、短路保护，分别提供 5V、8V、12V 供电，其中 5V 为 CPU 芯片供电，8V 为比较检测电路供电，12V 为供电及执行转换继电器、外部输入信号供电。采样比较电路使用 4 个电压比较器，以保证过电压、欠电压、缺相、短电的检测。程序控制芯片 CPU 采用 PIC16C71 单片机控制，具有上电清零、程序中断、双向输入 / 输出等功能。

11.3.2　电动机电子保护器

随着电子技术的发展，数字显示、单片计算机、可编程序控制器悄然进入电工行列，使得电动机保护器数据显示更直观，控制精度更高，保护功能更齐全，性能更为可靠。

电子保护器由电流传感器、起动电流延时电路、过载保护、断相保护、堵转速断保护、三相电流不平衡保护、故障显示记忆七个部分组成。由电流传感器取出信号，经过整流、滤波、检测、识别等环节，送到相应部分进行比较处理，推动功率电路，使继电器动作。当电动机由于驱动部分过载导致电流增大时，从电流传感器取得的电压信号将增大，此电流值大于保护器的整定值时，过载电路工作。起动电流延时电路经过一定延时，若增大的电流仍未下降到整定值以内，此时驱动继电器动作，使接触器线圈失电，接触器主触头在弹簧力的作用下与接触器静触头分开，从而切断主电源。此时故障指示灯亮，同时将此故障现象按故障出现的时间节点记忆地存储在故障簿里，以供维修人员查看。其他功能部分原理相同。

功能与特点：具有过载、断相、堵转、三相不平衡保护等功能；具有过电流反时限延时功能，因此能根据电动机过电流倍数推算出最佳的动作时间；具有起动延时功能，它和过电流工作等延时时间分开；具有故障记忆显示功能。

浪涌抑制器：保护电器免受较高的瞬时过电压并能限制持续电流的持续时间和幅度的一种器件。其中浪涌保护器件（surge protective device，SPD）是电子设备雷电防护中不可缺少的一种装置，SPD 下端是三根火线合并为一根线接在一个端口上并接地线，属于户内固定安装电压限制型。其作用是把窜入电力线、信号传输线的瞬时过电压限制在设备或系统所能承受的电压范围内，或将强大的雷电流泄流入地，保护被保护的设备或系统不受冲击。一般安装在低压总开关柜内、楼层的分配电箱内或电梯间配电箱内等。

11.3.3 机柜配电电源分配单元

电源分配单元（power distribution unit，PDU）具备电源分配和管理功能。电源分配是指电流及电压与接口的分配。电源管理是指开关控制（包括远程控制）、电路中的各种参数监视、线路切换、承载的限制、电源插口匹配安装、线缆的整理、空间的管理及电涌保护和极性检测。PDU 实物如图 11-15 所示。机柜配电 PDU 和普通插座的功能比较如表 11-1 所示。

人们通常说的 PDU 是机架式电源分配单元（rack-power distribution unit，RPDU），也有人称之为电源分配管理器。

PDU 的功能在不断地完善，模块化 PDU 和扩展坞专门针对 1U 固定服务器进行了专门设计，具有独特的架构，为用户提供了很大的灵活性。用户可以在支架的不同位置安放模块单元而不必担心会牺牲宝贵的机架空间；电源输出接口沿机架分散配置，不仅易于安装，而且增加了输出口的数量，减少了电缆的交叉缠结现象。模块化的 PDU 是追求最高功率和空间效率的动态数据中心的理想产品。

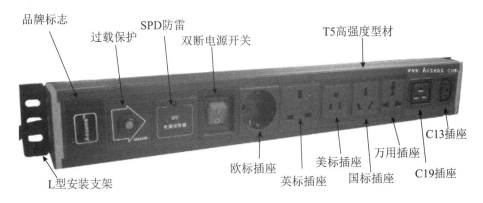

图 11-15　PDU 实物图

表 11-1　机柜配电 PDU 和普通插座的功能比较

对比项目	普通插座	PDU
产品结构	简单，普通，固定式结构	模块化结构，可接受用户量身定制
技术性能	功能单一	控制、保护、检测、分配功能强大，输出可任意组合
内部连接	一般为简单焊接	端子插接、螺纹端子固定、特殊焊接、环形接线等
输出方式	直接、平均输出	奇/偶位、分组、特定分配等方式输出
负载能力	一般小于 16A	负载电流大，可达 32A 以上
功率分配	功率平均输出	可按技术需求逐位/组地进行负载功率分配
力学性能	机械强度一般，长度受限	机械强度高，不易变形，长度可达 2m 以上
安装方式	普通摆放或挂孔式	安装方式、方法及固定方向灵活多样

11.4 低压成套开关设备

低压成套开关设备是由一个或多个低压配电方案（输电、配电）组成，并构成相关的控制、测量、信号、调节等功能的设备，简称低压开关柜。低压开关柜一般由制造厂家负责完成所有内部的电气和机械的连接，使用各种结构部件完整地组装在一起，最终形成一个组合体。

低压开关柜起电能分配与转换、回路控制、进行线路无功功率补偿等作用，同时还能保护人身安全、防止触电（直接和间接接触），保护设备（本身与受控的）免受外界环境影响（溅水、挤压、振动、电磁波辐射），防止动物（蛇、鼠、鸟等）及其他外部物体的进入。

低压开关柜按用途可分为馈电柜（PCC：Power Control Center）、控制柜（MCC：Motor Control Center）、补偿柜；按结构可分为固定式柜（PCC 柜或 MCC 柜）、抽出式柜（PCC 柜或 MCC 柜）。

11.4.1 低压开关柜的组成

低压开关柜主要由 3 部分组成，如图 11-16 所示。

（1）柜体：开关柜的外壳骨架及内部的安装、支撑件。

（2）母线：一种可与几条电路分别连接的低阻抗导体。

（3）功能单元：完成同一功能的所有电气设备和机械部件（包括进线单元和出线单元）。

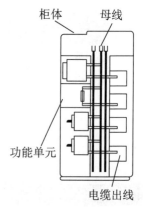

图 11-16 低压开关柜侧视图

11.4.2 低压开关柜的型号

低压开关柜的型号各异，不同的厂家有自己的型号，例如国产的型号有 MLS、GCS、GCK、GGD 等；国外的有 MD190、MNS、ArTu、Blokset、8PT 等。另外产品应符合 GB7251.1—2013《低压成套开关设备》（IDT IEC60439-1 1999）中的规定。

配电柜型号表示含义：

第 1 位：G——交流低压配电柜；P——开启式低压开关柜。

第 2 位：G——固定式；C——抽出式；H——固定、抽出混装式。

第 3 位：L（或 D）——动力用；K——控制用；S——森源电气系统。

例如" GGD/M/J ①②③ "各字符表示的含义如下。

G——交流低压配电柜；G——电器元件固定安装，固定接线；D——电力用柜；

M——面板操作；J——静电电容器；①——设计序号；②——主电路方案代号；③——辅助电路方案代号。

11.4.3　部分型号低压开关柜介绍

低压开关柜的型号繁多，使用场所广泛，在整个低压电网的各级配电系统中都要用到低压开关柜，但不同型号的低压开关柜其结构和功能有所差异，现在简单介绍一下部分型号低压开关柜。

1. GCS 低压开关柜（MCC 柜）

GCS 低压开关柜主架构：采用 8MF 型开口型钢，型钢侧面分别有模数为 20mm 和 100mm 的直径为 9.2mm 的安装孔，装置的各功能室相互隔离，其隔室分为功能单元室、母线室、电缆室。各室的作用相互独立。水平主母线采用柜后平置式排列方式，以增强母线抗电动力的能力。电缆隔室的设计使电缆上下进出均十分方便。

功能单元：抽出层高的模数为 160mm，单元回路额定电流 400A 及以下，每台 MCC柜最多能安装 11 个一单元的抽屉或 22 个二分之一单元的抽屉。抽屉进出线根据电流的大小采用不同片数的同规格片式结构的接插件，抽屉单元设有机械联锁装置，如图 11-17 所示。

图 11-17　GCS 型低压开关柜

2. GCK 低压开关柜（MCC 柜）

GCK 低压开关柜主架构：柜体基本结构是组合装配式结构。使用螺栓紧固连接，模数安装孔为 20mm，装置的各个功能室相互隔离，GCK 柜的基本特点是母线在柜体上部，其隔室分为功能单元室（柜前）、母线室（柜顶部）、电缆室（柜后）。也可靠墙安装，并将柜体右边加宽 200mm 作为电缆室，此时和 MNS 柜的顶部母线样式差不多。

功能单元：抽屉层高的模数为 200mm，抽屉单元设有机械联锁装置，如图 11-18 所示。

图 11-18　GCK（L）型低压开关柜

3. MNS 低压开关柜（MCC 柜）

MNS 低压开关柜主体架构：柜体基本结构由 C 型型材装配组成。C 型型材以模数安装孔为 25mm 的钢板弯制而成。抽出式 MCC 柜内分为 3 个隔室，分别为功能单元室（柜前左边）、母线室（柜后部）和电缆室（柜前右边）。由于水平母线隔室在后面，所以又可做成双面柜。为了减少开关柜排列宽带而设计成后出线，开关柜的主母线水平安装在开关柜的顶部，柜的后半部为电缆室，此时和 GCK 柜的母线样式差不多，如图 11-19 所示。

功能单元：抽屉层高的模数为 200mm，抽屉单元设有机械联锁装置。

图 11-19　MNS 型低压开关柜

4. GGD 低压开关柜

GGD 低压开关柜主体架构：柜体骨架采用冷弯型钢局部焊接组装而成，须离墙安装，不能靠墙安装；对电源进线及大负荷馈线回路将采用框架式柜体。框架式柜体分为 4 部分，即水平母线、上下通风、仪表门、开关元件。配电柜均为防护式组合拼装结构，零件用螺栓连接，柜体高为 2200mm、宽为 800mm、深为 600mm。配电柜允许从底部进入电缆，并带有敲落孔，在每一结构的侧部，留有足够的空间允许动力及控制电缆直接进入端子排；金属结构的部件，可靠连接到柜内接地母线上；设备的布置方便操作，在任何情况下都不妨碍运行性能；开关柜端部结构，母线排和电线电缆敷设线槽的布置已考虑扩展需求，如图 11-20 所示。

图 11-20　GGD 型低压开关柜

功能单元：外壳顶部覆板遮盖，防止异物如水滴落下，造成母线短路；柜体与柜体之间的金属隔板用以防止事故扩大；柜架背面设置防止直接触及带电元件的可拆卸门；柜体底板设有供电缆进出柜体的可拆卸口。

5. PGL 低压开关柜

PGL 低压开关柜主体架构：开启式双面维护的低压配电装置，如图 11-21 所示。开关柜的基本结构采用钢板及角钢焊接组合而成。柜前有门，柜面上方有仪表板，为可开启的小门，可装设指示仪表。并列拼装的开关柜，柜与柜间加有隔板，减少了由于单柜内因故障而扩大事故的可能。柜后骨架上方有主母线安装在子绝缘框上，并设有母线防护罩，防止上方坠落金属物体造成主母线短路的恶性事故。中性母线装置在柜下方的绝缘子上，保护接地系统的

图 11-21　PGL 型低压开关柜

主接地点焊接在骨架的下方，仪表门也有接地点与壳体互连。

功能单元：PGL 型交流低压配电屏分为低压计量柜、低压进线柜、电容补偿柜、市发电转换柜、母线联络柜、低压出线柜、低压馈电柜等。

PGL 低压开关柜用于户内安装。

11.4.4 低压配电分配方式

低压配电分配方式是指低压干线的配线方式。低压配电干线一般是指从变电所低压配电屏分路开关至各大型用电设备或楼层配电盘的线路。用电负荷分组配电系统是指负荷的分组组合系统。数据中心由于负荷的种类较多,低压配电系统的组织是否得当,将直接影响数据中心用电的安全运行和经济管理。

低压配电的接线方式可分为放射式和树干式两大类。放射式配电是一独立负荷或一集中负荷均由一单独的配电线路供电,一般用在下列低压配电场所: ①供电可靠性高的场所。 ②单台设备容量较大的场所。 ③容量比较集中的地方。

对于大型消防泵、生活水泵和中央空调的冷冻机组,一是供电可靠性要求高,二是单台机组容量较大,因此考虑以放射式专线供电。对于楼层用电量较大的大厦,有的也采用一回路供一层楼的放射式供电方案。

树干式配电是指一独立负荷或一集中负荷按它所处的位置依次连接到某一条配电干线上。树干式配电所需配电设备及有色金属消耗量较少,系统灵活性好,但干线故障时影响范围大,一般适用于用电设备比较均匀,容量不大,又无特殊要求的场合。

国内外智能楼宇、数据中心低压配电方案基本上都采用放射式,楼层配电则为混合式。混合式即放射式与树干式的组合方式,如图11-22所示。有时也称混合式为分区树干式。

在高层住宅中,住户配电箱多采用单极塑料小型开关——一种自动开关组装的组合配电箱。对一般照明及小容量插座采用树干式接线,即住户配电箱中每一分路开关带几盏灯或几个小容量插座;而对电热水器、窗式空调器等用电量大的家电设备,则采用放射式供电。

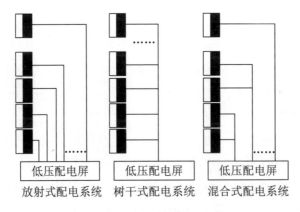

放射式配电系统　　树干式配电系统　　混合式配电系统

图 11-22　3 种低压配电方式

11.4.5 低压配电箱、柜的安装及投入运行前的检查

安装时,配电箱、柜相互间及其与建筑物间的距离应符合设计和制造厂的要求,且应牢固、整齐、美观;若有振动影响,应采取防振措施,并接地良好;两侧和顶部隔板

完整，门应开闭灵活，回路名称及部件标号齐全，内外清洁无杂物。低压配电箱、柜在安装或检修后，投入运行前应进行下列各项检查试验。

（1）检查柜体与基础型钢固定是否牢固，安装是否平直。箱、柜面应完好，箱、柜内应清洁，无积垢。

（2）各开关操作灵活，无卡涩，各触点接触良好。

（3）用塞尺检查母线连接处接触是否良好。

（4）二次回路接线应整齐牢固，线端编号符合设计要求。

（5）检查接地是否良好。

（6）抽屉式配电箱应检查推拉是否灵活轻便，动、静触头应接触良好，并有足够的接触压力。

抽屉式低压开关柜单元抽屉状态要求如下。

①连接位置：主辅回路插件均已接通，单元抽屉锁定。

②试验位置：主回路插件断开，辅助回路插件接通，单元抽屉锁定。

③隔离位置：主辅回路插件均已断开，单元抽屉锁定。

④抽出位置：主辅回路插件均已断开，单元抽屉既可插入，亦可抽出。

抽屉在推入小室以前，应检查断路器等处于分断状态，且无其他异物，再将抽屉推到试验位置；进行分合操作试验后，必须将断路器等断开，而后推入工作位置；抽屉拉出前应检查断路器等确已断开，方可将抽屉推到试验位置。

（7）试验各表计是否准确，继电器动作是否正常。

（8）用 1000V 兆欧表测量绝缘电阻，应不小于 0.5MΩ，并按标准进行交流耐压试验，一次回路的试验电压为工频 1kV。也可用 2500V 兆欧表试验代替。

（9）低压配电装置所控制的负荷必须分路，避免多路负荷共用一个开关控制。

11.5 低压配电系统运行方案

低压配电中，一个非常重要的环节就是低压配电系统方案。变电所附属的低压配电系统方案主要负责向其周围的动力配电系统、低压用电设备、变电所用电设备供电。变电所的低压配电柜属于比较重要的供配电电气设备，一般情况下，变电所和独立配电室（低压配电柜较多时）的布置应符合《20kV 及以下变电所设计规范》（GB 50053—2013）的相关规定。

11.5.1 双路市电（0.4kV）+单路低压柴油发电机系统运行方案

双路市电（0.4kV）+单路低压柴油发电机配电系统主接线经常采用的接线方式是单母线分段接线，中间加母联的方式。

1. 低压配电主接线方案 1

此方案采用三段母线接线，如图 11-23 所示，工作原理如下。

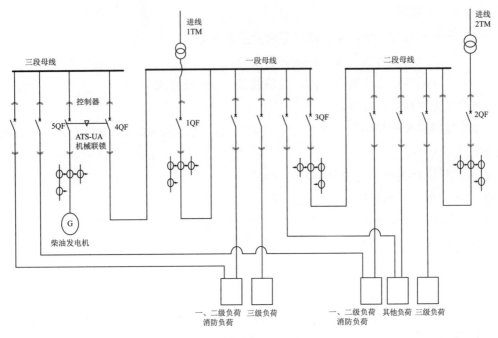

图 11-23 低压配电主接线方案 1

（1）断路器 4QF 与 5QF 采用机械联锁，用自动控制器控制，保证发电机 G 与市电不并网运行，避免发电机向一、二段市电低压母线反送电。

（2）三级负荷断路器装失电压脱扣器，保证当火灾时停止市电供电，发电机自起动运行仅供给消防用电和重要的一、二级负荷用电，确保供电可靠性。方案一可满足规范对低压配电主接线的要求，接线简单可靠，但柴油发电机只能供消防负荷和重要的一、二级负荷用电，灵活性较差。许多一、二类高层建筑都自备了柴油发电机组，但由于低压配电主接线固定，在市电停电时，柴油发电机组无法投入一、二段低压母线，造成柴油发电机组长期闲置；而且由于发电机组长期不起动，工作人员疏于检查，油路堵塞、起动蓄电池漏电等故障也会导致火灾发生时，柴油发电机组起动失败。

2. 低压配电主接线方案 2

在一段与三段母线之间增加一个联络断路器 6QF（虚线框内部分），如图 11-24 所示，做如下联锁控制。

（1）1QF、2QF、3QF 框架断路器做电气联锁，正常时 1QF、2QF 合 3QF 断，1QF、2QF 分段运行，互为备用。

（2）断路器 4QF 与 5QF 采用机械联锁，用自动控制器控制，保证发电机 G 与市电不并网运行，作用同方案 1。

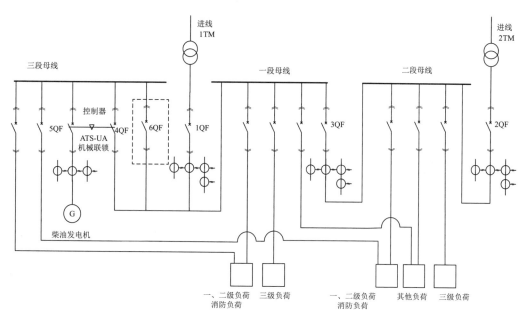

图 11-24　低压配电主接线方案 2

（3）6QF 断路器为母线联络使用，市电停电时，备用电源通过 6QF 向一、二段母线供电，供一、二段母线负荷使用。6QF 断路器必须与 1QF、2QF 以及高压部分的高压断路器的 GY 辅助触点做可靠的电气联锁，并在 6QF 断路器分闸控制回路接入消防控制触点，实施多重联锁，保证在任何情况下，发电机容量优先满足消防负荷、重要的一、二级负荷的供电容量的需要。6QF 联锁控制二次接线原理图如图 11-25 所示。

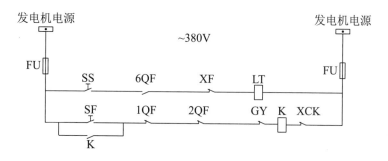

图 11-25　6QF 断路器联锁控制二次接线原理图

图中：SS——分闸按钮；SF——合闸按钮；1QF——断路器辅助触点；2QF——断路器辅助触点；6QF——断路器辅助触点；XF——消防控制输出无源触点；GY——高压断路器辅助触点；LT——断路器内失电压线圈；K——断路器合闸线圈；XCK-6QF 断路器执行机构电机行程开关。

（4）三级负荷断路器装失电压脱扣器，保证当火灾时停止市电供电，发电机自起动运行并仅供给消防用电和重要的一、二级负荷用电，确保供电可靠性。

（5）XF 为消防控制中心输出的无源常闭触点，火灾发生后消防控制中心输出控制信号，XF 动作，6QF 断路器跳闸，柴油发电机仅供消防负荷和一、二级负荷。

（6）1QF、2QF、GY 断路器的常闭辅助触点串接在 6QF 断路器的合闸回路中，确保只有在 1QF、2QF、GY 断路器同时分闸时，6QF 断路器才能合闸。

（7）方案 2 中 6QF 断路器与 1QF、2QF 断路器之间的联锁均为电气联锁，为满足有些地区供电部门对此联锁必须为机械联锁的规定，可做如下处理：1QF、2QF、6QF 框架断路器要求带按钮锁定及退出位置锁定附件（一些知名厂家生产的框架断路器均带此附件），加锁共用一把钥匙管理，即要求 1QF、2QF 框架断路器必须同时在分闸位置锁定后，才能取下钥匙打开 6QF 断路器锁定装置合闸（可满足供电部门对机械联锁的规定）。

方案 2 可满足规范对低压配电主接线的要求，接线灵活、简单、可靠，解决了方案 1 接线中存在的问题，保证在平时非火灾时，当市电停电，发电机可兼做部分非消防用电的备用电源，充分发挥发电机的作用。

11.5.2　低压倒闸操作

倒闸操作是指电气设备或电力系统由一种运行状态转换到另一种运行状态，由一种运行方式转变为另一种运行方式时所进行的一系列的有序操作。目的是改变设备的使用状态，以保证系统改变运行方式或工作的需要。

1. 倒闸操作的步骤

倒闸操作的步骤如下。

（1）调度预发操作任务，值班员接收并复诵无误。

（2）操作人查对模拟图板，填写操作票。

（3）审票人审票，发现错误应由操作人重新填写。

（4）监护人与操作人相互考问和预想。

（5）调度正式发布操作指令，并复诵无误。

（6）监护人和操作人共同按操作步骤逐项操作模拟图板，核对操作步骤的正确性。

（7）操作人准备必要的安全工具、用具、钥匙，并检查绝缘板、绝缘靴、绝缘棒、验电器等。

（8）监护人逐项唱票，操作人复诵，并核对设备名称编号相符。

（9）监护人确认无误后，发出允许操作的命令"对，执行"；操作人正式操作，监护人逐项勾票。

（10）监护人带领操作人对操作后设备进行全面检查。

（11）值班员向调度汇报操作任务完成并做好记录，盖"已执行"章。

（12）值班员复查、评价、总结经验。

2. 倒闸操作的注意事项

倒闸操作的注意事项如下。

（1）倒闸操作前，必须了解系统的运行方式、继电保护、自动装置等情况，并应考虑电源及负荷的合理分布以及系统运行的调整情况。

（2）在电气设备送电前，必须收回并检查有关工作票，拆除安全措施，然后测量绝缘电阻。

（3）在倒闸操作前应考虑继电保护及自动装置整定值的调整，以适应新的运行方式的需要，防止因继电保护及自动装置误动作或振动而造成事故。

（4）备用电源自投装置、重合闸装置、自动励磁装置必须在所属主设备停运前退出运行，在所属主设备送电后投入运行。

（5）在进行电源切换或电源设备倒母线时，必须先将备用电源投入装置切除，操作结束后再进行调整。

停电时，电路中如有电容器先将电容器退出；然后停支路的可以带负荷断开的开关，如断路器，再拉开支路的刀开关；最后断开总的断路器，再拉开总的刀开关。送电时与此相反。

3. 低压停、供电倒闸操作实例

本实例以 10kV（双路市电 + 双路高压柴发）供电配电运行为例，参见图 11-26，介绍低压停、供电倒闸操作。但倒闸操作只讲低压（0.4kV）中置柜部分，高压（10kV）部分倒闸操作《数据中心高压供配电系统运维》中再讲。

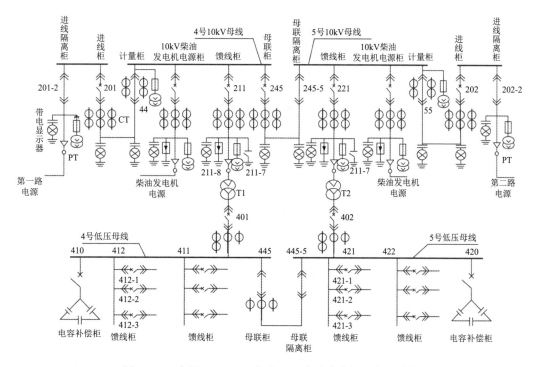

图 11-26　高压 10kV（双市电 + 双柴油发电机）电源系统图

1）中置柜低压部分停电倒闸操作顺序

中置柜低压部分停电倒闸（401 路线路由运行转为检修状态）操作顺序如下。

（1）拉开 410 断路器，电容器组退出运行。

（2）确认 410 断路器已断开。

（3）拉开 412 的各路出线开关（412-1、412-2、412-3）。

（4）拉开 412 并确认 412 已断开。

（5）拉开 411 的各出线开关（411-1、411-2、411-3）。

（6）拉开 411 并确认 411 已断开。

（7）将 445 断路器自投不自复运行方式旋钮旋至手动状态。

（8）拉开 445 并确认 445 已断开。

（9）拉开 445-5 并确认 445-5 已断开。

（10）将 445-5 隔离小车摇至备用位置。

（11）拉开 401 并确认 401 确已断开（表现为运行电源指示灯灭、电流表指示为"零"等）。

（12）将 401 断路器小车摇至备用位置。

（13）在停电部位验电，确认无电才能在来电方向挂临时接地线。挂临时接地线时，应先接接地端，后接相线端。

（14）最后在 401、445、445-5 柜上挂"禁止合闸，有人工作"的警示牌。

（15）在 401 断路器柜上挂"已接地"的标示牌。

2）中置柜低压部分送电倒闸操作顺序

中置柜低压部分送电倒闸（401 路线路由检修状态转为运行状态）操作顺序如下。

（1）拆除临时接地线。拆除接地线的顺序是先拆除相线端，后拆除接地端。

（2）撤除 401 断路器柜上挂的"已接地"的标示牌。

（3）撤除在 401、445、445-5 柜上挂的"禁止合闸，有人工作"的警示牌。

（4）将 401 断路器小车摇至热备位置。

（5）合上 401 并确认 401 确已合上（表现为运行电源指示灯亮、电流表、电压表有指示等）。

（6）将 445-5 隔离小车摇至热备位置。

（7）合上 445-5，并确认 445-5 确已合上。

（8）合上 445，并确认 445 确已合上。

（9）将 445 断路器自投不自复运行方式旋钮旋至自动状态。

（10）合上 411 并确认 411 已合上。

（11）合上 411 的各出线开关（411-1、411-2、411-3）。

（12）合上 412 并确认 412 已合上。

（13）合上 412 的各路出线开关（412-1、412-2、412-3）。

（14）合上 410 断路器（电容器组投入运行）。

（15）确认 410 已合上。

3）停、送电断路器、隔离开关的操作顺序

停、送电断路器、隔离开关的操作顺序如下。

（1）送电时，应先电源侧，后负荷侧，即先闭合电源侧的开关设备，后闭合负荷侧的开关设备。

（2）停电时，先负荷侧，后电源侧，即先断开负荷侧的开关设备，后断开电源侧的开关设备。

（3）操作隔离开关（手车）时，断路器必须在断开位置。送电时，应先闭合隔离开关，后闭合断路器。停电时，断开顺序与此相反。严禁带负荷操作隔离开关！

11.5.3　低压配电装置的巡视检查

为了保证低压配电装置的正常运行，对配电屏上的仪表和电器应经常进行检查和维护，并做好相关记录，以便随时分析运行及用电情况，及时发现问题和消除隐患，对运行中的低压配电屏，通常应进行以下检查。

（1）配电屏及屏上的电气元件的名称、标志、编号等是否清楚、正确，盘上所有的操作把手、按钮和按键等的位置与现场实际情况是否相符，固定是否牢靠，操作是否灵活。

（2）配电屏上表示"合""分"等信号灯和其他信号指示是否正确。

（3）隔离开关、断路器、熔断器和互感器等的触点是否牢靠，电路中各部分连接点有无过热、变色现象。

（4）配电室有操作模拟板时，模拟板与现场电气设备的运行状态是否对应。

带灭弧罩的低压电器，三相灭弧罩是否完整无损；运行中低压配电装置有无异音、异味，运行环境中的温度、湿度是否符合电气设备特性要求，室内电缆沟有无积水、杂物；配电箱、柜周边有无与设备运行无关的物品；电缆保护管孔洞是否已用防火材料封堵；防鼠挡板应完好在位；通往设备区的门应随手关好。

（5）巡视检查中发现的问题应及时处理，并做好记录及时上报。

11.5.4　低压配电装置的运行维护

低压配电装置在经过一定时间运行后，各用电设备的用电器性能都将发生一些变化，有的变化了的性能在允许范围之内，有的变化了的性能则会超过允许范围，这就要求运行维护人员定时和不定时进行维护和检查。

低压配电装置的运行维护内容如下。

（1）对低压配电装置的有关设备，应定期清扫和摇测绝缘电阻（对工作环境较差的应适当增加次数），如用 1000V 兆欧表测量母线、断路器、接触器和互感器的绝缘电阻，

以及二次回路的对地绝缘电阻等，均应符合规程要求。

（2）低压断路器故障跳闸后，只有查明并消除跳闸原因，才可再次合闸运行。

（3）对频繁操作的交流接触器，每三个月进行检查，检查时应清扫一次触头和灭弧栅，检查三相触头是否同时闭合或分断，摇测相间绝缘电阻。

（4）经常检查熔断器的熔体与实际负荷是否相匹配，各连接点接触是否良好，有无烧损现象，并在检查时清除各部位的积灰。

（5）凡装有低压电源自投系统的配电装置，应定期进行传动试验，检验其动作的可靠性。

（6）低压配电装置的操作走廊、维护走廊均应铺设绝缘垫，且通道上不得堆放杂物。

（7）低压配电装置应编号，主控电器应编统一操作调度号，双面维护的配电柜，其柜前与柜后应有一致的操作编号和用途标志，馈线电器应标明负荷名称，并应标示在低压系统模拟图板上。

（8）低压配电装置应定期进行清扫、检查与维护，一般每年不少于两次，且应安排在雷雨季节前和高峰负荷到来之前。

（9）低压母线和设备连接点超过允许温度时，应迅速停止次要负荷，以控制温度上升，然后再停用缺陷设备进行检修。

（10）低压电器内发出放电声响，应立即停止其运行，隔离电源后，取下灭弧罩或外壳，检查触头接触情况，并摇测对地及相间绝缘电阻是否合格。

（11）低压电器的灭弧罩或灭弧栅损坏或掉落，即便是一相，也应停止该设备运行，待修复后方准使用。

（12）三相电源发生缺相运行或电流互感器二次开路时，应及时停电进行处理。

第 12 章　异步电动机

在电动机中，由于异步电动机具有结构简单、运行可靠、维护方便、坚固耐用、使用交流电源等优点，所以在机床、起重机械、水泵、风机、各种生产机械、电力排灌、农副产品加工设备中使用极为广泛。

12.1　异步电动机概述

电机的转速（转子转速）小于旋转磁场的转速的电动机，称为异步电动机。它和感应电动机基本上是相同的，所以也称感应电动机，是由气隙旋转磁场与转子绕组感应电流相互作用产生电磁转矩，从而实现将电能量转换为机械能量的一种交流电动机。

12.1.1　异步电动机的分类

异步电动机有多种不同的分类方法，可按转子结构来分也可按所接电源相数来分。交流电动机又分为同步电动机和异步电动机，其中异步电动机根据其转子结构的不同又分为笼型异步电动机和绕线型异步电动机；根据其所接电源相数的不同，还可分为单相异步电动机和三相异步电动机。

12.1.2　三相异步电动机的基本结构

三相异步电动机由固定的定子和旋转的转子两个基本部分组成，转子装在定子内腔里，借助轴承被支撑在两个端盖上。为了保证转子能在定子内自由转动，定子和转子之间必须有一间隙，称为气隙。图 12-1 所示为三相笼型异步电动机的组成部件。现对这 3 个基本部分的组成及作用介绍如下。

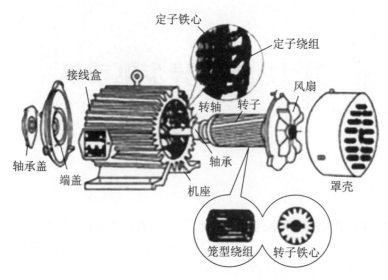

图 12-1 三相笼型异步电动机的组成部件

1. 定子部分

定子由定子三相绕组、定子铁心和机座组成。定子三相绕组是异步电动机的电路部分，在异步电动机的运行中起着很重要的作用，是把电能转换为机械能的关键部件。定子三相绕组的结构是对称的，一般有 6 个出线端 U_1、U_2、V_1、V_2、W_1、W_2，置于机座外侧的接线盒内，根据需要接成星形（Y）或三角形（△），如图 12-2 所示。

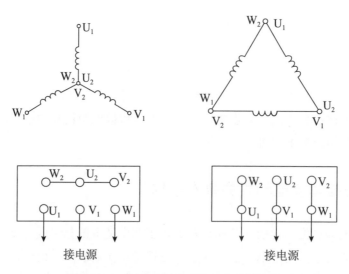

图 12-2 三相笼型异步电动机出线端接线

定子铁心是异步电动机磁路的一部分，由于主磁场以同步转速相对定子旋转，为减小在铁心中引起的损耗，铁心采用 0.5mm 厚的高导磁硅钢片叠成，硅钢片两面涂有绝缘漆以减小铁心的涡流损耗。

机座又称机壳，它的主要作用是支撑定子铁心，同时也承受整个电动机负载运行时产生的反作用力，并且电动机运行时由于内部损耗所产生的热量也通过机座向外散发。中、小型电动机的机座一般采用铸铁制成，大型电动机因机身较大浇注不便，常用钢板焊接成型。

2. 转子部分

异步电动机的转子由转子铁心、转子绕组及转轴组成。

转子铁心也是电动机磁路的一部分，也用硅钢片叠成。与定子铁心冲片不同的是，转子铁心冲片是在冲片的外圆上开槽，叠装后的转子铁心外圆柱面上均匀地形成许多形状相同的槽，用以放置转子绕组。

转子绕组是异步电动机电路的另一部分，其作用为切割定子磁场，产生感应电势和电流，并在磁场作用下受力而使转子转动，按其结构可分为笼型绕组和绕线式绕组两种类型。这两种转子绕组类型各自的主要特点是：笼型转子绕组结构简单，制造方便，经济耐用；绕线式转子绕组结构复杂，价格贵，但可通过在转子绕组回路引入外加电阻来改善起动和调速性能。

笼型转子绕组由置于转子槽中的导条和两端的端环构成。为节约用钢和提高生产率，小功率异步电动机的导条和端环一般都是由融化的铝液一次浇铸出来的；对于大功率的电动机，由于铸铝质量不易保证，常用铜条插入转子铁心槽中，再在两端焊上端环。笼型转子绕组自行闭合，不必由外界电源供电，其外形像一个笼子，故称笼型转子，如图 12-3 所示。

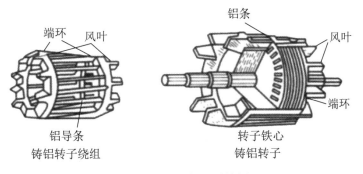

图 12-3　笼型转子结构图

3. 气隙

异步电动机的气隙是指定子和转子之间的间隙，其大小及对称性等参数对电动机的性能有很大影响。

异步电动机的气隙很小且均匀，因为气隙越大，磁阻就越大，要产生同样大小的磁场，就需要较大的励磁电流，而励磁电流是由电网供给的，且又属于无功性质，因此它将影响电网的功率因数。气隙过小，则将引起装配困难，并导致运行不稳定。因此，异步电动机的气隙大小往往为机械条件所能允许达到的最小数值，中、小型异步电机气隙一般为 0.2 ～ 2mm。

12.1.3　三相异步电动机的工作原理

三相异步电动机的定子装有三相对称绕组，当接至三相交流电源时，流入定子绕组的三相对称电流在电动机气隙内产生一个旋转磁场，旋转磁场的转速为 n_1。转子导条嵌放在转子铁心槽内，两端被导电环短接。当旋转磁场以逆时针方向旋转时，相当于转子导条是以顺时针方向切割磁力线，转子导条中产生感应电动势的方向可用右手定则来判别。转子上半部导条中的电动势方向都是进入纸面，用 $\otimes$ 来表示，下半部导条中的电动势方向都是穿出纸面，用 $\odot$ 表示。在转子回路闭合的情况下，转子导条中就有电流流通。如不考虑转子绕组电感，那么电流的方向与电动势必然方向相同。载流转子导条在旋转磁场中将受到电磁力 F 的作用，导条所受电磁力的方向可用左手定则来判定，如图 12-4 所示。转子上各导条都受到逆时针的电磁转矩，在电磁转矩的作用下转子以逆时针方向旋转，其转速为 n 与旋转磁场方向相同。由于转子导条电流是通过电磁感应产生的，所以也可把这种电动机称作感应电动机。

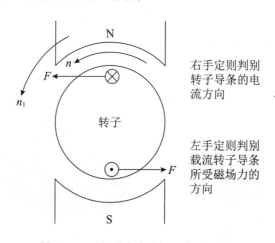

图 12-4　三相异步电动机工作原理图

12.1.4　旋转磁场的方向和转速

1. 旋转磁场的方向

由于三相交流电是按 U—V—W 相序变化的，所以产生的旋转磁场方向在空间上也是与 U—V—W 相序方向一致。

若我们任意对调电动机两相绕组的电流相序，如改为 U—W—V 相序，则由理论分析和实践证明，产生的旋转磁场以逆时针方向旋转。由此可知，旋转磁场的旋转方向取决于通入绕组中的三相交流电源的相序，只要任意对调电动机的相序，就可改变旋转磁场的方向。

2. 旋转磁场的转速

旋转磁场的转速不仅与电流的频率有关，还与磁极对数有关。当三相交流电变化一周后（即每相经过 360°），其所产生的旋转磁场也正好旋转一周。故在两极电动机中旋转磁场的转速等于三相交流电的变化速度。

$$n_1 = 60f_1 = 3000 \text{r/min}$$

其中：n_1 —— 旋转磁场的转速，r/min；

f_1 —— 三相交流电源的频率，H_2；

60 —— 60s。

旋转磁场的速度等于三相交流电变化速度的一半，即

$$n_1 = \frac{60}{2}f_1 = 1500 \text{r/min} 。$$

故当磁极对数增加 1 倍，则旋转磁场的转速减少 1/2。

同理，通过理论分析可得出旋转磁场的转速为

$$n_1 = \frac{60}{p}f_1$$

公式中：

p —— 磁极对数。

注：旋转磁场的转速 n_1 又称为同步转速。我国规定三相交流频率为 50Hz（50 次/s 交变），因此两极旋转速度是 3000r/min，四极（两磁极对数）的为 1500r/min，六极（三磁极对数）的为 1000r/min。

12.1.5 转差及转差率

当三相异步电动机在电动机状态运行时，转子转速 n 低于旋转磁场的转速（同步转速）n_1。因为如果 $n = n_1$，转子转速与旋转磁场的转速相同，转子导条将不再切割旋转磁场的磁力线，因而不会产生感应电动势，没有电流，电磁转矩为零，电动机将不能转动。由此可见，n 与 n_1 的差异是产生电磁转矩，确保电动机持续运转的重要条件，因此称其为异步电动机。

旋转磁场转速 n_1 与转子转速 n 之差（$n_1 - n$）叫作转差。转差与同步转速之比的百分数称为转差率。三相异步电动机的转差率一般用 s 来表示，即

$$s = \frac{n_1 - n}{n_1} \times 100\% \text{。}$$

转差率是分析三相异步电动机运行特性的一个重要数据。电动机起动时，$n = 0$，$s = 1$；同步时，$n = n_1$，$s = 0$。转差率的变化范围为 $0 \sim 1$。转子转速越高，转差率就越低。电动机在额定条件下运行时，其转差率为 $2\% \sim 6\%$。

异步电动机运行时，旋转磁场将以相对速度 $n_1 - n = sn_1$ 切割导条，在转子导条中产生感应电动势。感应电动势的频率 f_2 为

$$f_2 = \frac{p(n_1 - n)}{60} = \frac{p}{60} s = sf_1 \text{。}$$

12.2 三相异步电动机的使用

12.2.1 电动机的铭牌

每台电动机上都有一块铭牌，它标明了电动机的型号和主要技术参数数据。表 12-1 所示就是一台三相异步电动机的铭牌数据。

表 12-1 三相异步电动机的铭牌数据

型号：Y132M-4	功率：7.5kW	频率：50Hz
电压：380V	电流：15.4A	接法：△
转速：1440r/min	绝缘等级：B	工作方式：连续
功率因数：0.85	效率（%）：87	
年　月	编号：	×××电机厂

12.2.2 电动机的主要技术参数

电动机的主要技术参数包括：

（1）额定电压 U_n：电动机定子绕组规定使用的线电压值，单位是 V 或 kV。

（2）额定电流 I_n：电动机额定运行时定子绕组的线电流，单位是 A。

（3）额定功率 P_n：电动机在额定运行条件下转轴上输出的机械功率（保证值），单位是 W。

（4）额定频率 f_n：接电动机的交流电源的频率，单位是 Hz。

（5）额定转速 n_n：电动机在额定频率、额定电压和输出额定功率时的转速，单位是 r/min。

（6）温升：电动机在额定运行状态下运行时，电动机绕组的允许温度与周围环境温度之差，单位是 K（开尔文）。

（7）工作方式：用电动机的负载持续率来表示，它表明电动机是做连续运行还是做断续运行。S_1 表示连续工作制，S_2 表示短时工作制，S_3 表示断续周期工作制。

（8）接法：电动机在额定电压下定子三相绕组的连接方法。

（9）绝缘等级：电动机内部所有绝缘材料所具备的耐热等级，它规定了电动机绕组和其他绝缘材料可承受的允许温度。绝缘材料的耐热分级如表 12-2 所示。

表 12-2　绝缘材料的耐热分级

级　别	Y 级	A 级	E 级	B 级	F 级	H 级	C 级
允许工作温度 /℃	90	105	120	130	155	180	180 以上
主要绝缘材料举例	纸板、纺织品、有机填料、塑料等	漆包线、漆布、漆丝等	聚乙烯缩醛高强度漆包线等	乙酸乙烯耐热漆包线等	以有机材料补强的云母制品、玻璃丝、石棉等	加厚的 F 级材料制成的复合云母、硅有机漆、硅有机橡胶等	石绵、石英等

（10）型号：用英文字母和阿拉伯数字表示的电动机的类型。例如：

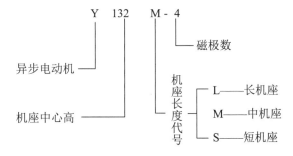

目前，我国按新标准生产的电动机，如 Y 系列等均已采用 B 级绝缘材料。

12.2.3　电动机绕组的接法

三相异步电动机的三相绕组共有 6 个引出线头，分别接于机壳上接线盒内的 6 个接线柱，接线柱上标有首、末端符号 U_1、V_1、W_1、U_2、V_2、W_2。U_2、V_2、W_2 连接在一起，U_1、V_1、W_1 接三相电源，即成为星形（Y）连接；U_1 与 W_2 连接在一起，V_1 与 U_2 连接在一起，W_1 与 V_2 连接在一起，而将 U_1、V_1、W_1 连接到电源上，即成为三角形（△）连接，如图 12-5 所示。

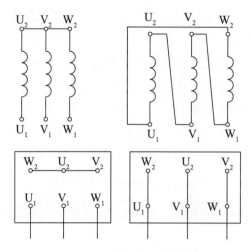

图 12-5 三相绕组引出线接法

12.2.4 电动机的起动

三相异步电动机接通三相交流电源后，转速由零逐渐加速到额定转速的过程称为起动。起动时间根据电动机功率大小和所带负载轻重决定，中、小电动机一般约为数秒。在生产过程中，电动机要经常起动和停止，因此电动机起动性能的好坏直接影响生产。故而对异步电动机的起动一般有以下要求：

（1）有足够大的起动转矩，因为起动转矩必须大于起动时电动机的反抗转矩，才能起动。起动转矩越大，加速越快，起动时间越短。

（2）在具有足够起动转矩的前提下，起动电流应尽可能小。起动电流过大，会使电网电压明显降低，影响其他电气设备的正常运行。

（3）起动设备应结构简单、经济可靠、操作方便。

（4）起动过程中的能量损耗要小。

异步电动机固有的起动性能是起动电流大，而起动转矩不大，这是因为开始起动瞬间，电动机转速 $n=0$，旋转磁场切割转子导条的速度最大，感应电动势最大，转子电流最大，定子电流也最大。这时的定子电流称为异步电动机的起动电流，其数值可达额定电流的 $4 \sim 7$ 倍。一般容量较大、极数较多的电动机，其起动电流的倍数较小。

1. 笼型异步电动机的起动方式

笼型异步电动机的起动方式有两类：一类是直接起动，另一类是降压起动。

1）直接起动

直接起动又称为全压起动，是将电动机的定子绕组直接接到额定电压的电源上起动。

直接起动的优点是方法简单、操作方便、设备简单、起动转矩较大、起动快；其缺点是起动电动流大、造成电网电压波动大，从而影响同一电源供电的其他负载的正常运行。影响的程度取决于电动机的容量与电源（变压器）容量的比例大小。

一台异步电动机能否直接起动与以下因素有关。

（1）供电变压器容量的大小。

（2）电动机起动的频繁程度。

（3）电动机与供电变压器间的距离。

（4）电网变压器供电的负载种类及允许电压波动的范围。

异步电动机的起动方式有以下 3 种。

（1）由公用低压电网供电时，电动机容量在 10kW 及以下者，可直接起动。

（2）由小区配电室供电时，电动机容量在 14kW 及以下者，可直接起动。

（3）由专用变压器供电时，经常起动的电动机电压损失值不超过 10%、不经常起动的电动机不超过 15%，可直接起动。

2）降压起动

笼型异步电动机的降压起动是利用一定的设备先行降低电压起动电动机，待转速达到一定时，再加额定电压运行。降压起动的目的在于减小起动电流。常用的降压起动方法有星形—三角形起动和自耦变压器降压起动等。

（1）星形—三角形（Y—△）起动。正常运行时为三角形连接的电动机允许采用星形—三角形起动方式，如图 12-6 所示。在起动时将定子绕组接成星形连接，以使加在每相绕组上的电压降至额定电压的 $1/\sqrt{3}$，因而起动电流就可减小到直接起动时的 $1/3$；待电动机转速接近额定转速时，再通过开关将定子绕组改接为三角形连接，使电动机在额定电压下运转。由于电压降为额定电压的 $1/\sqrt{3}$，起动转矩与电压的平方成正比，所以起动转矩降为三角形连接直接起动时的 $1/3$。

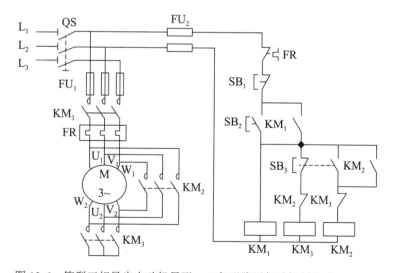

图 12-6　笼型三相异步电动机星形—三角形降压起动控制电路原理图

　　星形—三角形起动方式的优点是设备比较简单、成本较低、维修方便、可以频繁起动；缺点是起动转矩较小，只有直接起动时的1/3，仅适用于正常运行时定子绕组为三角形连接电动机空载或轻载起动。

　　图12-6为笼型三相异步电动机星形—三角形降压起动控制原理图，其控制原理简述如下。

　　①合上电源开关 QS，接通三相电源。

　　②按下起动按钮 SB_2，交流接触器 KM_1 及 KM_3 的线圈通电吸合并自锁。KM_1 三对主触头闭合，接通电动机定子三相绕组的首端，KM_3 的三对主触头将定子绕组尾端连在一起。电动机在星形连接下低电压起动。

　　③电动机转速升高，待接近额定转速时（或观察电流表接近额定电流时），按下运行按钮 SB_3，此时 SB_3 的常闭触点断开 KM_3 线圈的回路，KM_3 失电释放，常开主触头释放，将三相绕组尾端连接打开，常闭触点复位闭合，为 KM_2 通电做好准备；而 SB_3 的常开触点接通了 KM_2 线圈回路，使 KM_2 线圈得电并自锁，KM_2 主触头闭合，将电动机三相绕组连接成三角形，使电动机在三角形连接下运行，完成了星形—三角形降压起动的任务。

　　（2）自耦减压起动。自耦减压起动是利用自耦变压器降压起动，其控制电路如图 12-7 所示。

　　①起动电动机时，合上开关 QF，按下起动按钮 SB_2，接触器 KM_1、KM_3 与时间继电器 KT 的线圈同时得电，KM_1、KM_3 主触点闭合，电动机定子绕组经自耦变压器接至电源降压起动。

　　②当时间继电器 KT 延时时间到，则其常闭的延时触点打开，KM_1、KM_3 线圈失电，KM_1、KM_3 主触点断开，将自耦变压器切除；同时 KT 常开延时触点闭合，接触器 KM_2 线圈得电，KM_2 主触点闭合，电动机投入正常运转。

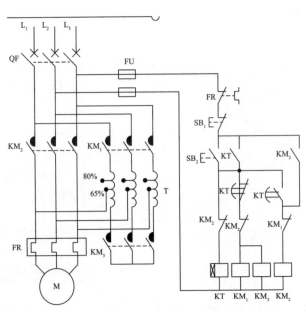

图 12-7　自耦减压起动电路原理图

自耦变压器备有不同的电压抽头，如80%、65%的额定电压，以供根据负载转矩大小来选择不同的起动电压。起动电压越高，起动转矩就越大。

自耦减压起动方式的优点是起动时对电网的电流冲击小，功率损耗小；缺点是自耦变压器相对结构复杂，价格较高。这种方式主要用于较大容量的电动机，以减小起动电流对电网的影响。

2. 笼型异步电动机起动前的检查

笼型异步电动机起动前要做如下检查。

（1）新安装或3个月以上长期停用的电动机应进行绝缘电阻测量，以免发生故障。

（2）检查电动机的接地（或接零）线是否良好，导线截面积是否符合要求。

（3）检查电动机接线盒中的接线端子是否松动，轴承是否缺油。

（4）检查所接电源电压与电动机的标牌标示是否相符，电动机的接线方式是否正确。如果是降压起动，还要检查起动设备的接线是否正确。因为异步电动机的力矩与电压的平方成正比，所以降压起动时，起动电压不能低于额定电压的65%。

（5）用手扳动电动机转子和所带动的机械转轴，检查是否灵活，是否有卡壳、摩擦和扫膛（即定子与转子相摩擦）现象。

（6）检查传动装置，如皮带是否过紧或过松，有无断裂，联轴器连接是否完好。

3. 笼型异步电动机起动时的注意事项

笼型异步电动机起动时的注意事项如下。

（1）合闸起动前，应检查电动机及拖动机械上或附近是否有杂物异物，以免发生人身和设备事故。第一次起动应不带负载空转试运行，待无问题后，再带负载试起动、试运行。

（2）操作电动机的开关设备时，操作人员应站在开关旁边，合闸、拉闸都要果断迅速，不可中途停止。

（3）合闸后，如果电动机不转动，要果断地迅速拉闸，切断电源，检查熔断器及电源接线等是否有问题。绝不能合闸等待或带电检查，否则会烧毁电动机或发生其他事故。

（4）起动后，若电动机转动缓慢，起动困难，声音不正常，或机械工作不正常，电流表、电压表指示异常等，都应立即切断电源检查，待查明原因、排除故障后，才能重新起动。

（5）对于笼型电动机的星形—三角形起动或自耦减压起动，若是手动操作的，应注意起动操作顺序和控制好延时长短。

（6）电动机不能在短时间内连续起动，以免起动设备和定子绕组过热。电动机在冷状态下，空载连续起动不应超过3～5次；在热状态下，不得超过2次。

（7）多台电动机应避免同时起动，按容量从大到小逐台起动，以避免线路上的起动电流过大，电压下降太多，影响所有电动机的正常起动，甚至使开关设备跳闸。

12.3 三相异步电动机的控制及保护

三相异步电动机电气控制系统不仅需要控制电动机正常的起动、运行、制动等动作，还要确保电动机能够持续、可靠、安全、稳定地运行，因此各种保护措施必不可少。电气保护环节是电动机控制电路中不可或缺的组成部分，用来保护电动机、电网、电气控制设备以及人身安全等。本节介绍电动机控制系统中几种常用的控制和保护措施。

12.3.1 三相异步电动机的控制

1. 单方向运转控制

三相异步电动机单方向运转控制电路的工作原理如图 12-8 所示。合上电源开关 QS，电源引入；按下 SB_2 起动按钮，控制电路中交流接触器线圈通电，主触点以及与起动按钮并联的动合辅助触点同时闭合，电动机通电运转。松开 SB_2 按钮后，动合辅助触点仍然闭合，为接触器线圈通电提供了回路，实现自锁控制，使得电动机连续运转。

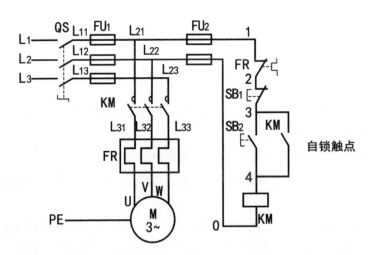

图 12-8 三相异步电动机单方向运转控制电路原理图

按下停止按钮 SB_1，线圈失电，电动机停止运转。

此电路除了具有短路和过载保护功能以外，还具有欠电压保护功能。当电路电压下降到一定值时（一般指额定电压的85%），接触器线圈电压降低，磁力减小，动铁心释放，主触点和自锁触点分断，电动机停转。这是避免电动机在欠电压下运行的一种保护机制。

另外还有失电压保护功能。当电动机运行过程中由于外界原因引起突然断电时，接触器触点分断，电动机停转；在电源恢复供电时，电动机不会自行起动，保证了人身和设备安全。

通过电路工作原理我们来理解自锁及自锁触点的概念。当起动按钮松开后，接触器通过自身的动合辅助触点使其线圈保持得电的作用叫作自锁。与起动按钮并联起自锁作用的动合辅助触点叫作自锁触点。

2. 正反方向运转控制

1）线路的运用场合

正反转控制运用在要求生产机械运动部件能向正反两个方向运动的场合，例如机床工作台电动机的前进与后退控制、万能铣床主轴的正反转控制、圈板机的辊子的正反转控制、电梯和起重机的上升与下降控制等。

2）控制原理分析

正反方向运转控制需要分析两个问题：怎样才能实现正反转控制？为什么需要联锁？

电动机要实现正反转控制，将其电源的相序中任意两相对调即可（简称换相）。通常是 V 相不变，将 U 相与 W 相对调。为了保证两个接触器动作时能够可靠调换电动机的相序，接线时应使 KM_1、KM_2 两个接触器的上端接线端子的接线相序保持一致，在接触器的下端接线端子上将 U 相与 W 相调相，U 相保持不变，与 KM_1 接触器下端原来的接线并接。由于将两相相序对调，故须确保 2 个 KM 线圈不能同时得电，否则会发生严重的相间短路故障，因此必须联锁。为安全起见，常采用按钮联锁（机械）和接触器联锁（电气）的双重联锁正反转控制线路，如图 12-9 所示。使用了（机械）按钮联锁后，即使同时按下正反转按钮，调相用的两接触器也不可能同时得电，机械上避免了相间短路。

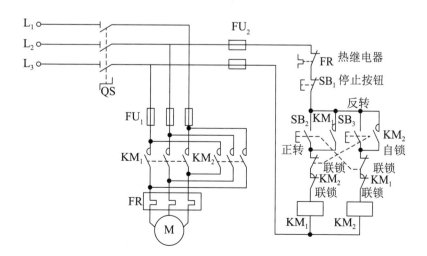

图 12-9　三相异步电动机正反转控制电路图

当按下正转起动按钮 SB_2，接触器 KM_1 的线圈接通电源后动作，其常开辅助接点闭合，实现自锁，正转接触器 KM_1 的主触头闭合，电动机正转。正转接触器常闭辅助触点 KM_1 同时打开，切断反转接触器 KM_2 电源回路，以防 KM_2 误动作。

当按下停止运行按钮 SB_1，正转接触器 KM_1 失电释放，其主、辅触头均复位，自锁消除，电动机停止转动。

电动机停止运转后，按下反转起动按钮 SB_3，SB_3 常闭触点分断，SB_3 的常开触点闭合时，KM_2 吸合并自锁，电动机反转；同时 KM_2 的常闭触点分断，断开 KM_1 电源回路，以防 KM_1 误动作。应当尽量避免从正转到反转的直接操作。

12.3.2   电动机保护

电动机保护的任务是保证电动机长期正常运行，避免由于各种故障造成电气设备、电网和机械设备的损坏，以保证人身的安全。保护环节是所有自动控制系统不可缺少的组成部分。这里讨论的是低压电路的保护。一般来讲，常用的有以下几种保护：短路保护、过电流保护、热保护及零电压与欠电压保护等。

1. 短路保护

当电动机绕组的绝缘、导线的绝缘损坏时，或电气线路发生故障时，例如正转接触器的主触点未断开而反转接触器的主触点闭合都会产生短路现象。此时，电路中会产生很大的短路电流，它将导致产生过大的热量，使电动机、电器和导线的绝缘损坏。因此、必须在发生短路现象时立即将电源切断。常用的短路保护元件是熔断器和断路器。熔断器的熔体串联在被保护的电路中，当电路发生短路或严重过载时，它自动熔断，从而切断电路，达到保护的目的。断路器有短路、过载和欠电压保护功能。通常熔断器比较适用于对动作准确度要求不高和自动化程度较差的系统中。在发生短路时一相熔断器很可能熔断，造成单相运行；但对于断路器只要发生短路就会自动跳闸，将三相电路同时切断。断路器结构复杂，广泛用于要求较高的场合。

数据中心的变配电目前正按照国家标准的 NT 系列运行，所以熔断器保护基本上逐步被断路器取代。

熔断器熔体的选择方法如下。

一台电动机熔体的选择

$$I_{nfu} = (1.5 \sim 2.5)I_n$$

式中：I_{nfu}——熔断器熔体的额定电流，A；

　　　I_n——电动机的额定电流，A。

当电动机直接起动或重载起动时，起动电流较大，且起动时间较长，可取较大的系数；当电动机轻载起动或降压起动时，起动电流较小，且起动时间较短，可取较小的系数。

2. 过电流保护

由于不正确的起动和过大的负载转矩以及频繁的反接制动都会引起过电流，为了限制电动机的起动或制动电流过大，常常在直流电动机的电枢回路中或交流绕线转子电动机的转子回路中串入附加的电阻。若在起动或制动时，此附加电阻已被短接，就会造成很大的起动或制动电流。另外，电动机的负载剧烈增加，也会引起电动机过电流。过电流的危害与短路电流的危害一样，只是程度上不同。过电流保护常用断路器或电磁式过电流继电器。将过电流继电器串联在被保护的电路中，当发生过电流时，过电流继电器KA 线圈中的电流达到其动作值，于是吸动衔铁，打开其常闭触点，使接触器 KM 释放，从而切断电源。这里过电流继电器只是一个检测电流大小的元件，切断过电流还是靠接触器。如果用断路器实现过电流保护。则检测电流大小的元件就是断路器的电流检波线圈，而断路器的主触点用以切断过电流。

3. 热保护

热保护又称长期过载保护。所谓过载是指电动机的电流大于其额定电流。造成过载的原因很多，如负载过大、三相电动机单相运行、欠电压运行等。当长期过载时，电动机发热，使温度超过允许值，电动机的绝缘材料就要变脆，寿命降低，严重时可使电动机损坏，因此必须予以保护。常用的热保护元件是热继电器。热继电器可以满足这样的要求：当电动机为额定电流时，电动机为额定温升，热继电器不动作；在过载电流较小时，热继电器要经过较长时间才动作；过载电流较大时，热继电器则经过较短时间就会动作。

由于热惯性的原因，热继电器不会因电动机短时过载冲击电流或短路电流而立即动作。所以在使用热继电器作过载保护的同时，还必须设有短路保护，并且选作短路保护的熔断器熔体的额定电流不应超过 4 倍热继电器发热元件的额定电流。

4. 零电压与欠电压保护

当电动机正在运行时，如果电源电压因某种原因消失，为了防止电源恢复时电动机自行起动的保护称为零电压保护。零电压保护常选用零电压保护继电器 KHV。当电动机正常运行时，电源电压过分地降低将引起一些电器释放，造成控制线路不正常工作，可能产生事故，因此，需要在电源电压降到一定允许值以下时，将电源切断，这就是欠电压保护。欠电压保护常用电磁式欠电压继电器 KV 来实现。欠电压继电器的线圈跨接在电源两相之间，电动机正常运行时，当线路中出现欠电压故障或零压时，欠电压继电器的线圈 KV 得电，其常闭触点打开，接触器 KM 释放，电动机被切断电源。

使用接触器控制电动机时，具有失电压保护功能。

12.4 三相异步电动机的运行维护

为了能够保证三相异步电动机的可靠运行，应该对运行中的电动机加强监视，及时维护。

12.4.1 电动机的监测与维护

1. 电动机各部分发热情况监视

电动机在运行中温度不应超过其允许值，否则将损坏其绝缘，缩短电动机寿命，甚至烧毁电动机，发生重大事故，因此对电动机运行中的发热情况应进行临视。一般绕组的温度可由温度计法或电阻法测得。温度计法测量是将温度计插入吊装环的螺孔内，以测得的温度再加10℃就是绕组的温度。测得的温度减去当时的环境温度就是温升。根据电动机的类型及绕组所用绝缘材料的耐热等级，制造厂对绕组和铁心等都规定了最大允许温度或最大允许温升。一般允许的最高温度减去35℃就是允许的温升。

2. 电动机的工作电流和三相平衡度监视

电动机铭牌额定电流系指室温35℃时的数值。运行中的电动机电流不允许长时间超过规定值。三相电压不平衡度一般不应大于线间电压的5%；三相电流不平衡度不应大于10%。一般情况下，在三相电流不平衡而三相电压平衡时，可以表明电动机故障或定子绕组存在匝间短路现象。

3. 电源电压波动监视

电源电压的波动能引起电动机发热。电源电压增高，磁通增大，励磁电流增加，从而造成铁损增加；线路电压降低，磁通减小。当负载转矩一定时，转子电流增大，定子绕组电流也增大。可见，电源电压的增高或降低，均会使电动机的损耗加大，造成电动机温升过高。在电动机输出力不变的情况下，一般电源电压允许变化范围为-5%～10%。

4. 电动机的声响和气味监视

运行中的电动机发出较强的绝缘漆气味或焦糊味，一般是因为电动机绕组的温升过高所致，应立即查找原因。

通过运行中电动机发出的声响，可以判断出电动机的运行情况。正常时，电动机的声音均匀，没有杂音。如在轴承端出现异常声响，可能是电动机的轴承部位故障；如出现碰擦声，可能是电动机扫膛；如出现"嗡嗡"声，可能是负载过重或三相电流不平衡；如"嗡嗡"声音很大，则可能是电动机缺相运行。

12.4.2 应立即停止电动机运行的异常情况

当发生下列异常情况时，应立即停止电动机的运行。

（1）遇有危及人身安全的机械、电气事故。

（2）电动机或其起动、调节装置冒烟起火并燃烧，或一相断线运行。

（3）电动机所带动的机械损坏至危险程度时。

（4）电动机发生强烈振动和轴向窜动，或定、转子摩擦。

（5）电动机强烈振动及轴承温度迅速升高或超过允许值。

（6）电动机受水淹，或电源电缆、接线盒内有明显的短路或损坏的危险时。

12.4.3 电动机的定期维修

电动机除了做好运行中的维护监视外，经过一定时间运行后，还应进行定期检查和维护保养，这样才能保证电动机的安全运行并延长使用寿命。

在日常维护保养中，一般规定电动机的检修有：大修每 1～2 年 1 次；中修每年 2 次；小修针对主要电动机或在环境不良情况下（潮湿、粉尘、腐蚀等处所）运行的电动机，每年 4 次，其他电动机可酌减，每年 2 次。常用的中小型电动机，大、中、小修内容按如下规定执行。

1. 电动机大修

电动机大修的主要内容：

（1）全部或部分更换电动机绕组。

（2）重装滑环或换向器。

（3）修整轴承或更换转子轴。

（4）平衡转子或更换风扇。

（5）清扫装置浸漆等工作。

2. 电动机中修

电动机中修的主要内容：

（1）拆卸电动机，排除个别线圈所存在的缺陷。

（2）更换损坏的槽键和绝缘套管。

（3）检查电动机风扇的紧固情况，进行修理。

（4）更换轴承衬垫。

（5）修整转子的轴颈，测量定子、转子间的间隙。

（6）清洗轴承并加润滑油脂。

（7）修理和研磨滑环，检修刷柄和换向器。

（8）装配电动机，检查定子、转子和带负荷的运行情况。

3. 电动机小修

电动机小修的主要内容：

（1）检查电动机紧固情况和接地是否完好。

（2）检查电刷外壳及轴承发热情况。

（3）不拆开电动机进行清扫。

（4）紧固端子板的引出线和连接线。

（5）检查电动机运转时是否存在不正常的声音。

12.5 三相异步电动机常见故障及处理

三相异步电动机是生产应用最为广泛的电气设备，其作用是把电能转换为机械能。企业中电动机消耗的电能占能耗量的 60% 以上，为了保证异步电动机的安全运行，在电动机发生故障之后，必须迅速准确地查清故障发生的原因，以便尽快修复。

12.5.1 电动机定子耐压强度不良

经验表明，电动机定子耐压强度不良的主要原因，大部分是由于绕组绝缘方面的缺陷，如引接线绝缘套管破裂、绕组端部碰伤、相间绝缘破损老化、电动机受潮等原因造成绕组绝缘被击穿，以致烧毁电动机。

12.5.2 电动机空载电流偏大

电动机空载电流与设计导磁材料和制造水平等因素有关，还与电动机的功率和极数有关。一般情况下，电动机空载电流与满载电流有着一定的比例关系，功率小、极数多，空载电流与满载电流比值就大，常用 Y 系列电动机的空载电流大概是满载电流的 30%。对于新电动机或换绕组后的电动机，都需要测试空载电流，若测得电动机空载电流超过正常范围，表明电动机存在问题，需查清原因以便进行处理。

12.5.3 电动机三相电流不平衡

当三相电源对称时，异步电动机在额定电压下的三相空载电流，任何一相与平均值的偏差不得大于平均值的 10%；只有在三相电压不平衡过大或电动机本身有了故障，电动机才会产生较大的三相电流不平衡。三相电流不平衡除使电动机产生额外发热外，还会造成三相旋转磁场不平衡，使电动机发出特殊的低沉声响，机身也因此而振动。

12.5.4　电动机温度高

当电动机在额定工作状况下正常运行时，其温度不应超过温度限值。造成电动机过热的原因是很复杂的：电源、电动机本身和负载三方面的异常情况都会造成电动机过热；通风散热不良也会引起电动机过热。电动机长期过热会使电动机绝缘受热老化，影响电动机使用寿命。对于正在使用中的电动机，若温升高，应停机查明原因，排除故障后再用。

12.5.5　电动机的振动和噪声

电动机在正常运行时，机身应该平稳，声音应该低而均匀。电动机的振动应先区分是电动机本身引起的还是传动装置安装不良所造成的，或者是机械负载端传递过来的，然后针对具体情况进行排除。属于电动机本身引起的振动，在生产实际中，多数是由于动平衡不好、轴承不良、转轴弯曲或者电动机安装基础不平，紧固件松动等原因造成的。振动会产生噪声，还会产生额外负荷。如果声音不正常，可能是下述几种情况：

（1）发出较大的"嗡嗡"声时，说明电流过大，可能是超负荷或三相电流不平衡引起的，当电动机单相运行时，"嗡嗡"声会更大。

（2）发出"咕噜咕噜"响声时，可能是轴承滚珠损坏所致。

（3）发出不均匀的碰擦声时，往往是由于转子与定子相擦发出的声音即扫膛声，此时应立即停机处理。

12.5.6　电动机扫膛

电动机转动时转子与定子内圆相碰擦的现象，称为电动机扫膛。电动机扫膛时，转子外表面和定子内圆会出现擦痕，说明转子、定子间隙不均匀。严重的扫膛会使定子内圆局部产生高温，槽表面的绝缘在高温下变得焦脆，会造成绕组接地或短路，还能引起电机振动和噪声，并使电机性能下降。引起电动机扫膛的原因很多，且互相交织。

12.5.7　电动机轴承过热

在小型电动机中，一般前、后端均采用滚珠轴承，在中型电动机中，一般传动端用滚柱轴承，另一端采用滚珠轴承，有些也采用滑动轴承结构。轴承过热是异步电动机最常见的故障。轴承过热，轻则使润滑油稀释漏出，重则将损坏轴承。

12.5.8　电动机缺相运行

在日常工作中，电动机缺相运行是常见故障之一，三相电源中只要有一相断路就会造成电动机缺相运行。缺相运行可能是由于线路上熔断器熔体熔断、开关触点或导线接头接触不良等原因造成的。三相电动机缺一相电源后如在停止状态，会由于合成转矩为零而堵转（无法起动）。电动机的堵转电流比正常工作的电流大很多，因此在这种情况下，接通电源时间过长或多次频繁地接通电源起动将导致电动机烧毁。运行中的电动机缺一相时，如果负载转矩很小，还可维持运转，仅转速略有下降，并发出异常响声；负载重时，运行时间过长，将会使电动机绕组烧毁。

12.6　单相异步电动机

单相异步电动机由单相交流电源供电，其基本结构与一般三相笼型电动机相似，但是它有两套定子绕组，其中一套是用以产生磁场的工作绕组（又称主绕组）；而另一套则是用以产生起动力矩的起动绕组（又称辅助绕组）。转子亦为笼型。这种电动机由于使用方便，不需要三相电源，在工业、医疗以及日常生活中应用极广。但是它与同容量的三相异步电动机相比，体积较大、运转性能较差，所以一般制造成 0.6 kW 以下的小容量电动机。

12.6.1　单相异步电动机的结构

单相异步电动机主要结构与三相异步电动机基本相同。

1. 定子

单相异步电动机的定子铁心由硅钢片叠压而成，铁心槽内嵌置两套绕组。其中一套是主绕组，另一套是辅助绕组，两套绕组的中轴线应错开一定的角度。容量较小的单相异步电动机则制成具有凸极形状的铁心，磁极的一部分被短路环罩住，凸极上装有主绕组，如图 12-10 所示。

2. 转子

单相异步电动机的转子与三相异步电动机相同，转子铁心由硅钢片叠压而成。转子铁心槽内装有笼型绕组。

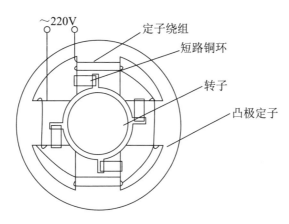

图 12-10 凸极式罩极电动机定子示意图

12.6.2 单相异步电动机的起动元件

单相异步电动机还备有起动装置。起动装置串联在辅助绕组的线路中。当电动机转速达到同步转速的 80% 时，起动装置将辅助绕组与电源断开。目前，起动装置有离心开关和起动继电器两种。

12.6.3 单相异步电动机的起动类型

由于单相电流不能产生起动转矩，因此单相电动机不能自行起动。为了使单相异步电动机起动，必须设法使电动机在起动时获得一个旋转磁场，为此采取不同措施获得了不同的起动方法。根据起动方法的不同，单相异步电动机主要分为分相起动电动机、电容运转电动机、罩极电动机和串励电动机等类型。

1. 分相起动电动机

分相起动电动机分为电容分相起动和电阻分相起动两大类。起动时在辅助绕组中串连电容器而在运转时切除的电动机称为电容分相起动电动机。起动时在辅助绕组中串以电阻，运转时使辅助绕组脱开电源的电动机（或辅助绕组本身比主绕组电阻大），称为电阻分相起动电动机。

1）电容分相起动电动机

电容分相起动电动机原理如图 12-11 所示。电容器接在辅助绕组的电路中，两绕组的出线端 U_1、U_2、Z_1、Z_2 接在接线板并接于同一单相电源上。如果电容器选用得当，可以使辅助绕组电流在时间相位上超前于主绕组电流 90°（角频率）。

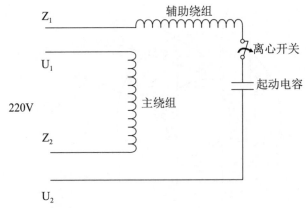

注：U_1、Z_1短接，U_2、Z_2短接，为正转。
　　U_1、Z_2短接，U_2、Z_1短接，为反转。

图 12-11　电容分相起动电动机原理

单相电动机的两个空间互差 90°（角频率）的绕组，通以互差 90°（角频率）相位的电流所产生的两相合成磁场形成一个旋转磁场，可以在电动机转子中产生一个起动转矩。

单相电动机转子的旋转方向同三相电动机一样，和旋转磁场的方向一致，因此只要将两相绕组中任一相的首尾对调接至电源，就可以改变两相合成磁场的旋转方向，从而改变单相电容起动电动机的旋转方向。

电容分相起动电动机所得到的起动转矩较大，而起动电流 I_s 却较小，其起动性能较好，因此适用于要求起动转矩较大或要求起动电流较小的机械。

电容分相起动电动机所用电容器工作时间不长，所以可以采用电解电容器。

2）电阻分相起动电动机

电阻分相起动电动机的原理与电容分相起动电动机的原理相似，但辅助绕组没有串联电容器。这种电动机通过设法控制两套绕组的电阻及电抗来获得两套绕组电流的相位差。具体途径是：

（1）辅助绕组使用细导线以增大辅助绕组的电阻。

（2）辅助绕组匝数比主绕组少，以减少辅助绕组电抗。

（3）两个绕组在同一个槽内时，将主绕组放在槽底，辅助绕组放在槽顶，这样使主绕组电抗增大，辅助绕组电抗减小。

这样，两个绕组接至同一单相电源时，由于它们的电阻、电抗不同，因此两绕组中的电流不同相。两个绕组电流不同相，便能在电机中产生两相旋转磁场，使电机产生起动转矩，因而电动机能够自行起动起来。待电动机转速增加到一定程度后，辅助绕组不起多大作用，反而会造成电机铜耗增加，因此，当转速上升到同步转速的 80% 左右时，起动装置自动切断辅助绕组的电源。

由于电阻分相电动机的两绕组中电流之间的相位差难以达到 90° 电角，因此，它较电容分相电动机的起动转矩小, 起动电流大。

将接在接线板上的辅助绕组的两根引出线换接, 即可使电动机的旋转方向改变。

2. 电容运转电动机

这种电动机的原理与电容分相起动电动机的相似, 但其与辅助绕组串联的电容器始终接在电源上工作, 因此, 这种电动机实质上是两相电动机。

电容运转电动机具有较好的运行性能, 其功率因数、效率、过载能力均比其他单相电动机高, 并且省去了起动装置。但是这种电动机的起动转矩较小, 适用于起动比较容易的机械, 如小型吹风机、小型压缩机、电冰箱、医疗器械等。

电容运转电动机所使用的电容器是纸介质电容器或油浸纸介质电容器, 而不是电解电容器。这是因为电容器要长期接在电源上工作。

3. 罩极电动机

罩极电动机的定子铁心多数做成凸极式, 亦有做成隐极式的。在每个主磁极极面约1/3部分嵌放短路环或短路线圈, 将这部分磁极罩住, 如图12-10所示。当定子绕组接通电源时, 将产生脉振磁通, 其中一部分磁通不穿过短路铜环, 另一部分磁通穿过短路铜环。由于短路环的作用, 通过被罩部分的磁通将与未罩部分的磁通之间形成一定的时间相位差, 加上被罩部分和未罩部分磁极在空间又有一定的相位差, 于是穿过短路铜环的磁通和没有穿过短路铜环的磁通, 产生合成的旋转的磁场。在该磁场的作用下, 电动机便产生一定的起动转矩。

罩极电动机结构简单, 不需要起动装置和电容器, 因此常用于电风扇、鼓风机等。由于其主绕组和罩极绕组的位置是固定的, 所以罩极电动机是不能改变方向的。如果需要改变其旋转方向只有将电动机拆开, 把定子或转子反相安装。

4. 单相串励电动机

单相串励电动机是交、直流两用电动机。它的构造和工作原理基本上与一般串励直流电动机相似。由于其体积小、转速高、起动转矩大且转速可调, 而在电动工具等领域得到了广泛应用。

由于单相串励电动机的空载转速非常高, 因此, 使用这种电动机带动的电动工具, 在出现故障检修完毕后, 一般不可拆下减速器进行试车, 以防止引起飞车事故而损坏电动机。

第 13 章　电力电容器

电力电容器（power capacitor）是用于电力系统和电工设备的电容器。任意两块金属导体中间用绝缘介质隔开，即构成一个电容器。电容器电容的大小，由其几何尺寸和两极板间绝缘介质的特性来决定。当电容器在交流电压下使用时，常以其无功功率表示电容器的容量，单位为乏（var）。

13.1　电力电容器在电力系统中的应用

13.1.1　电容器分类

1. 按用途分类

电力电容器按用途可分为以下 8 种。

（1）并联电容器：原称移相电容器，主要用于补偿电力系统感性负荷的无功功率，以提高功率因数，改善电压质量，降低线路损耗。

（2）串联电容器：串联于工频高压输、配电线路中，用以补偿线路的分布感抗，提高系统的静、动态稳定性，改善线路的电压质量，加长送电距离和增大输送能力。

（3）耦合电容器：主要用于高压电力线路的高频通信、测量、控制、保护以及在抽取电能的装置中作部件用。

（4）断路器电容器：原称均压电容器，并联在超高压断路器断口上起均压作用，使各断口间的电压在分断过程中和断开时均匀，并可改善断路器的灭弧特性，提高分断能力。

（5）电热电容器：用于频率为 40 ～ 24 000Hz 的电热设备系统中，以提高功率因数，改善回路的电压或频率等特性。

（6）脉冲电容器：主要起贮能作用，用作冲击电压发生器、冲击电流发生器、断路器试验用振荡回路等基本贮能元件。

（7）直流和滤波电容器：用于高压直流装置和高压整流滤波装置中。

（8）标准电容器：用于工频高压测量介质损耗回路中，作为标准电容或测量高压的电容分压装置。

2. 按电压等级分类

电力电容器按电压等级可分为高压电力电容器（1kV 以上）和低压电力电容器（1kV 以下）。

低压电力电容器按性质分为油浸纸质电力电容器和自愈式电力电容器，按功能分为普通电力电容器和智能式电力电容器。

智能电力电容器集成了现代测控、电力电子、网络通信、自动化控制、电力电容器等先进技术，改变了传统无功补偿装置落后的控制器技术和落后的机械式接触器或机电一体化开关作为投切电容器的投切技术，改变了传统无功补偿装置体积庞大和笨重的结构模式，从而使新一代低压无功补偿设备具有补偿效果更好、体积更小、功耗更低、价格更廉、节约成本更多、使用更加灵活、维护更加方便、使用寿命更长、可靠性更高的特点，适应了现代电网对无功补偿的更高要求。

13.1.2 电力电容器在电力系统中的作用

本节重点讨论的是并联电容器在电力系统中的作用，对于其他类型的电容器不一一介绍。

由于电力系统中大多数设备为感性负载，因此需要电容器就地补偿系统中感性负荷所需要的无功功率，其作用如下。

（1）补偿无功功率，提高功率因数。

电路中感性负载瞬时吸收的无功功率，可从电力电容器同一瞬时所释放的无功功率中得到补偿。这样减少了电网的无功输出，从而可提高电力系统的功率因数。

（2）提高供电设备的出力。

当供电设备（例如供电变压器）的视在功率一定时，如果功率因数提高，可输出的有功功率随之提高，供电设备的有功出力也就提高了。

（3）降低功率损耗和电能的损失。

在有功功率不变的情况下，当功率因数提高后，会使线路上的电流减小，从而降低了线路和变压器的电能损耗。

（4）改善电压质量。

线路中的无功功率减少，降低了线路中的电流，减少了线路的电压损失，使用电电压质量得到了改善。

并联电容无功补偿原理如图 13-1 所示，加了并联电容器之后，功率因数角由 φ_1 减小至 φ_2，负荷电流由 I_1 下降至 I_2，起到了改善电网功率因数、降低线路损耗的作用。

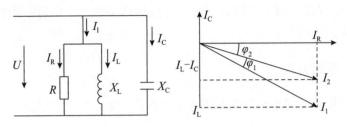

图 13-1　电容无功补偿原理图

13.1.3　并联电容器的补偿方式

并联电容器与电力网的连接，要求两者额定电压相符并据此决定电容器的接法。低压并联电容器一般采用三角形连接，常用的补偿方式有以下 3 种。

1．个别补偿（就地补偿）

个别补偿是指在用电设备附近，按照其本身无功功率的需求量，装设电容器组与用电设备直接并联，两者同时投入运行或断开。采用个别补偿可以最大限度地减少因线路流过无功电流造成的能量损失，开关设备和变压器容量可相应减少和降低，这样补偿效益最高。其缺点是电容器利用率较低，有可能产生自激过电压，投资费用较高。

2．分散补偿

这种方式是指将电容器接在车间配电母线上。其利用率较高，投资费用较低，但只能补偿供电线路和变压器中的无功功率，是一种比较经济合理的补偿方式。

3．集中补偿

这种方式是将电容器装在工厂总降压变、配电所内，电容器的容量只需按变、配电所总负荷选择即可。集中补偿方式电容器安装容量比个别补偿或分散补偿所需量少，电力电容器利用率最高，但补偿效益最差。

13.2　并联电容器的结构与主要参数

并联电容器也称移相电容器，属于电力电容器的一种。

13.2.1　并联电容器的结构

在并联电容器的钢质外壳内装有电容元件。这些电容元件使用铝箔作为电极，中间隔以极薄的固体介质（如电容器纸）再卷成电容元件并浸以绝缘液体，根据设计容量和工作电压的要求，将电容元件接成串联或并联组成的电容单元。其内部可根据需要接成单相或三相。

电容单元组装完毕，装入钢质外壳内，经过真空干燥处理使湿气排除，然后注入液体绝缘介质，引出接线端子固定于绝缘瓷套管上，密封外壳及涂漆。内部结构如图 13-2 所示。

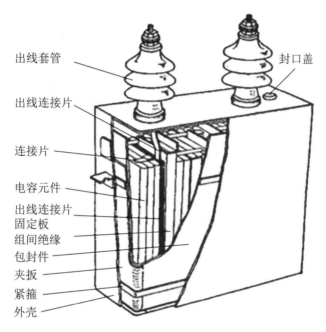

图 13-2 补偿电容器内部结构图

并联电容器装配完成后，须测试有关数据，合格后方可使用。

并联电容器内部一般装有自放电电阻和保险装置。自放电电阻能使电容器所储的电能自动泄放。当电容器发生故障时，保险装置能及时断开电源，确保使用安全。电容器从电网断开时自行放电，正常情况下 3 ～ 10min 后可降至 75V 以下。电容器有优良的自愈性能，过电压所造成的介质局部击穿能迅速自愈，恢复正常工作，使可靠性提高。

13.2.2 国产并联电容器的命名规则和主要技术数据

1. 电容器的铭牌

并联电容器铭牌上一般标有型号、额定电压、额定电流、额定容量、额定频率、温度类别、电容值、连接符号、制造厂名称及商标等。

国产电容器命名规则如图 13-3 所示。

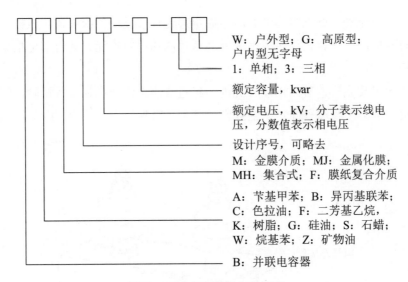

W：户外型；G：高原型；
户内型无字母

1：单相；3：三相

额定容量，kvar

额定电压，kV；分子表示线电
压，分数值表示相电压

设计序号，可略去

M：金膜介质；MJ：金属化膜；
MH：集合式；F：膜纸复合介质

A：苄基甲苯；B：异丙基联苯；
C：色拉油；F：二芳基乙烷，
K：树脂；G：硅油；S：石蜡；
W：烷基苯；Z：矿物油

B：并联电容器

图 13-3　国产电容器命名规则

例如国产低压并联电容器 BSMJ 0.4-20-3 型的含义是：并联电容器，填充介质为石蜡，极间主介质为金属化膜，额定电压为 0.4kV，额定容量为 20kV·A，三相，户内型。

2. 电容值

铭牌上的电容值单位是 μF，为每台电容器实测电容值，与根据标称容量换算成的电容值误差不超过 ±10%。

3. 频率

频率指并联电容器的额定工作频率。

4. △接法

△接法指电容器接线为三角形连接。

5. 结构外型

低压并联电容器的结构外型如图 13-4 所示。

图 13-4　低压并联电容器结构外型

13.3 电容器的安全运行

电容器是否能正常运行要根据其运行时反映出来的各参数、工作状态以及电容器的外观是否正常来判断。电容器出现异常情况，若不及时处置将会给电气线路本身和相关电器带来严重的不良后果。

13.3.1 电容器的安装与接线

电容器的安装与接线要符合下列规定：

（1）电容器分层安装时，一般不超过3层，层间不应加隔离板，电容器母线对上层构架的垂直距离不应小于200mm，下层电容器的底部距地应不小于300mm。

（2）电容器构架间的水平距离不应小于0.5m，每台电容器之间的距离不应小于50mm，电容器的铭牌应面向通道。

（3）要求接地的电容器，其外壳与金属构架共同接地。

（4）电容器应在适当位置装设温度计或贴示温蜡片，以便监视运行温度。

（5）电容器应装设熔断器以保护相间及电容器内部。电容器总容量超过100kvar时，可装设具有过电流脱扣器的空气自动断路器进行保护。

（6）20台以下的电容器可装在配电室单间隔内，成套电容器柜应靠一侧安装，均应通风良好。

（7）总容量在30kvar及以上的电容器组，每相都应装电流表。总容量在60kvar及以上的电容器组应装电压表。

（8）电容器应有合格的放电装置。低压电容器可以用灯泡或电动机绕组作为放电负荷。放电电阻阻值不宜太高，只要满足经过30S放电后，电容器最高残留电压不超过特低电压即可。

（9）低压三相电容器内部为三角形连接，每台电容器应能分别控制、保护和放电。

13.3.2 电容器的运行参数

在电容器运行过程中，电流不应长时间为电容器额定电流的1.3倍；电压不应长时间超过电容器额定电压的1.1倍；电容器使用环境温度不超过±40℃；电容器外壳温度不得超过生产厂家的规定值（一般为60℃或65℃）。

13.3.3 电容器的投入和退出

正常情况下，应根据线路上功率因数的高低、电压的高低投入或退出并联电容器。

当功率因数低于 0.9、电压偏低时应投入电容器组;当功率因数高于 0.95 且有超前趋势、电压偏高时应退出电容器组。

当运行参数异常,超出电容器的正常工作条件时,应退出电容器。如果电容器三相电流明显不平衡,也应退出运行,进行检查。

发生下列故障情况之一时,电容器组应紧急退出运行。

(1)连接点严重过热甚至熔化。

(2)绝缘套管严重闪络放电。

(3)电容器外壳严重膨胀变形。

(4)电容器或其放电装置发出严重异常声响。

(5)电容器爆破。

(6)电容器起火、冒烟。

13.3.4 电容器操作注意事项

进行电容器操作应注意以下 6 点。

(1)正常情况下配电室停电操作时,应先拉开电容器的开关,后拉开各路出线的开关。

(2)正常情况下配电室送电操作时,应先合上各路出线的开关,后合上电容器的开关。

(3)配电室事故停电后,应拉开电容器的开关。

(4)电容器断路器跳闸后不得强送电;熔丝熔断后,查明原因之前,不得更换熔丝送电。

(5)电容器不允许在其带有残留电荷的情况下合闸,否则可能产生很大的电流冲击。电容器重新合闸前,至少应放电 3 min。

(6)为了检查、修理的需要,电容器断开电源后,工作人员接近之前,不论该电容器是否装有放电装置,都必须用可携带的专门放电棒进行人工放电。

13.3.5 电容器的保护

低压电容器使用熔断器保护时,单台电容器可按电容器额定电流的 1.5 ～ 2.5 倍选用熔体的额定电流;多台电容器可按电容器额定电流之和的 1.3 ～ 1.8 倍选用熔体的额定电流。

电网谐波会对电容器组的运行产生很大影响,可能导致电容器组因过流而退出运行,这样不能有效地补偿无功功率,会导致功率因数下降及线损增加,也会造成电容器设备投资的浪费。因此,应合理配置电容器和电抗器,避免发生谐振,控制谐波电流放大,从而保证电容器、电抗器和整个电网的安全运行。

13.3.6　电容器故障判断及处理

电容器故障判断及处理应从以下 6 方面着手。

1. 外壳膨胀

外壳膨胀主要由电容器内部分解出的气体或内部部分元件击穿造成。外壳明显膨胀时应更换电容器。

2. 温度过高

温度过高主要由过电流（电压过高或电源有谐波）或散热条件差造成，也可能由介质损耗增大造成。对温度过高情况应严密监视，查明原因，有针对性地处理。如不能有效地控制过高的温度，则应退出运行；如是电容器本身的问题，应予更换。

3. 套管闪络放电

套管闪络放电主要由套管脏污或套管缺陷造成。如套管无损坏，放电仅由脏污造成时，应停电清扫，擦净套管；如套管有损坏，应更换电容器。处理工作时应断电进行。

4. 异常声响

异常声响由内部故障造成。异常声响严重时，应立即退出运行，并停电更换电容器。

5. 电容器爆破

电容器爆破由内部严重故障造成。应立即切断电源，处理完现场后更换电容器。

6. 熔丝熔断

如电容器熔丝熔断，应进行诊断查明原因，并做适当处理后再投入运行。没有查明原因，不得强行投入，否则可能产生很大的冲击电流，酿成事故。

13.3.7　电容器的巡视与检查周期

对运行中的电容器组的巡视检查项目分为日常巡视检查、定期停电检查以及特殊巡视检查。

1. 日常巡视检查

日常巡视检查应由变、配电室的运行值班人员进行。有人值班时，每班检查一次；无人值班时，每周至少检查一次。夏季应在室温最高时进行检查，其他时间可以在系统电压最高时进行。需要停电检查电容器组时，除电容器组自动放电外，还应进行人工放电；否则运行值班人员不能触及电容器。

日常巡视检查的主要内容如下。

（1）电流表、电压表、功率因数表的指示应正常。

（2）各连接点无过热现象。

（3）电容器无渗漏现象。

（4）电容器的瓷套管无放电痕迹。

（5）电容器外壳无膨胀变形现象。

（6）电容器内部无异常声响。

（7）电容器外壳温度及室温正常。

（8）电容器放电回路无异常。

2. 定期停电检查

电容器组的定期停电检查应每季度进行一次，检查内容除同日常巡视检查内容外，还须检查引线与连接点的接触是否良好；各个紧固螺钉是否有松动现象；放电回路的完整性；风道有无积尘并清扫电容器外壳、绝缘套管及支架等处的尘土；电容器外壳的保护接地是否可靠；继电保护装置的动作情况；熔断器及保护熔丝的完整性等。

3. 特殊巡视检查

当电容器组发生短路跳闸、熔丝熔断等现象后，应立即进行特殊巡视检查。检查内容除上述各项外，必要时应对电容器进行试验，在未查明跳闸或熔丝熔断原因之前，不能再次合闸送电。

第 14 章　照明装置

照明分自然照明和人工照明两类，人工照明中应用范围最广的是电气照明。电气照明是指利用电光源将电能转换为光能。照明设计是用户供配电系统设计的组成部分。照明设计是否合理，将对安全生产、保证产品质量、提高劳动生产率和营造舒适的劳动环境等方面有很大的影响，所以应重视电气照明的设计。

14.1　电气照明

14.1.1　照明方式与种类

照明方式是指照明设备按其安装部位或使用功能构成的基本制式。按国家制定的设计标准分为工业企业照明和民用建筑照明。用于生产车间、工业企业辅助建筑、厂区露天工作场所和交通运输线路等的照明属于工业企业照明范畴；用于图书馆、办公楼、商店、影院剧场、旅馆、铁路旅客站、港口旅客站、体育场、体育馆和住宅等的照明属于民用照明范畴，无论是工业企业照明还是民用建筑照明都应符合现行的国家有关标准和规范。

工业企业及其交、配电所中，照明按用途分为工作照明和事故照明两类。

工作照明是用来保证正常生产和工作时产生规定的视觉条件而设置的照明；事故照明是在工作照明发生事故而中断时，供工作场所继续工作或疏散人员等而设置的照明。

事故照明灯一般布置在可能引起事故的场所、设备、材料周围以及主要通道和出入口处，并在照明器的明显部位以红色"S"作为标志，以示区别。

工作照明按其使用功能分为一般照明、分区一般照明、局部照明和混合照明。一般照明是在整个场地照度基本均匀的照明方式，适用于仓库、某些生产车间、办公室、会议室、教室、候车室和营业大厅等；分区一般照明是根据需要提高特定区域照度的一般照明方式，适用于工厂车间的组装线、运输带和检验场地等；局部照明是局限于工作部位的固定或者移动的照明方式；混合照明是由一般照明与局部照明共同组成的照明方式。对工作位置需要较高的照度并对照射方向有特殊要求的场合，宜采用混合照明。

14.1.2 照明电压

按照我国相关规定，对照明电压要求如下。

（1）一般房间不论是正常照明还是局部照明，固定安装的灯具均采用对地电压不高于250V的电压，通常为220V。

（2）事故照明一般采用220V的电压，以便与工作照明线路互相切换。

（3）一般场所的局部照明和移动照明，如行灯宜采用36V或24V的电压。

（4）恶劣工作环境，如坑道、金属容器中的移动照明应采用12V工作电压。

14.1.3 照明配电系统图与平面图

1. 照明配电系统图

照明配电系统图是用电气符号或带注释的框，表示照明配电系统的基本组成、各个组成部分之间的相互关系、连接方式、各组成部分的电器元件和设备主要特征的图。通过照明配电系统图可以了解工程的全貌和规模，但它只表示电气回路中各元件的连接关系，不表示元件的具体情况、安装位置和接线方法。

2. 照明配电平面图

照明配电平面图是通过一定的图形符号和文字符号具体地表示所有电气设备和线路的平面位置、安装高度、设备和线路的型号、规格，以及线路的走向和敷设方法、敷设部位的图。它是进行电气安装的主要依据。但它采用了较大的缩小比例，不能表现电气设备的具体形状。

14.2 电气照明装置的安装

14.2.1 导线截面积的选择

照明线路导线的截面积应符合机械强度、载流量及电压损失等要求，并要与保护设备相配合。白炽灯、日光灯灯头线在一般无碰撞场所，如室内多采用铜芯软线，截面积不小于0.5mm²；室外或建筑工地多采用铜芯硬线，截面积不小于1mm²。

小于 400W 的高压汞灯、高压钠灯的导线截面积不小于 1.5mm²；小于 1000W 的，导线截面积不小于 2.5 mm²，且使用的铜芯软线或硬线，不能散股，须压接接线端子或涮锡。

导线通过过大电流会发热，温度升高会损坏绝缘，引起火灾。架空裸导线温度过高也会降低机械强度，增大导线接触电阻，甚至出现断线事故。计算用电负荷电流要小于导线长期允许电流，可根据线路敷设方式、环境工作温度查阅有关手册。

照明线路允许有电压损耗，规定为（5% ～ 10%）Ue。一般在设计时，自进户照明箱至最远的一盏灯控制在 2.5%Ue 以内，而变压器低压出线端至照明箱的电压损耗一般不大于 5%Ue。

照明和一般低压配电线路对导线的选择首先应考虑导线的发热条件，并根据导线允许电流选择导线截面，然后再核算电压损失，使其不超过允许值。

14.2.2　照明装置的安装

照明装置的安装包括灯具、开关、插座的安装，以及为其供电的配电盘的安装等。

1．照明配电箱的配制安装

照明配电箱的配制安装应满足如下要求。

（1）车间内照明，一般由配电箱控制，各分支回路由分支配电箱控制。

（2）室内照明支线，每一个单相回路，灯具和插座的数量不得超过 25 个，断路器过流脱扣电流值不应大于 15A。

（3）凡是使用插座的，必须加剩余电流动作保护器。

（4）照明配电箱宜设置在靠近照明负荷中心便于操作维护的位置。

2．照明灯具的固定

照明灯具的固定要求如下。

（1）软线吊灯，灯具重量在 0.5kg 及以下时，采用软电线自身吊装，但导线连接点不得受力；如使用吊盒和灯口时，应在吊盒和灯口内做结扣，灯线接头应顺时针弯圈，再用螺钉拧紧。

（2）灯具重量大于 0.5kg 的灯具应采用吊链、吊管吊装，灯线不得受力。

（3）灯具重量超过 3kg 时应采用专用的、标准合格的预埋件和吊装件。

（4）预埋件在混凝土内的金属预埋件和吊装件应与保护线（E 线）连接。

3．灯具悬挂高度

灯具悬挂高度要求如下。

（1）一般敞开式灯具，灯头距地一般规定为室内不低于 2.5m、室外不低于 3m。

（2）灯头距地高度不能满足要求时，应采用其他防护灯具或安全灯。

（3）功率大、辐射温度高，照度高的灯，应按照厂家规定要求安装。

4. 灯口安装

灯口安装要求如下。

（1）灯泡功率在 100W 以下，可用胶木灯口；灯泡功率在 100W 及以上或潮湿场所，用防潮封闭式灯具并用瓷质灯口。

（2）相线经开关进入灯口，接在螺纹灯口中心接线柱上，中性线接在螺纹灯口的接线柱上。

（3）灯口线不得有接头，绝缘强度不低于 500V，宜用护套线、普通塑料软线，需要套塑料管。

（4）易燃易爆场所应用相应的防爆灯具。

5. 开关的安装

开关的安装要求如下。

（1）拉线开关距地面高度为 2～3m，层高小于 3m 时，拉线开关距顶板不少于 100mm，拉线出口垂直向下。工业厂房里不宜用拉线开关。

（2）翘板开关距地面高度为 1.3m，其边缘距门框边缘的距离为 0.15～0.2m。

（3）同一室内开关的控制与灯具的位置相对应。

（4）开关应控制相线。开关的选择应与灯的额定电流相适应。

（5）明装开关应装于地缘台上，暗装开关应与墙面平整。

（6）室外应用防水开关，潮湿场所应用封闭式开关，易燃易爆场所应用符合要求的防爆开关。

14.2.3 插座的安装与接线要求

1. 插座的安装

插座的安装应满足下列要求。

（1）不同电压的插座应有明显的区别，不能互替。

（2）凡为携带式或移动式电器用的插座，单相的应用三孔插座，三相的应用四孔插座，其接地孔应与保护线可靠接牢。

（3）明装插座距地面不应低于 1.8m，暗装插座距地面不应低于 0.3m，儿童活动场所的插座应用安全插座，或高度不低于 1.8m。

（4）插座不宜和照明灯接在同一分支回路。

2. 插座的选择与接线

插座有单相二孔、单相三孔、三相四孔及三相五孔之分，插座容量对于民用建筑有 10A 和 16A 两类，选用插座要注意其额定电流值应与通过的电器和线路的电流值相匹配，如果过载，极易引发事故。选型时还要注意是否为 3C 产品。插座接线时不能接错，应按如图 14-1 所示接线。

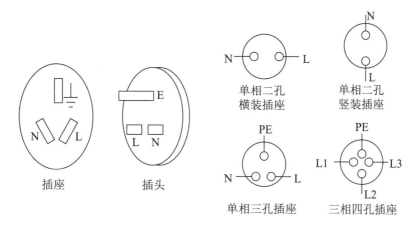

图 14-1 单相二孔、三孔、四孔插座的排列及标志

3. 插座接线要求

插座接线应符合下列规定。

（1）单相二孔插座，面对插座的右孔或上孔与相线连接，左孔或下孔与中性线（零线）连接；单相三孔插座，面对插座的右孔与相线连接，左孔与中性线（零线）连接。

（2）单相三孔、三相四孔及三相五孔插座的 PE 接线或 PEN 接线接在上孔。插座的接地端子（PE）不与中性线（零线）端子（N）连接。同一场所的三相插座，接线的相序一致。

（3）PE 或 PEN 线在插座间不串联连接。

14.2.4 常见故障处理

照明灯具的故障原因是多方面的，有的属于外部原因，如供电电源电压的高低，线路发生中性线断线故障等；有的属于灯具本身的原因，如接线错误、元件选配不当、灯具质量不良、安装质量不良等，需要具体问题具体分析，常见故障及处理方法如下。

（1）螺纹灯口处带电。

这是线路接线错误，应将相线与中性线位置互换。

（2）合上开关熔丝立即熔断。

这说明照明电路内部有短路故障。必须首先排除短路故障后，方可更换熔丝重新合闸送电，否则可能造成事故扩大，严重时会引起火灾。

（3）合上开关灯不亮。

造成此故障的原因很多，主要有灯管损坏、电源电压过低和气温过低以及接线错误等。因此，首先用新灯管进行试验，如不亮再做其他检查。例如熔丝熔断，则更换熔丝后即可正常。

（4）节能灯工作一段时间后，灯光颜色变成粉红色。

这主要是因为灯内汞不足造成的，属灯管制造过程中产生的不良情况，应及时更换灯管。

照明灯具在运行中需要加强维护，定期检查、清扫，及时发现缺陷即立即解决，使照明装置安全可靠地运行。

第15章　电气线路

电气线路是电力系统的重要组成部分。电气线路可分为电力线路和控制线路，电力线路主要是完成电能输送任务，而控制线路提供保护和测量的连接之用。电气线路除应满足供电可靠性或控制可靠性的要求外，还必须满足各项安全要求。电气线路种类很多，按照敷设方式，数据中心主要有电缆线路、穿管线路等。

15.1　电缆线路

电缆线路是电力传输通道。电缆线路的优点是占地少，不占地上空间，不受地面建筑物影响；地下隐蔽敷设使得人们不易触及，安全性好；供电可靠性高，风雪、雷电、鸟害对电缆的危害小；可横跨河流，水下敷设；避免大跨距、高杆塔庞大结构。缺点是成本高，投资大；敷设后不方便改动，分支麻烦，故障检测复杂。

15.1.1　电缆的分类及结构

1. 电缆的分类

电线与电缆的区分其实没有严格的界限。通常将芯数少、产品直径小、结构简单的产品称为电线，没有绝缘的称为裸电线；其他的称为电缆。

电线电缆的完整命名通常较为复杂，所以人们有时用一个简单的名称（通常是一个类别的名称）结合型号规格来代替完整的名称，如"低压电缆"代表 0.6/1kV 级的所有塑料绝缘类电力电缆。按绝缘材料，电线电缆分为：

（1）塑料绝缘电缆：聚氯乙烯（PVC）绝缘电缆、聚乙烯（PE）绝缘电缆、交联聚乙烯（XLPE）绝缘电缆。

（2）橡胶绝缘电缆：天然橡胶绝缘电缆、乙丙橡胶（EPR 或 EPDE）绝缘电缆、高弹性或高强度乙丙橡胶（HEPR）绝缘电缆等。

2. 电力电缆的结构

电力电缆的基本结构包括导体（线芯）、绝缘层和保护层三个部分。导体多用铜或铝制成。绝缘层是各导体之间、导体对地（金属护套及铠装层）的绝缘，必须具有良好的绝缘性能、耐热性能、耐机械性能。保护层分为内护层和外护层，用来保护绝缘层不受外力损伤和防止水分进入，并应具有一定的机械强度。

例如聚氯乙烯绝缘电缆结构如图15-1所示。这种电缆结构简单、安装方便、不延燃，但不耐寒，易老化，性能不如聚乙烯（PE）绝缘电缆，但价格便宜。

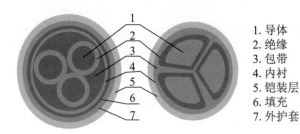

1. 导体
2. 绝缘
3. 包带
4. 内衬
5. 铠装层
6. 填充
7. 外护套

图 15-1　聚氯乙烯绝缘电缆结构

15.1.2　电缆的型号

电缆型号用字母和数字表示，如表15-1所示。

表 15-1　电线电缆型号组成表

用途代号	绝缘类别代号	线芯材料	内护层（护套）	特征代号	外护层代号	
					铠装层	防腐层
无 - 电力电缆 控制电缆 P- 信号电缆 Y- 移动电缆 ZR- 阻燃 NH- 耐火	Z—纸 V—聚氯乙烯 Y—聚乙烯 YJ—交联聚乙烯 X—橡胶	无—铜 L—铝	Q—铅包 L—铝包 V—聚氯乙烯 Y—聚乙烯 F—氯丁橡胶	D—不滴油 P—屏蔽 F—分相 CY—充油 C—重型	0—无铠装 2—双钢带 3—细钢丝 4—粗钢丝	无—无铠装 1—纤维层 2—聚氯乙烯 3—聚乙烯

15.1.3　电缆安装

电缆安装应按已批准的设计进行施工，施工前检查电压等级、型号、规格、各项实验记录、合格证明。

1. 电缆敷设前的检查和试验

电缆敷设前应检查和试验的主要内容如下。

（1）核对电缆规格、型号、截面电压等级，均应符合设计要求。

（2）外观无扭曲、坏损及漏油、渗油等现象。

（3）对电缆进行绝缘摇测和耐压试验。1kV 以下电缆，用 1kV 摇表摇测线间及对地的绝缘电阻应不低于 10MΩ；3～10kV 电缆应事先做耐压和泄漏试验，试验标准应符合国家和当地供电部门规定。必要时敷设前仍须用 2.5kV 摇表测量绝缘电阻是否合格。

（4）纸绝缘电缆测试不合格者，应检查芯线是否受潮，如受潮，可锯掉一段再测试，直到合格为止。检查方法是将芯线绝缘纸剥一块，用火点着，如发出"叭叭"声，即表明电缆已受潮。

（5）电缆测试完毕，油浸纸绝缘电缆应立即用焊料（铅锡合金）将电缆头封好；其他电缆应用聚氯乙烯带密封后再用黑胶布包好。

（6）在桥架或支架上敷设多根电缆时，应根据现场实际情况，事先将电缆的排列用表或图的方式画出来，以防电缆交叉和混乱。

（7）冬季敷设电缆温度达不到规范要求时，应将电缆提前加温。

2. 弯曲半径

为了防止过度弯曲损伤电缆，应使电缆保持一定弯曲半径，最小半径如表15-2所示。

表 15-2　电缆最小弯曲半径

电缆型式			多芯	单芯
控制电缆			10D	
橡皮绝缘电力电缆	无铅包、钢铠护套		10D	
	裸铅包护套		15D	
	钢铠护套		20D	
聚氯乙烯绝缘电力电缆			10D	
交联聚乙烯绝缘电力电缆			15D	20D
油浸纸绝缘电力电缆	铅包		30D	
	铅包	有铠装	15D	20D
		无铠装	20D	
自容式充油（铅包）电缆				20D

注：表中 D 表示电缆外径。

3. 允许温度

敷设电缆时，温度过低将损坏电缆。敷设电缆允许的最低温度为：

（1）橡皮绝缘电缆，橡皮或聚氯乙烯护套：-15℃。

（2）塑料绝缘电缆：0℃。

（3）控制电缆，橡皮绝缘聚氯乙烯护套：-15℃；聚氯乙烯绝缘及护套：-10℃。

4. 间距

电缆在敷设时，应与其他管线保持一定距离，不应敷设在其他管线上或下方。其平行、交叉最小距离见表 15-3 的规定。

表 15-3   电缆与其他管线平行、交叉最小距离（单位 /m）

电缆直埋敷设时的配置情况		平行	交叉
控制电缆之间			0.5[①]
电力电缆之间或与控制电缆之间	10kV 及以下电力电缆	0.1	0.5[①]
	10kV 及以上电力电缆	0.25[②]	0.5[①]
不同部门使用的电缆		0.5[②]	0.5[①]
电缆与地下管沟	热力管沟	2[②]	0.5[①]
	油管或易（可）燃气管道	1	0.5[①]
	其他管道	0.5	0.5[①]
电缆与铁路	非直流电气化铁路路轨	3	1.0
	直流电气化铁路路轨	10	1.0
电缆与建筑物基础		0.6[②]	
电缆与公路边		1.0[②]	
电缆与排水沟		1.0[②]	
电缆与树木的主干		0.7	
电缆与 1kV 以下架空线电杆		1.0[②]	
电缆与 1kV 以上架空线杆塔基础		4.0[②]	

注：①用隔板分隔或电缆穿管时不得小于 0.25m。
②用隔板分隔或电缆穿管时不得小于 0.1m。

敷设电缆支架时，电缆各支持点最大允许间距不应大于表 15-4 所列距离。

表 15-4   各支点最大允许间距（单位 /m）

电缆种类		敷设方式	
		水平	垂直
电力电缆	全塑电缆	0.4	1
	全塑电缆以外的电缆（低压）	0.8	1.5
控制电缆		0.8	1

注：全塑电缆沿支架水平敷设，当支架能将电缆固定时，其支持点允许间距为 0.8m。

15.1.4   电缆的敷设

电缆的敷设方式有直接埋地敷设，隧道、电缆沟及夹层内电缆敷设，电缆在混凝土管块中敷设和电缆在桥架上敷设等 4 种。

1. 直接埋地敷设

直接埋地敷设（见图15-2）的要求如下。

（1）直接埋地电缆应采用有铠装和防腐保护层的电缆。

（2）直接埋地深度一般不小于0.7m，沟底深应为0.8m，农田敷设沟底深应不小于1.0m。

（3）在电缆上、下应铺设不少于100mm细沙或软土。垫层上应用专用电缆盖板或砖衔接覆盖，覆盖宽度应大于两侧电缆各50mm。回填土应去掉块石、砖头，并应分层进行夯实。

（4）直接埋地电缆应在拐弯、接头、交叉、进入建筑物等地段埋设标桩，标桩应露出地面150～200mm，埋入地下400～450mm，用150#钢筋混凝预制。标桩和标桩安装如图15-3所示。

（5）电缆沿斜坡敷设时，中间接头应保持水平。多条电缆同沟敷设时，中间接头的位置应前后错开。

（6）电缆之间交叉时，低压电缆应在上面，并符合平行交叉最小距离。

（7）电缆引入、引出建筑物，引上电杆或易受机械损伤处应穿保护管。保护管长不大于30m，管内径不小于1.5倍电缆外径；保护管长超过30m时，管内径应不小于2.5倍电缆外径。

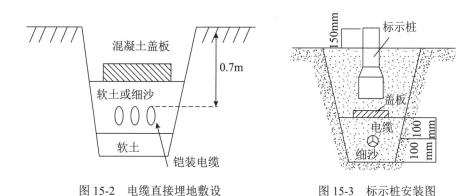

图15-2 电缆直接埋地敷设　　　　图15-3 标示桩安装图

2. 隧道、电缆沟及夹层内电缆敷设

隧道、电缆沟及夹层内电缆敷设的要求如下。

（1）电缆隧道、沟道应平整光洁，且应设置积水井，自然坡度应不小于0.1%，墙壁应有防水措施，根据需要设置低压检修照明。

（2）对于积水井相应的地面，应设置人孔或井盖，便于紧急情况下进行抽水。

（3）电缆支架长度按敷设电缆的根数设定设置得电缆在隧道内敷设时支架的长度不应大于500mm。支架间水平距离或距墙间距离设置得应便于施放电缆、维护检修，一般为：单边设支架不小于 400mm，双边设支架不小于 450mm。支架要进行防腐处理，并进行逐个接地。

（4）电缆在支架上排列时，高压电缆应在上边，低压电缆应在下边；或按系统由上至下进行排列。

按电压由上至下排列：10kV 电力电缆。1kV 及以下电力电缆。直流及控制电缆。

按用途排列：电动机电力电缆；主变压器电力电缆；馈线电力电缆；直流及控制电缆。

电缆在安装前应预先设计排列图，按图进行排列。有时分阶段施工，或在进行技术改造中逐步增加电缆。很难做好上述两种排列。通常的做法是，电缆在沟道内不准交叉，引入、引出理顺即可。有些电缆间距离 5～100mm，且沟道较长时，还应分段设置防火墙，并与防火门相通。电缆若有中间接头，应用托架固定。

电缆沟、电缆隧道及电缆支架安装示意图如图 15-4 所示。

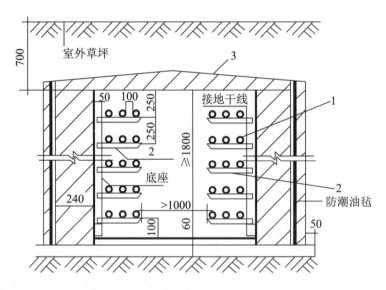

1-电缆　2-电缆支架　3-隧道盖板

图 15-4　电缆沟、电缆隧道及电缆支架

说明：按规定图中未标注的单位都是以 mm 为单位。

3. 电缆在混凝土管块中敷设

电缆在混凝土管块中敷设的要求如下。

（1）电缆管块要选用定型产品。如电力电缆要选用孔径不小于 90mm 的管块，底部应垫平、夯实，并有不少于 80mm 厚的混凝土垫层。

（2）管块顶部距地面应不小于 0.7m。

（3）管块砌筑前要清除孔内积灰、孔边毛刺，砌筑时，要有保证管孔中心对正的专用工具，经专业培训的人员进行施工。

（4）管块连接处管孔应对正，接口封实，承重地段应加强。

（5）管块排列应向电缆井方向有 1% 的坡度。

（6）人孔井的设置间隔不应大于 50m，人孔井内应有积水坑，顶部宜设预制盖板。井盖应采用定型产品，标明"电力"字样标记，且防水、防盗。

4. 电缆在桥架上敷设

电缆在桥架上敷设的要求如下。

（1）金属电缆桥架及其支架、引入或引出的金属电缆导管必须可靠连接 PE 线或 PEN 线。金属电缆桥架间及其支架全长应不少于 2 处与 PE 或 PEN 干线连接。非镀锌电缆桥架间连接板的两端跨接铜芯线接地，接地线最小允许截面积不小于 4mm²。镀锌电缆桥架间连接板的两端不跨接接地线，但连接板两端不少于 2 个有放松螺帽或防松垫圈的连接固定螺栓。

（2）电缆桥架转弯处应确保桥架内电缆弯曲半径不小于电缆最小弯曲半径。

（3）当设计无要求时，电缆桥架水平安装的支架间距为 1.5～3m；垂直安装的支架间距不大于 2m。

（4）当铝合金桥架与钢支架固定时，有相互间绝缘的防电化离蚀措施。螺帽位于桥架外侧。

（5）电缆桥架敷设在易燃易爆气体管道和热力管道的下方，当无设计要求时，与管道的最小净距离应符合表 15-5 规定。

表 15-5 与管道最小的净距离（单位 /m）

管道类别		平行净距离	交叉净距离
一般工艺管道		0.4	0.3
易燃易爆气体管道		0.5	0.5
热力管道	0.5	0.3	有保温层
	10	0.5	无保温层

（6）敷设桥架内电缆时，应排列整齐。水平敷设的电缆，首尾两端、转角两侧及每隔 5～10m 处设固定点；对于大于 45° 倾斜敷设的电缆每隔 2m 处设固定点；在电缆出入电缆沟、竖井、建筑物、柜（盘）、台处以及管子管口处等须做密封处理；电缆的首尾两端和分支处应设标志牌。敷设于垂直桥架内的电缆固定点间距应符合表 15-6 规定。

表 15-6 电缆固定点的间距（单位 /m）

电缆种类		固定点间距
电力电缆	全塑型	1
	除全塑型以外的电缆	1.5
控制电缆		1

15.1.5 电力电缆的运行与维护

在城市建设过程中，电力电缆通常容易受到一些破坏，尤其是在修建地下管道施工工程中。电力电缆的破坏不仅会影响电力系统和通信系统，而且还会给周边居民的日常生活带来诸多不便，因此，必须要强化对电力电缆的运行与维护，保障其长期稳定运行。

1. 电力电缆线路的特点

电力电缆线路通常用来完成对电能的输送，其一般由电缆、接头以及电缆线路端头等部分构成，同时还会涉及一些土建施工，比如排管、电缆沟、隧道、竖井等，大多位于地下，当然也有一些在水下或者架空的。

2. 电力电缆线路的运行要求

电力电缆线路的运行需注意以下 4 个方面的要求。

1）电缆的运行电压

电缆的运行电压一般要求控制在其额定电压的 115% 以内，对于一些没有使用或者备用的电缆线路需要连接到电网中，从而避免线路受潮而影响其后期的应用。另外，对于中性点不接地系统，出现单相接地的情况下，其运行设计要求控制在 2h 以内。

2）电缆的运行温度

电缆在运行过程中，自身会产生一定的热量，因此为了避免电缆过早地出现老化应该控制其运行温度。温度较高时，电缆内部的油液会产生膨胀，使得表面包裹的铅包伸展，内部也会出现一定的空隙，在强电场及高温作用下，绝缘介质中原本不导电的稳定的带电粒子就会脱离原有的轨道，出现游离状态，在出现游离状态之后电缆的绝缘性能就会大大降低，从而引起一些电缆破坏事故。所以，在电力电缆运行中应该对其缆芯温度进行限制，比如，110kV 的电缆其内部缆芯的最高允许温度为 75℃。由于电缆缆芯温度不能直接测量，因此应该通过对其表面温度的测量来确定其内部温度，通常内外部温差在 15 ～ 20℃。这也就是说控制好电缆表面的温度就能够很好地控制电缆内部缆芯温度。另外，在对电缆温度检测时应该重视对其集中区域和散热条件较差的区域的温度检测。低压电缆的最高允许温度如下。

（1）低压直接埋地电缆的表面温度不大于 60℃。

（2）交联聚乙烯绝缘电缆工作温度不大于 90℃。

（3）聚氯乙烯绝缘电缆工作温度不大于 65℃。

（4）橡胶绝缘电缆工作温度不大于 65℃。

（5）油浸纸绝缘电缆工作温度不大于 80℃。

（6）电缆线路中连接头处的温度同样不准超过上述规定。

3）电缆的运行负荷

不同的电缆其额定电压、运行环境以及截面电流都是有着较大差异的，因此，需要注意电缆的运行负荷。对于普通电缆而言，可以运行短时间的过负荷，但是其超过部分必须要控制在安全范围之内，比如 6 ~ 10kV 的电缆，允许运行的最大负荷电流应该在其额定电流的 110% 以内，而且运行设计也要控制在 2h 以内。

4）电缆运行的其他要求

电缆在铺设过程中通常没有设置重合闸，所以，在电缆线路出现断路器跳闸之后不可以进行试送电，以避免一些大型事故出现跳闸问题可能是由一些永久性线路故障所导致的，如果试送电就会使各相电压出现接触混乱，造成较多区域的线路损坏。所以，在电缆接入时候，必须确保其相位正确，而且在运行过程中也不能带电移动其相关设备。如果发现电缆冒烟，应该及时关闭电源，然后再灭火。

3. 电力电缆线路的运行维护

电力电缆线路的运行维护包括电力电缆投入运行前的检查、电力电缆线路运行中的巡视检查和 电力电缆的维护等。

1）电力电缆投入运行前的检查

在完成电缆线路的敷设、安装之后，首先要对电缆运行前期控制进行验收检查，通过相关单位的验收才能够办理手续投入运行。

对于一些由于某些因素导致运行停止超过 48h 以上的电缆线路，在投入运行之前要对其绝缘电阻进行检测，并且与以往的检测结果进行对比。如果换算在相同条件下阻值低于 30% 就要进行直流耐压试验。

而对于一些停止运行时间多于一个月，不足一年的电缆线路，在再次投入运行时必须要进行直流耐压试验。一些电缆线断头以及接头和终端头要进行更换。在通过了耐压试验之后才可以对其相位进行核对和绝缘电阻测量，只有均满足要求之后才能恢复运行。

2）电力电缆线路运行中的巡视检查

在电力电缆运行中，相关部门应该对其管辖区域内的电力电缆线路进行巡视检查，并把检查的结果和以往正常运行情况下的做以对比分析。电力电缆运行维护中，线路巡视检查、温度负荷监视、故障清理以及预防性试验是其主要内容。

对于巡视检查而言，不同的设备检查周期有所不同。工作人员需要每 6 个月对竖井内的电缆进行检查；而直接埋地电缆，隧道、沟道敷设的电缆一般要每 3 个月检查一次；户外终端头的检查周期为每月一次，而变配电所内部的可以根据高压配置设备要求来确定检查周期。

另外，在一些特殊天气之后，电力电缆部门需要加强对特殊区域进行巡视。巡视工作人员把检查巡视结果清晰地记录在巡视记录表中，运行控制部门根据巡视结果来对线路状况进行判断，同时决定是否应该采取一定的措施。当然，在电缆线路巡视中，如果发现存在较小的缺陷问题，也要进行记录，以便后期检修；而对于一些较多的问题则要进行特殊标注，并且及时向有关人员进行报告，使得电力电缆部门能够在第一时间安排技术人员前来检修，保障线路的正常运行。

3）电力电缆的维护

对于在线路检查巡视中发现的一些问题故障，需要进行及时排除，以确保系统正常运行供电，同时也避免由于一些小问题而引起更大区域的故障。在电力电缆的维护工作中，首先要做的是对故障点进行确定，然后再对其故障原因进行详细分析。如果出现了设备损坏则要及时更换相应的设备，如果是线路破损则需要对破损地方进行维修，以消除故障。

为了确保电力电缆的维护质量，每次维护的地方需要进行记录和标记维护责任人，以便日后出现问题能够找到相关负责维护的工作人员。另外，在完成维护之后，需要对维护位置进行定期复查，使故障得到完全清除，并且确保系统的正常运行。

综上所述，电力电缆的运行维护是一项极其关键的工作，它关系到电网系统的正常稳定运行，因此必须要加以重视，日常应从各个环节做好电力电缆的运行维护工作，确保其系统运行可靠、稳定。

15.2 室内配线

室内配线指交流电压 400V 以下用电设备的室内绝缘导线或电缆的敷设。敷设方法有明敷和暗敷两种。明敷是指将绝缘导线用塑料线夹安装于建筑墙体等方法；暗敷是指将绝缘导线穿于埋设在建筑墙体内线管的暗管敷设方法和将绝缘导线穿于明装在建筑墙体上线管的明管敷设方法，以及用线槽布线的方法等。

15.2.1 室内配线的一般要求

室内配线的一般要求如下。

（1）配线的布置及其导线型号、规格应符合设计规定。配线工程施工中，当无设计规定时，导线最小截面积应满足机械强度的要求。

（2）所用导线的额定电压应大于线路的工作电压，导线的绝缘应符合线路的安装方式和敷设环境条件。低压电线和电缆、线间和线对地间的绝缘电阻值必须大于 0.5MΩ。

（3）配线工程施工中，室内外绝缘导线之间和对地的最小距离应符合相关规定。

（4）为了减少由于导线接头质量不好引起各种电气事故，导线敷设时，应尽量避免接头。护套线明敷、线槽配线、管内配线、配电屏内配线不应有接头。

（5）各种明配线应垂直和水平敷设，且要求横平竖直。一般导线水平高度不应小于 2.5m；垂直敷设不应低于 1.8m，否则应加管槽保护，以防机械损伤。

（6）当采用多相供电时，同一建筑物、构筑物的电线绝缘层颜色选择应一致，即保护地线（PE 线）应是黄、绿相间色；零线用淡蓝色；L_1 相线用黄色；L_2 相线用绿色；L_3 相线用红色。

（7）为了防止火灾和触电等事故发生，在顶棚内由接线盒引向器具的绝缘导线，应采用可挠金属电线保护管或金属软管等保护，导线不应有裸露部分。

（8）照明和动力线路、不同电压、不同电价的线路应分开敷设，以方便计价、维修和检查。每条线路标记应清晰，编号准确。

（9）管、槽配线应采用绝缘电线和电缆。同一根管、槽内的导线都应具有与最高标称电压回路绝缘相同的绝缘等级。

（10）入户线在进墙的一段应采用额定电压不低于 500V 的绝缘导线；穿墙保护管的外侧应有防水弯头，且导线应弯成滴水弧状后方可引入室内。

（11）为了有良好的散热效果，管内配线其导线的总截面积（包括外绝缘层）不应超过管内截面积的 40%。线槽配线其导线的总截面积（包括外绝缘层）不应超过线槽内部截面积的 60%。

（12）三相照明线路各相负荷宜均匀分配，一般照明每一支路的最大负荷电流、光源数、插座数均应符合有关规定。

（13）电线管与热水管、蒸汽管同侧敷设时，应敷设在热水管、蒸汽管的下面。为避免施工困难或施工维修时其他管道对电线管的影响，室内电气线路与其他管道间的最小距离应符合规范要求。

（14）配线工程采用的管卡、支架、吊钩、拉环和盒（箱）等黑色金属附件，均应镀锌和做防护处理。

（15）配线工程施工后，应进行各回路的绝缘检查，并应做好记录。配线工程中所有外露可导电部分的保护接地和保护接零应可靠，对带有漏电保护装置的线路应做模拟动作试验，并应做好记录。

15.2.2 常用配线方式

常用配线方式有护套线明敷配线、塑料槽板配线和管配线三种。其中管配线方式有明管配线和暗敷配线两种；管材有钢管和阻燃性绝缘硬塑料管等。

1．护套线明敷配线方式

护套线明敷配线方式要求如下。

（1）此类配线应用带护套的绝缘导线。固定护套线用塑料线卡和马鞍卡，如图 15-5 所示。

（2）用于环境温度 20～40℃，清洁、干燥、无腐蚀性气体、装饰要求不高的室内。

（3）线卡间距不大于 0.2m；与电器连接时应增设线卡，减小间距，间距不大于 50mm。

（4）护套线弯曲，弯曲半径不小于护套线外径 4 倍。固定线卡的墙体应坚实，使固定线卡的钢钉能牢固，否则应采用加固的方式。

（5）护套线连接应采用接线盒或电器端子，穿越建筑物应加管保护。

（6）不适用易燃易爆场所。

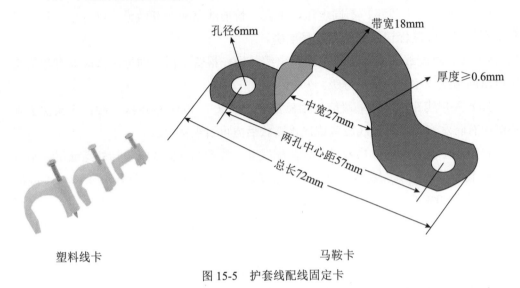

塑料线卡　　　　　　　　　　　　　　　　马鞍卡

图 15-5　护套线配线固定卡

2. 塑料槽板配线方式

塑料槽板配线方式要求如下。

（1）目前，常用塑料槽板敷设导线。槽板用阻燃性硬塑料材料制成，如图 15-6 所示。施工时，先固定线槽底再放入导线，最后将线槽盖盖上。

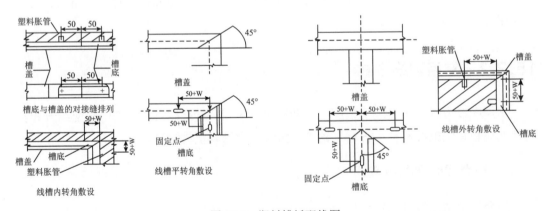

图 15-6　塑料槽板配线图

（2）用于环境温度 -40 ～ 40℃，相对湿度不大于 85%，一般用电环境的室内。

（3）槽板施工对墙面要求较高，墙面应平坦坚实，能使槽板用螺钉或粘接时牢固、平直，不可凸凹。墙体使螺钉的紧固力应能承受 5 倍以上的两个紧固点间槽板和导线的重量。

（4）槽板规格应与导线规格和根数相适应，一般规定导线（含绝缘层）的总截面积不大于槽板内径 1/3。

（5）槽板底槽和槽盖应楔合紧密，无松脱、无歪扭。槽连接处，槽底和槽盖应错开，错开距离不小于 0.2m。

（6）槽板固定点的间距不应大于 0.5m，距接缝处不大于 30mm。

（7）槽板分支、转角、接线应用专用槽板配线附件。

（8）槽板配线的导线截面积不超过 6mm²。不同电压、不同回路的导线禁止敷设在同一槽板内。

（9）槽板内导线不得有接头，接头应采用接线盒。

（10）槽板的槽底和槽盖应扣接，不得粘接。

3. 管配线方式

管配线方式是将导线穿入管材中的配线方式，有明管配线和暗敷配线两种，管材有钢管和阻燃性绝缘硬塑料管。

1）管配线方式的相关要求

采用管配线方式的相关要求如下。

（1）明敷管内配线方式适用于单相或三相负荷，应用广泛。空气中灰尘多、无腐蚀性气体的车间可采用这种明敷管内配线方式。有腐蚀性气体，空气潮湿的场所、车间、作坊以及生活居室，为了美化环境，则应使用暗敷配线方式。钢管暗敷配线方式如图 15-7 所示。

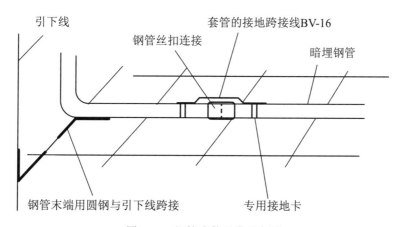

图 15-7　钢管暗敷配线示意图

（2）采用钢管明管配线时，钢管壁厚不应小于 1.0mm；采用塑料管明管配线时，应使用阻燃型硬塑料管，塑料管壁厚不应小于 2.0mm。埋在混凝土内的暗管，采用普通钢管配线时管壁厚不应小于 2.5mm，并应做防腐处理；采用阻燃型硬塑料管时，暗管壁厚不应小于 3mm。在易燃、易爆场所，明敷时禁止使用塑料管配线。采用钢管配线时，钢管和金属接线盒、分线盒、拉线盒应与保护线（PE 线）可靠连接。

（3）管配线用管的管径，按以下方法选择：①穿 2 根导线时，管内径为 2 根导线外径之和的 1.35 倍；穿多根导线时，管内导线总截面积（含绝缘层）不应超过管内净截面积的 40%；②配线管的内径不得小于 15 mm。

根据导线截面积选用配线管内径的参考值如表 15-7 所示。

表 15-7 管配线方式导线截面积及根数对应管内径参考表

导线截面积 / mm²	钢管内径 /mm			塑料管内径 /mm		
	2	3	4	2	3	4
1.0	15	16	16	15	15	15
1.5	15	16	20	15	15	15
2.5	15	20	20	15	15	0
4.0	15	20	25	15	20	25
6.0	20	20	25	20	20	25
10	25	25	32	25	25	32
16	25	32	32	25	32	32
25	32	40	40	32	40	0
35	40	40	50	40	40	50
50	40	50	50	40	50	50
70	40	50	50	40	50	50
95	50	70	70	50	70	70

2）配线管弯曲半径

为了保证配线管的强度和施工方便，配线管弯曲半径应符合以下要求。

（1）管子的弯曲半径不小于管外径的 6 倍。

（2）埋设于地下或混凝土内时，其弯曲半径应不小于管外径的 10 倍。

（3）管子的弯曲度应不小于 90°。

3）明管配线的工艺要求

明管配线的工艺要求如下。

（1）固定配线管的墙体和构架应牢固，应能承受管体和导线的重量。固定配线管的夹具、固定件应与配线管规格相适应。

（2）配线管固定点的间距应符合表 15-8 的规定要求。

表 15-8 管配线方式配线管固定点的最大间距参考表

管子类别		管内径 /mm				
		15 ~ 20	25 ~ 32	40	50	63
钢管 /m		1.5	2	2	2.5	3.5
电线管 /m		1	1.5	2	2	
硬塑料管 /m	垂直	1	1.5	1.5	2	2
	水平	0.8	1.2	1.2	1.5	1.5

（3）钢管连接应采用管箍螺纹连接，同时缠麻涂漆进行防腐处理，管箍两侧应跨接地线，保证接地贯通良好。管端螺纹长度不应小于管箍长度1/2，连接后螺纹应露出2～3扣。钢管与开关连接时，应用明装金属开关盒；钢管分支应用明装金属分线盒，钢管与其连接也应采用螺纹连接。

（4）硬塑料管明管配线时，与开关连接应采用塑料明装开关盒；与分线盒连接应采用塑料明装分线盒。硬塑料管连接可采用套接方法：将同直径以3倍直径长度的硬塑料管管径扩径成套管，套接时，先将套管加热到130℃左右，1～2 min后使套管软化，然后将被接两管端部削角，并在接合部位涂上塑料粘合剂后，插入套管中对接并用湿布冷却；另一种连接方法是焊接，将管的一端温度加热到130℃，然后用直径略大于被接管径2.5%的模具管胀管，待冷却至50℃后脱管，将被接管插入，用塑料焊条在接缝处焊2～3圈。

（5）为了防止钢管涡流损耗，采用钢管配线时，在1根管内禁止只穿一相的导线（包含多根一相的导线），应将三相线和中性线全部穿入1根钢管内。

（6）为了便于穿线，应在以下位置设置接线盒或拉线盒：①管长度每超过30m无弯曲；②管长度每超过20m有一个弯曲；③管长度每超过15m有2个弯曲；④管长度每超过8m有3个弯曲。

（7）垂直敷设的电线保护管遇下列情况时，应增设固定导线用的拉线盒：①管内导线截面积为50 mm² 及以下，长度每超过30m；②管内导线截面积为70～95mm²，长度每超过20m；③管内导线截面积为120～240mm²，长度每超过18m。

（8）配线管路与各种管道平行、交叉时，其最小间距：①与热水管平行敷设时，在其上方为0.3m，在其下方为0.2m，交叉时为0.1m；②与蒸气管平行敷设时，在其上方为1.0m，在其下方为0.5m，交叉时为0.3m；③与其他管线平行时为0.1m，交叉时为0.05 m；④管路平行敷设时，尽量使电力管路敷设在下方。

（9）在 TN-S、TN-C-S 系统中，当金属电线保护管、金属盒（箱）塑料电线保护管，塑料盒（箱）混合使用时，金属电线保护管和金属盒（箱）必须与保护地线（PE线）有可靠的电气连接。

4）暗管配线的工艺要求

暗管配线的工艺要求如下。

（1）混凝土埋入墙内的线管和接线盒、分线盒应于混凝土浇筑前固定牢靠，接线盒、分线盒应定位正确、平正。管口应用可取物密封，防止混凝土浇筑时进入异物。

（2）暗管配线时接线盒、分线盒、拉线盒等应用暗装盒，并与管材相同。严禁钢管用塑料盒，塑料管用金属盒。

（3）钢管接线盒、分线盒、拉线盒应采用热镀锌钢材，否则应涂防锈防腐材料。

（4）埋入墙内的配线管距墙面不小于15 mm，剔槽敷管应用不小于100＃水泥砂浆抹面。

（5）接线盒、分线盒、拉线盒的设置同明管配线。

（6）钢管的连接应采用套管或套管焊接方式，套管长度为管外径 1.5～3 倍。严禁使用对焊方式。

5）KBG 管与 JDG 管材料的区别

KBG 管即套接扣压式薄壁钢导管，采用套接扣压式连接技术，取代传统的胶水连接或焊接施工，且无须再做跨接线的线管。

JDG 管即套接紧定式镀锌钢导管、电气安装用钢性金属平导管，是一种电气线路最新型保护用导管，连接套管及其金属附件采用螺钉紧定连接技术组成的电线管路，无须做跨接接地、焊接和套丝。

KBG 管与 JDG 管以其施工便捷、综合比价便宜、性能优越、规格齐全、产品配套等优点，在 1kV 及以下建筑电气工程中得以广泛应用。

KBG 管与 JDG 管尽管同属镀锌薄壁钢导管，但存在 3 个主要区别。

（1）在连接方式上，KBG 管为扣压式，JDG 管为紧定式。

（2）在管路转弯的处理方法上，KBG 管是利用弯管接头，部分 JDG 管是使用弯管器煨弯。

（3）在管壁厚度上不完全一样。KBG 管的壁厚，ϕ16mm、ϕ20mm 的管壁厚 1.0mm，ϕ25mm、ϕ32mm、ϕ40mm 的管壁厚 1.2mm。JDG 管分为普通型和标准型两种，普通型 ϕ16mm、ϕ20mm、ϕ25mm 的管壁厚 1.2mm，仅适用于吊顶内敷设；标准型 ϕ20mm、ϕ25mm、ϕ32mm、ϕ40mm 的管壁厚 1.6mm，适用于预埋敷设和吊顶内敷设。

JDG 管是国家专利产品，其突出优点是结构简单、施工便捷、综合比价便宜，目前在工程中得到广泛应用。管与管连接用紧定螺钉定紧，管与盒连接用爪形锁母紧锁，即可达到安装要求。这种方法方便快捷，大大提高了施工效率。

JDG 系列产品由电线导管、附件和专用工具三大系列组成。附件包括直管接头和螺纹管接头，专用工具包括紧定扳手和弯管器。JDG 电线导管连接如图 15-8 所示。

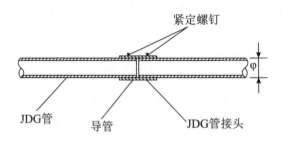

图 15-8　JDG 电线管路连接示意图

15.2.3　室内配线导线截面积选择

导线截面积的选择要考虑不同的敷设方式对导线机械强度的要求，不同线路长度及负荷情况对线路末端压降的要求，以及导线安全载流量的要求（即允许发热的要求）。

导线安全载流量可查有关手册和样本获知；如果要求不高，也可应用口诀估算。

1. 查表法

查表法即由制好的表格中查取导线的安全载流量。穿硬塑料管敷设的聚氯乙烯绝缘电线的安全载流量见表 15-9，表中硬塑料管采用轻型管，管径指内径。

表 15-9　聚氯乙烯绝缘电线穿硬塑料管敷设的载流量（Q_2=65℃）　单位：A

BV铜芯截面积 /mm²	2 根线芯				管径/mm	3 根线芯				管径/mm	4 根线芯				管径/mm
	25℃	30℃	35℃	40℃		25℃	30℃	35℃	40℃		25℃	30℃	35℃	40℃	
1.0	12	11	10	9	15	11	10	9	8	15	10	9	8	7	15
1.5	16	14	13	12	15	15	14	12	11	15	13	12	11	10	15
2.5	24	22	20	18	15	21	19	18	16	15	19	17	16	15	20
4	31	28	26	24	20	28	26	24	22	20	25	23	21	18	20
6	41	38	35	32	20	36	33	31	28	20	32	29	27	25	25
10	56	52	48	44	25	49	45	42	38	25	44	41	38	34	32
16	72	67	62	56	32	65	60	56	51	32	57	53	49	45	32
25	95	88	82	75	32	85	79	73	67	40	75	70	64	59	40
35	120	112	103	94	40	105	98	90	83	40	93	86	80	73	50
50	150	140	129	118	50	132	123	114	104	50	117	109	101	92	63
70	185	172	160	140	50	167	156	144	130	50	148	138	128	117	63
95	230	215	198	181	63	205	191	177	163	63	185	172	160	146	75
120	270	252	233	213	63	240	224	207	189	63	215	201	185	172	75
150	305	285	263	241	75	275	257	237	217	75	250	233	216	197	75
185	355	331	307	280	75	310	289	263	245	75	280	261	242	221	90

2. 选择导线截面积的注意事项

选择导线截面积应注意的事项如下。

（1）按允许发热条件选择的导线截面积，不一定能满足电压损失和机械强度的要求。

（2）穿管的绝缘导线，铜线允许最小截面积为 1mm²、铝线允许最小截面积为 2.5mm²。

（3）电气设备二次回路的电流虽然很小，但为了保证机械强度，应采用截面积不小于 1.5mm² 的绝缘钢线。

（4）电流互感器二次回路的导线应采用截面积不小于 2.5mm² 的绝缘铜线。

3. 口诀估算法

根据导线截面积估算载流量口诀适合对精确度要求不高的场合。

（1）口诀如下（铝芯绝缘线载流量与截面积的倍数关系）。

10 下五，100 上二，

25、35，四、三界，70、95 两倍半。

穿管、温度八、九折。

裸线加一半，铜线升级算。

（2）说明：口诀对各种截面的载流量（A）不是直接指出的，而是用截面乘以一定的倍数来表示。

为此将我国常用导线标称截面（mm²）排列如下。

1，1.5，2.5，4，6，10，16，25，35，50，70，95，120，150，185

第 1 句口诀是铝芯绝缘线载流量可按截面的倍数来计算的方法。口诀中的阿拉伯数字表示导线截面，汉字数字表示倍数。把口诀的截面与倍数关系排列起来如表 15-10 所示。

表 15-10

口诀中的截面积 /mm²	1～10	16、25	35、50	70、95	120 以上
导线标称截面积 /mm²	1 至 10	大于 16 小于 25	大于 35 小于 50	大于 70 小于 95	大于 100
倍数	五倍	四倍	三倍	二倍半	二倍

现在再和口诀对照就更清楚了。口诀"10 下五"是指截面在 10 mm² 以下，载流量都是截面数值的五倍。"100 上二"（读"百上二"）是指截面 100 mm² 以上的载流量是截面数值的二倍。截面为 25 mm² 与 35 mm² 是四倍和三倍的分界处，就是口诀中的"25、35，四三界"。而"70、95 两倍半"是指截面 70 mm²、95 mm² 的载流量是截面数值的二点五倍。从上面的排列可以看出，除 10 以下及 100 以上之外，中间的导线截面是每两种规格属同一种倍数。例如铝芯绝缘线，环境温度按不大于 25℃时的载流量的计算：当截面为 6 mm² 时，算得载流量为 30A；当截面为 150 mm² 时，算得载流量为 300A；当截面为 70 mm² 时，算得载流量为 175 A。从上面的排列还可以看出，倍数随截面的增大而减小，在倍数变化的交界处，误差稍大些。比如截面 25 mm² 与 35 mm² 是四倍与三倍的分界处，25 mm² 属于四倍的范围，它按口诀算为 100A，但查手册为 97A；而 35 mm² 则相反，按口诀算为 105 A，但查手册为 117A。不过这对使用的影响并不大。当然，若能"胸中有数"，在选择导线截面时，25 mm² 的不让它满到 100A，35 mm² 的则略微超过 105A 便更稳妥了。同样，按排列顺序，截面积 2.5 mm² 的位置在所适用的五倍载流量的始端，实际便不止五倍（最大可达到 20A 以上），不过为了减少导线内的电能损耗，通常都不用到这么大，手册中一般只标到 12A。

后面 3 句口诀是对条件改变的处理。"穿管、温度，八、九折"是指：若是穿管敷设（包括槽板等敷设，即导线加有保护套层，不明露的），计算后，再打八折；若环境温度超过 25℃，计算后再打九折；若既穿管敷设，温度又超过 25℃，则打八折后再打九折，或简化为按一次打七折计算。关于环境温度，按规定是指夏天最热月的平均最高温度。实际上，温度是变动的，一般情况下，它对导线载流量影响并不很大，因此，只对某些车间或较热地区温度超过 25℃较多时，才考虑打折扣。例如对铝芯绝缘线在不同条件下载流量的计算：当截面为 10mm² 穿管时，则载流量为 10mm²×5×0.8 =40A；若为高温，则载流量为 10mm²×5×0.9=45A；若是穿管又高温，则载流量为 10 mm²×5×0.7=35A。

（3）对于裸铝线的载流量，口诀指出算法是"裸线加一半"，即计算后再加一半。这是指同样截面裸铝线与铝芯绝缘线比较，载流量可加大一半。例如对裸铝线载流量的计算：当截面为 16mm² 时，则载流量为 16mm²×4×1.5=96A，若在高温下，则载流量为 16mm²×4×1.5×0.9=86.4A。

（4）对于铜导线的载流量，口诀指出"铜线升级算"，即将铜导线的截面按排列顺序提升一级，再按相应的铝线条件计算。例如截面为 35mm² 裸铜线环境温度为 25℃，载流量的计算为：按升级为 50mm² 后裸铝线计算即得 50mm²×3×1.5=225A。

对于电缆，口诀中没有介绍。一般直接埋地的高压电缆，大体上可直接采用第 1 句口诀中的有关倍数计算。比如 35mm² 高压铠装铝芯电缆埋地敷设的载流量为 35mm²×3=105A。95mm² 的约为 95mm²×2.5≈237.5A。三相四线制中的零线截面，通常选为相线截面的 1/2 左右。当然也不得小于按机械强度要求所允许的最小截面。在单相线路中，由于零线和相线所通过的负荷电流相同，因此零线截面应与相线截面相同。

15.2.4 电缆线路的故障

电缆线路的故障一般可分为运行中的故障和试验中的故障两大类。运行故障是指电缆在运行中因绝缘击穿或导线烧断而引起保护动作，断路器掉闸而停电。试验故障是指在预防性试验中绝缘击穿或绝缘不良而必须进行检修绝缘后才能恢复供电的故障。电缆线路故障按其故障部位来分，有电缆故障、电缆中间接头故障、电缆终端头故障、电缆尾线故障等。

常见的电缆故障原因如下。

1. 外力损伤

电缆在保管、运输、敷设和运行过程中，都有可能受到外力损伤。特别是已运行的直接埋地电缆，由于动土破坏地面极易遭到损坏，这类事故约占电缆事故的 50% 左右。损坏的电缆只能截断，重新制作中间接头。为避免此类事故的发生，需要建立严格的动土审批制度；平时加强巡视，发现沿着线路有动土作业时，应跟踪巡视，必要时设专人现场监护。

2. 电缆绝缘击穿故障

电缆绝缘击穿故障的原因是多方面的，可能是由于电缆本身质量不良，可在敷设前对电缆加强检查；可能是安装质量或运行环境所致，如安装时局部受到多次弯曲、打折，弯曲半径过小，制作电缆头工艺不标准、不严格，混入少量杂质、潮气；运行条件不当，长期过负荷运行；雷雨季节遭到雷电波入侵，须改善运行条件，完善防雷设施。

3. 电缆保护层被腐蚀

电缆保护层被腐蚀是由于腐蚀引起的电缆故障，一般发展较慢，容易被忽视，运行中如不及时采取措施，很可能造成严重后果。引起电缆被腐蚀的原因有两个：一是化学性腐蚀，可在发现有腐蚀的地区，掘土进行化学分析，确定损害程度。其防治方法是将电缆线改道、电缆加装保护管或涂刷防腐沥青，已敷设运行的电缆换土，上下辅以中性土。二是地下杂散电流引起的电化学腐蚀，其防治方法是将电缆外露的金属部分与附近金属物体相绝缘。

4. 终端头及中间头故障绝缘击穿爆炸

电缆终端头、中间头统称电缆头，电缆头发生故障的原因是制作工艺不符合要求或运行中缺乏检查维护。

在运行中，终端头或中间头密封性能不好会进水爆炸，中间头连接管压接质量不良（虚接）运行中温度过高会造成热烧坏击穿。其防止方法是在电缆头制作过程中严格控制每道工序，所用材料绝缘强度符合标准，采用合格标准的电缆头附件，制作过程中严格防止水分、杂质进入。

第16章 临时用电

本章所讨论的临时用电是指建筑施工现场和用电单位内部的临时用电,特殊场所(如水下、井下等)的临时用电应按有关规定实施;临时用电工程、设施和设备应设立时间,超过半年以上应按正式工程和正式用电规定安装。

16.1 临时用电的安全要求

临时用电设备和线路应按供电电压等级和容量正确使用,所用的电器元件应符合国家相关产品标准及作业现场环境要求。临时用电电源、施工、安装应符合《施工现场临时用电安全技术规范》JGJ46 的有关要求,并有良好的接地。

16.1.1 临时用电管理的要求

临时用电工程、设施和设备投入运行前,应建立相应安全运行、使用、操作和维护等规章制度。

临时用电管理的具体要求如下。

(1)建筑施工现场临时用电工程专用的电源中性点直接接地的 220/380V 三相四线制低压电力系统,必须采用三级配电、二级漏电保护和 TN-S 接零保护系统。

(2)临时用电施工组织设计及变更时必须履行"编制、审核、批准"程序,由电气工程技术人员组织编制,经相关部门审核及具有法人资格企业的技术负责人批准后,方可实施。变更临时用电施工组织设计时应补充有关图纸资料。

(3)临时用电工程必须经编制、审核、批准部门和使用单位共同验收,合格后方可投入使用。

(4)建筑电工必须经建设行政主管部门考核合格,并取得特种作业操作资格证书后,方可上岗作业。

(5)安装、巡检、维修或拆除临时用电设备和线路,必须由电工完成,并应有人监护。

(6)施工现场临时用电必须建立安全技术档案,并有主管现场的电气技术人员负责管理。

（7）临时用电工程应定期检查，对安全隐患必须及时处理，并应履行复查验收手续。

16.1.2 临时用电低压配电线路的要求

临时用电低压配电线路应考虑用电负荷容量与供电电源容量是否相适应，线路配线方式必须采用 TN-S 系统。

临时用电低压配电线路的其他要求如下。

（1）外线架设应按照当地地区的电气工程安装标准施工。

（2）水泥电杆不应掉灰露筋、环裂或弯曲；木杆、木横担不应糟朽、劈裂；电杆不得有倾斜、下沉及杆基积水等现象。

（3）沟槽沿线的架空线路，其电杆根部与槽、坑边沿应保持安全距离，必要时应采取有效的加固措施。

（4）施工现场内不得架设裸导线；小区建设施工，如利用原有架空线路作为裸导线应根据施工情况采取防护措施。

（5）架空线路与施工建筑物的水平距离一般不得小于 10m；与地面的垂直距离不得小于 6m；跨越建筑物时与其顶部的垂直距离不得小于 2.5 m。

（6）塔式起重机附近的架空线路，应在臂杆回转半径及被吊物 1.5m 以外，达不到此要求时，应采取有效的防护措施。

（7）各种绝缘导线均不得成束架空敷设。无条件做架空线路的工程地段，应采用护套缆线，缆线易受伤的线段应采取保护措施。

（8）各种配电线路禁止敷设在树上、脚手架上，不得拖拉在地面上，各种绝缘导线的绑扎，不应使用裸导线。

（9）埋地敷设必须穿管（直接埋地电缆除外），管内不得有接头，管口应密封。

（10）配电线路每支路的始端必须装设断路开关和有效的短路保护及过载保护。

（11）高层建筑施工用的动力及照明干线垂直敷设时，应采用护套缆线；当每层设有配电箱时，缆线的固定间距每层不应少于两处；直接引至高层时，每层不少于一处。

（12）遇大风、大雪及雷雨天气时，应立即进行配电线路的巡视检查工作，发现问题及时处理。

（13）暂时停用的线路应及时切断电源；工程竣工后，配电线路应随即拆除。

16.1.3 临时用电的接地保护及防雷保护的要求

临时用电区域内的电气设备外露，可导电部分和装置外可导电部分的保护方式应与供电电源系统的方式相同。

临时用电的接地保护及防雷保护的具体要求如下。

（1）所有电气设备的金属外壳以及和电气设备连接的金属构架，必须采取妥善的接地或接保护线保护。

（2）当外接电源时，应首先了解外接电力系统中电气设备采用何种保护，方可确定采用接地还是接保护线保护，不可盲目行事。严禁在同一供电系统中采用两种保护。

（3）中性线兼做接保护线保护时，中性线截面积应不小于规定；中性线上不得装设开关及熔断器。

（4）电气设备的接地线或接保护线应使用多股铜线，禁止使用铝线。

（5）接地线或接保护线中间不得有接头，与设备及端子连接必须牢固可靠、接触良好，压接点一般应设在明显处；导线不应承受拉力。

（6）采用接保护线保护的单相220V电气设备，不得利用设备自身的中性线兼做接保护线保护。

（7）接地装置及防雷保护装置的做法及要求，应符合当地地区的电气工程安装标准的各项规定。

（8）施工现场及临时生活区高度在20m及以上的井子架、高大架子、在施高大建筑工程，塔吊及高大机具，高烟囱、水塔等，以及大模板施工中模板就位后，应装设防雷保护装置，并及时用导线将其与建筑物接地线连接。

（9）塔式起重机的轨道，一般应设两组接地装置；对塔线较长的轨道，每隔20m应补做一组接地装置。

16.2　临时用电的变配电设施的安装和使用规定

用电单位内部的临时用电，应事先提出申请，经有关部门批准方可施工用电，用电结束后应立即拆除，严禁乱拉乱接电源用电。临时用电的开关箱（柜）应加锁，并有明显警告标志。

临时用电的变配电设施的安装和使用具体规定如下。

（1）凡未经检查合格的电气设备均不得安装和使用。使用中的电气设备应保持正常工作状态，绝对禁止带故障运行。

（2）凡露天使用的电气设备，应有良好的防雨性能或有妥善的防雨措施，凡被雨淋、水淹的电气设备应进行必要的干燥处理，经摇测绝缘电阻合格后，方可使用。

（3）配电箱应坚固、完整、严密，箱门上喷涂规定要求的安全警示标志。使用中的配电箱内禁止放置杂物。

（4）配电箱内必须装设中性线端子板和保护端子板。

（5）配电箱内所有配线要绝缘良好、排列整齐、绑扎成束并固定在盘面上。导线触头不得过长并压接牢固，配电箱、盘操作面上的操作部位不得有带电体明露。

（6）各种开关、熔断器、热继电器等的选择，其额定容量应与被控制的用电设备容量相匹配。

（7）各种开关、接触器等均应动作灵活，其触点应接触良好，不得存在严重烧蚀等现象。

（8）具有 3 个及以上回路的配电箱、盘应装设总开关；各分路开关均应标明有回路名称。

（9）熔体的选择应符合规程要求，三相设备的熔体大小应一致。

（10）导线进入配电箱的线段应加强绝缘强度，并应采取固定措施，以防压接点受力。

（11）落地式配电箱的设置地点应平整，防止碰撞、物体打击、水淹及土埋，配电箱附近不得堆放杂物。

（12）在繁华地段施工时，不宜采用落地式配电箱。若采用落地式配电箱，应有防护措施（如增设围栏等）。

（13）杆上或杆旁架设的配电箱，安装要牢固，并应便于操作和维修。电源引下线采用一般绝缘导线时应穿管敷设，并应做防水弯头，增加固定点。

（14）光力合一的流动配电箱，一般应装设四极剩余电流动作保护开关或防中性线断线的安全保护装置。

（15）用电设备至配电箱之间的距离，一般不应大于 5m；固定式配电箱至流动闸箱之间的距离，最大不应超过 40m。

（16）配电箱、盘应经常进行巡视和检查。其内容有：开关、熔断器的接点处是否过热变色；配线是否破损；各部连接点是否牢固；各种仪表指示是否正常等。发现缺陷应及时处理。此外，还应经常进行清扫除尘工作。

（17）每台电动机均应装设控制和保护设备，不得用一个开关同时控制两台以上的设备。

（18）电焊机的安装使用应按有关安全规定执行。

（19）手持电动工具的使用应按有关安全规定执行。

（20）各种电动工具使用前均应进行严格检查，其电源线不应有破损、老化等观象，其自身附带的开关必须安装牢固，动作灵敏可靠。禁止使用金属丝绑扎开关或有带电体明露。插头、插座应符合相应的国家标准。

（21）施工现场的茶炉、烘护等使用单相鼓风机时，应采用双极开关控制。当采用单极开关控制时必须断相线，相线应加熔断器。当鼓风机电源线易受损伤时，应采取保护措施。

（22）采用潜水泵排水时，应根据制造厂家规定的安全注意事项操作。当潜水泵运行时，其半径 30m 水域内不得有人作业。

（23）施工现场消防泵房的电源，必须引自变压器二次总闸或现场电源总闸的外侧，其电源线宜采用暗敷。

16.3 临时用电的电气线路的安装和安全规定

临时用电的电气设备必须采用"一机一闸""一箱一漏",即每台用电设备应有各自的开关箱,开关箱中必须装设剩余电流保护器,所有用电设备的电源一侧均需有剩余电流动作保护装置。

临时用电电气线路的其他安装和安全规定如下。

(1)施工现场及临时设施的照明灯线路的敷设,除护套缆线外,应分开设置或使用管敷设。

(2)办公室、宿舍的灯,每盏均应设开关控制,工作棚、场地可采取分路控制,但应使用双极开关。灯具对地面垂直距离不应低于2.5m,室外不应低3m,路灯的每个灯具应具有单独的熔断器保护。开关、插座严禁装在床上。

(3)灯头与易燃烧物的净距离一般不小于300mm,聚光灯、碘钨灯等高热灯具与易燃物应保持安全距离,一般不小于500mm。

(4)正常湿度时,可选一般的照明灯具;潮湿场所选用防水防尘灯具;无爆炸和火灾危险的粉尘场所选用防尘灯具;易燃易爆场所应根据危险等级选用相应的防爆灯具;振动场所选用防震灯具;腐蚀性场所选用防腐灯具;在施工场所的适当位置装设停电应急灯。流动性碘钨灯采用金属支架安装时,支架应稳固,并应采取接地保护或接保护线保护。

(5)局部照明灯、行灯及标灯,供电电压不应超过36V;特别潮湿的场所及金属容器、金属管道内工作的照明灯电压,不应超过12V。行灯电源线应使用绝缘护套线或橡皮套缆线,不得使用塑料软线。

(6)顶管施工管内照明灯电压一般采用36V,严禁使用220V。

(7)顶管棚及顶管工作坑内照明不宜使用碘钨灯,所有220V照明灯电源线不得使用塑料软线,必须使用绝缘护套线或橡皮套缆线。

(8)顶管坑高位、低位灯的电源应接在配电箱总开关外侧。

(9)照明电路中每一单相回路上,灯具和插座数量不应超过5个,并装设脱扣电流不超过15A的断路器。

(10)相线与中性线截面积相等,截面不小于2.5mm² 铜绝缘导线。钢索配线间距不大于12m,护套线配线允许直接敷设于钢索上。

(11)金属灯具外壳应接地或接保护线保护,单相照明电路必须装设剩余电流动作保护器;路灯灯口线应做防水弯,镇流器不得安装在易燃结构物上;高温灯具安装高度不低于5m,灯线应固定在接线柱上,不得靠近灯具。

参考文献

[1] 北京市工伤及职业危害预防中心 . 电工（低压运行维修）[M]. 北京：化学工业出版社，2006.